U0141187

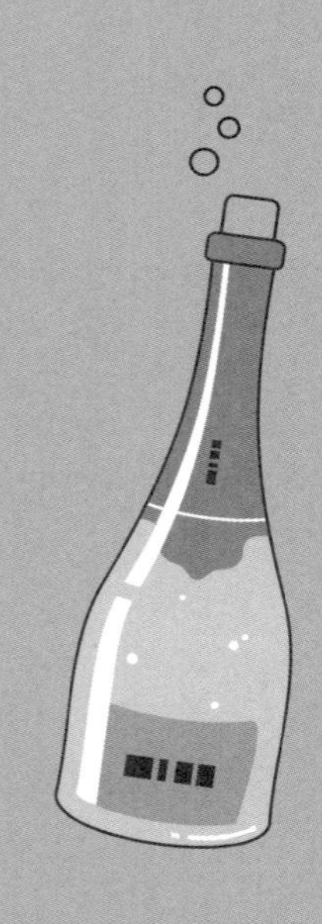

沒人在乎
你的職涯

為何你該勇於失敗、不畏艱難
……與其他職場殘酷真相

金尉出版　Money錢

Erika Ayers Badan

沒人在乎你的職涯
NOBODY CARES ABOUT YOUR CAREER

為何你該勇於失敗、不畏艱難
……與其他職場殘酷真相

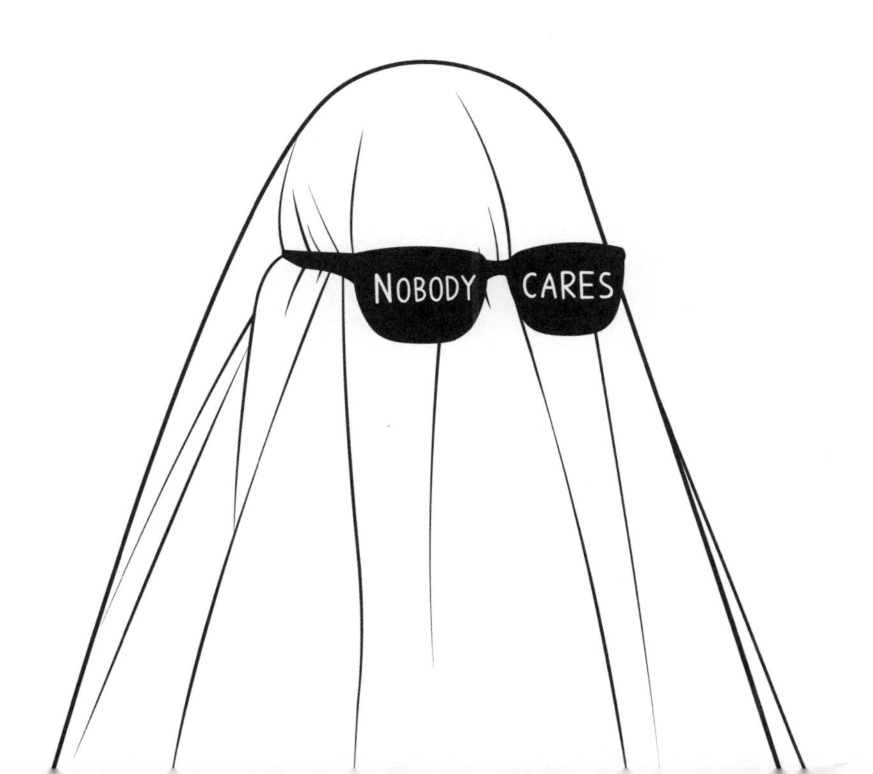

我在這裡寫的所有內容，都是我在二十多年的職業生涯中
目睹或參與的真實事件，但有時我會調整時間線或綜合歷史案例，
以利於更清晰的敘述或避免重複。

獻給每一個必須去上班的人，還有「瑞士人」，

唯一讓我不想去上班的人。

第二部分／在職場上表現卓越的條件 ⋯⋯ 161

第三部分／決策的時刻——是留下，還是離開？ ⋯⋯ 314

在我們開始之前

Before We Get Going

嗯，你好。那個，我不太確定這本書究竟能造成什麼影響，但首先，我要感謝你購買它，或者更好的是，說服別人買這本書給你。這不僅對我來說意義重大，對所有爲本書的出版付出不懈努力、冒著巨大風險奮力一搏的人來說，也同樣意義重大。嘿，知道自己在幫助出版業活下來，這感覺不是很好嗎？感覺很高貴吧？因爲書籍不只對你的大腦有好處而已。

那麼，在開始之前，讓我們先討論一下這本書適合哪些讀者，不適合哪些讀者。

這本書適合哪些人：

這本書適合任何想要在職場上做出改變，並且了解到改變自己的職涯才能改變生活的人。

這本書適合那些知道自己並不完美，但內心深處卻潛藏一些天賦並極度渴望有所發揮的人。

這本書適合那些非常想要某樣東西，且願意搞砸並持續嘗試的人。或者是那些非常想要某樣東西，但還沒有足夠勇氣去實現的人。

這本書適合所有需要工作的人。我所謂「工作」並不只是按時出現在辦公室裡，吃吃零食、聊聊八卦、談論自己有多重要、然後回家的那種工作方式。這本書針對的是眞正去投入工作的人。

這本書適合充滿好奇心，並想向所有人（而不只是特定人士）學習的人。

這本書適合那些知道變得偉大很難，保持偉大更難，並且認識到自己必須在這個永不休止的過程中，不斷跌倒、學習，再站起來的人。

這本書適合那些知道除非自己放棄，否則沒有別人能打敗自己的人。

這本書適合那些在不被要求或不在份內的情況下，依然能去思考怎麼製造事物、實踐事物、創造事物、學習事物並自我成就的人。

這本書適合那些相信自己的人生意義比「物質生活」更重要的人。

這本書適合那些相信自己可以超越出身背景、超越過去經驗，並且永不停止嘗試的人。

這本書不適合哪些人：

如果你的人生目標是加入某個糟糕的鄉村俱樂部，或者你覺得加入成人網球甲組而非乙組是件很重要的事，那麼這本書不適合你。

如果你喜歡規則並遵守規則，這本書不適合你。

如果你是「保守主義者」，這本書不適合你。

如果你充滿負能量，喜歡扯後腿或羞辱別人，這本書不適合你。

如果你除了靠爸靠媽之外什麼都沒做過，並且對此感到非常滿足，這本書不適合你。

如果你害怕做一些讓自己快樂的事情，且永遠不敢付諸行動，因爲做了之後可能就無法受邀參加一些愚蠢的晚宴，那麼這本書不適合你。

如果你假裝忙碌但實際上並沒有在工作，這本書不適合你。

如果你是刻薄的、憤世嫉俗、菁英主義、負面的人，或在 Deadspin[1] 上班的人，這本書不適合你。

如果你認爲你的身價就只是你的人脈，這本書不適合你。

如果你正在做與六個月之前、再六個月之前、以及再六個月之前所做的完全相同的事情，並且對此完全滿意，那麼這本書不適合你。

如果你認爲錢多、事少、離家近或安靜離職就等於獲勝，這本書不適合你。

如果你只喜歡那些長得像你、做事方式像你、像你一樣有錢、穿著像你、跟你有一樣的性愛觀、跟你有一樣信仰的人，那麼這本書不適合你。

如果你只對獎盃感興趣而無視汗水，這本書不適合你。

如果你從未失敗過，這本書不適合你（而且你顯然在對自己撒謊，因爲事實上這樣的人並不存在）。

如果你喜歡不停炫耀自己的商學院生涯和去年夏天受邀參加的四千場國際婚禮，這本書不適合你。

如果你喜歡問人們的職業是什麼，而不是他們是什麼樣的人，這本書不適合你。

如果你認爲你比地球上大多數人優秀，是因爲你生來就比較優秀，而不是因爲自己的努力，那麼這本書不適合你。

1 美國一家體育網站。

如果你覺得所有的問題都在別人身上，這本書不適合你。

如果你不願意相信有比自己更偉大的事情，不願成爲其中的一部分或奉獻自己，那麼這本書不適合你。

如果你僱用女性是因爲你不得不這樣做，而不是因爲你需要並且想要這樣做，這本書不適合你。

如果你認爲你已經明白了一切（但你沒有），這本書不適合你。

因此，如果你想利用工作來充分實現自己，請繼續閱讀這本書。

這麼說吧，我不一定比你知道得更多，也沒有多少人比你知道得更多。我所要與你們分享的就是我曾經多麼努力地付出，以及我所學到的、所獲得的。這對你來說也是一樣的。

無論你在Google工作還是在禮品店上班，你都可以而且應該要表現出色。職場是最適合了解自己、鞭策自己、讓自己進化的地方。

本書適合即將從大學畢業、正在尋找第一份工作的人；也適合已經從事過一、兩份工作，但不確定如何打造充實職涯的人；同時也適合已經在工作場域中有所建樹，但覺得有點不順暢或冷感（也就是說，開始覺得工作無聊）的人。

以下幾點就是你需要這本書的原因，以及爲什麼現在就應該翻開來閱讀：

爲我打造的，如果我沒有得到它，我會崩潰的。我也知道人們會試圖說服我不要這麼做，但老實說我並不想聽這些閒言閒語。我覺得我此生所努力得到的一切經驗，都會在這次機會中體現並匯聚在一起。

我深深被吧台體育所吸引，因爲他們被一般人認爲太流氓、過於難以駕馭、行爲太惡劣，且缺乏證明。無論是一般媒體、體育媒體、廣告商、還是社交網絡，他們要麼不知道吧台體育是什麼，要麼不相信吧台體育，甚至討厭吧台體育並直接屏蔽。創始人戴夫（公司裡稱他爲「**總統**」）權力很大，但似乎難以共事且反覆無常。很多人稱他爲瘋子，事實上他是個很實際的人，但在戰鬥中絕不退縮。我一點也不介意這些事情，我喜歡沒有白紙黑字的規則或結構、沒有政策、一切都是未知的領域。當時很少人認爲吧台體育會是主流媒體、也不認爲我們能夠成長或取得成功。你必須願意眞的深潛到表象之下，才能在所有的不確定性和不穩定性中看到機會。雖然很多人試圖說服我遠離這個火坑，但並沒有其他人來敲我的門、給我執行長的頭銜，而且在我看來，其他機會遠沒有吧台體育吸引人。

> 我們嘗試過，但吧台體育不可能被主流接受，所以後來我們自己**成爲**了主流。

我喜歡吧台體育，非常喜歡。我認爲他們擁有正確的東西和問題，而我（某種程度上）知道如何解決這些問題。我喜歡做一些讓自己無法回頭的事情，因爲背水一戰唯一的出路就是成功。我認爲吧台體育早期的團隊非常出色，但他們對自己缺乏信心，儘管面臨許多挑戰，但我欽佩這家公司的與衆不同、特殊性和罕見度。雖然我曾經去過他們想攀登的高峰，但我知道在履歷上，我可能並沒有爭取這份工作的資格。然而這只會讓我更想要得到這個機會。

戴夫和我第一次見面，是在他西村公寓附近的咖啡店裡。我發誓他當時穿的是一件卡其褲和一條繡著鴨子圖案的腰帶（他大概會否認這件事）。我們一直在聊商業、商品以及我認爲他可以帶領公司走向何方。儘管他的公衆形象具有傳奇色彩，且常被認爲傲慢自大，但我發現他在提問和回答時，都非常謙虛和體貼。我喜歡他的聲音和他所表述的事情，他擅於傾聽，並對自己不知道的事情抱持開放的態度。

雖然我在第一次見面時很緊張，但戴夫能讓我放鬆下來，我們的談話和想法能夠順暢地進行，我很快就覺得與他相處非常舒服。

然後我會見了部落格的主編基斯．馬克維奇（Keith Markovich）。我們坐在紐約市美崙大飯店的酒吧裡，他點了一杯蘇格蘭威士忌，我點了龍舌蘭。我喜歡基斯的原因之一，是他同時既傲慢又不篤定。他很謹慎，不信任別人。大多數吧台體育的草創成員都有這些特質——因爲他們對自己是誰，以及自己能做什麼完全有信心，但對於自己應該做什麼、或接下來應該發生什麼卻毫無頭緒；然而他們也非常清楚人們不喜歡他們的那些地方。我們聊了兩個小時，後來他告訴我，我是他遇到的執行長候選人中，唯一一個沒有告訴他吧台體育需要改變，或是其核心價值出了問題的人。

知道自己有所不知，可能是世上最稀有的天賦，其次是努力工作、並創造比自己更偉大事物的願望——而這兩種品質戴夫都具備。

接下來，我與大貓（Big Cat）通了電話，他是吧台體育最初的網紅主播之一，追隨者數量僅次於戴夫。所有人都喜歡大貓，他很有趣，熱愛運動，臉上總是掛著燦爛的笑容。我們進行交談時，他正在進行第一次駕駛房車巡迴演出，他問我的第一句話是：「你爲什麼會想要這份工作？這個地方糟透了。」

這讓我想起了一個車庫樂隊：這個樂隊一開始取得了一些成功，但現在每個成員都因爲自尊爆棚，而無法繼續待在一起工作，就像我在綠洲合唱團（Oasis）解散前與他們聊天時所聽到的一樣（拜託告訴我你知道綠洲合唱團是誰）。這讓我稍微停止了腳步，我發現所涉足的事情比我想像的要更深層、更複雜，我需要知道之前究竟發生了什麼事情，然後才敢於提出觀點與建議。吧台體育當時有一大筆爛帳等著我弄清楚。我一直想成爲一名執行長，雖然我有點菜，但我至少擁有一些實現目標所需的能力，並且願意辛勤地工作來解決面前的問題。吧台體育存在著許多內部和外部問題：外在問題（大衆形象、接受度、事情的可行性）最終是可以解決的，然而內部因素（基礎設施、損益表、穩定的工作流程、業務擴展、人際互動）的前景則遠不那麼清晰。我沒有決定丟掉這個包袱，但我也沒有讓包袱阻止我爭取這份工作。

面試最終回，我見到了彼得．切寧（Peter Chernin），他是當時媒體界最令人敬畏的人物之一。這讓我很緊張，幾個星期以來，我寫下了我能找到關於彼得．切寧和他的公司的所有事實；我對他可能提出的任何類型問題，都進行了反覆的練習。讓我沒想到的是，切寧眞是他媽的有夠聰明——那是種令人生畏、瘋狂式的聰明，這種類型的人話不多，但當他們說話時，你會對他們感到敬畏。這讓我心悅臣服。我記得他在面試時問我：「你認爲吧台體育是什麼？」不開玩笑，我非常認眞地給了長達十七分鐘的答案。隨後他給了一句簡單的回應：「我認爲他們就像《國家諷刺報》[1]」。是的，他在一秒之內就搞定了。他對媒體非常了解，可以直接切中結論。面談四十五分鐘後，我相當確定自己搞砸了，我只能想像切寧對我的看法，應該是不夠成熟、不夠精練、過於渴望。

面談結束時，令我驚訝的是，切寧看著我說：「我不知道你他媽的能不能做好這份工作，但我願意給你一個機會。」他後來告訴我，我得到這個職位是因爲我對吧台體育充滿熱情，渴望成爲其中的一分子、並推動它向前發展。他也喜歡我不想跳進來大刀闊斧改變一切的風格。我希望吧台體育能夠保持其原本的核心，保持其獨特的個性，但同時也希望它能繼續成長。值得讚揚的是，儘管在許多情況下切寧可以有其他選擇，但他卻放手讓我們自己去摸索，以我們的方式、在我們覺得合適的時間、以我們自己的風格行事。二〇一六年，切寧收購了吧台體育的多數股權，當時公司價值一千兩百萬美元。七年後，我們以五億五千萬美元的價格，賣給了佩恩娛樂（Penn Entertainment）。切寧下的賭注和他的做事方法得到了回報。

當我二〇一六年開始在吧台體育工作時，公司總部位於麻薩諸塞州米爾頓市，這個地址的前身是一家牙醫診所，當時我和戴夫都住在紐約。上任後的第一個夏天，我和他每週都會在他公寓附近的一家咖啡館見面，與此同時，我們在紐約百老匯大街和二十七大道路口建立了第二個總部。戴夫喜歡喝冰咖啡，而我則喜歡加上特別濃郁鮮奶油的「紅眼」[2]。我們有很多事情需要弄清楚：公司損益表（我從未建立過財務報表）、招募人才、擴展辦公空間、決定未來誰將繼續在吧台體育工作，以及這些人是否要搬來紐約、公司如何發薪等。這一切真是太美好、但也很令人困惑，事後看來，我非常懷念這段時光。

這是我在正式上任之前，寫給台體育所有員工的一封信：

1 譯註：National Lampoon，創立於一九七〇年，是一家美國的幽默雜誌和娛樂品牌，以其尖銳的幽默和諷刺風格聞名，涵蓋了政治、文化、社會和娛樂等各個領域的內容，並對美國後來的喜劇產業產生了深遠影響。

2 譯註：紅眼咖啡是在滴漏式咖啡中加上一份濃縮咖啡調和而成的飲品。

吧台體育的大家好！

我關注你們很久了，最初是以報紙的形式，然後是部落格，現在則進一步是以音頻與影片的形式。我大概從去年夏天就知道我想和你們一起工作。那時候我讀了很多「戴夫總統」的文章，因爲我身邊認識的所有人都在談論洩氣門事件（這是任何自視甚高的麻州佬該做的事）。我找不到當初讀過的那篇文章（我們的網站搜索功能很糟糕），但戴夫有一篇長文寫得相當優雅，底部有一個廣告，宣傳湯姆・布雷迪（Free Brady）的周邊商品，我覺得這很有創意。

今年一月，我和傑西・雅各布斯（Jesse Jacobs）開了個會，我們本來是要談論我上一家公司，但最終我都在跟他講爲什麼我喜歡吧台體育，爲什麼我對你們和你們的粉絲如此著迷。我當時也很關注另一個音樂平台 Bkstg，但我無法不去想吧台體育可以帶給我的瘋狂機會。在經過幾次與麥克和戴夫的面談以及幾杯娘炮調酒（不是我點的）之後，我們終於走到了這一步。

有些人已經聽過這些故事了，但這就是我喜歡吧台體育的原因。

我喜歡戴夫創造的東西，以及他著手改造周圍一切的方式，他憑藉純粹的毅力和勇氣，創造了一個充滿速度和動力的品牌。

我喜歡你們，因爲你們既聰明又饑渴，是典型的魯蛇，你們會努力追求目標，你們心裡有一股無名火，你們無視規則，你們對應該做什麼事情以及如何做的規章制度都毫不在乎。

我喜歡你們，因爲你們瞬息萬變且出其不意。

我喜歡你們的口音和你們說話的方式。我喜歡你們的節奏。我喜歡你們基本上不守規矩、無拘無束、不易管理的樣子。我喜歡沒有什麼是神聖不可侵犯的。我喜歡你們並不總是把事情做對，並會因爲曾經犯蠢而自嘲。

這就是爲什麼粉絲喜歡你們的原因，也是爲什麼其他人害怕你們、將你們的成功視爲曇花一現、或者賭你們無法把自己整頓好向前邁進。

而我來到這裡，就是爲了把我們整頓好。

吧台體育值得一次巨大的機會——你們個人值得一次巨大的機會，且你們在個人和集體層面上，已經贏得了這次巨大的機會。

吧台體育不僅僅是一個區域性的部落格——你們是一種文化力量。這是一個網路族群，而不僅是一間媒體公司。你們創造的東西極其罕見，我們有一個短暫的時刻可以抓住它，並將其轉化爲壯觀的成果。你們擁有每一項所需優勢：你們自己、切寧集團的投資、對政治正確文化和胡說八道感到厭倦的美國男性、你們的鐵粉、你們十三年的歷史、科技的商品化、市場上體育報導和人物的缺乏創意、數位媒體、社交平台……這個清單還可以繼續列下去。毫無疑問，吧台體育應該要能夠壯大自己、成爲奇蹟，而我們擁有成就這一切的絕佳機會。

我住在一個吧台體育無所不在的大家庭裡。我們穿的衣服上印著：「他們恨我們，因爲他們不是我們」、「Gronk 69」、「保衛高牆」、「防守」、「霍普來開船」、「北方之王」、「大金剛」、「萬歲！」、「新英格蘭對抗世界」、「北境不忘」、「Free Brady」，「戈達爾的小丑臉」[1]。我大學認識的大部分人都是吧台體育粉，我告訴一個女孩我在申請這份工作，她告訴我她日常閱讀的所有新聞都來自吧台體育（這很令人震驚，但隨便啦）。人們以吧台體育的方式說話，而你們代表了他們現在的模樣、過去的模樣以及未來希望成爲的模樣。你們給了人們一個聲音和一個適合他們的品牌——你們以他們的方式思考，以他們的方式說話，做他們想做但不會做的事。你們輕鬆地擄獲媒體歷史上最難以捉摸的人群的心。

我們將要和大公司競爭。我們要做交易，推動分銷活動、做直播、賺取更大的利潤，在公司內部決定產業走向，接軌主要的社交和媒體平台，擴大我們的活動，加速商品的銷售速度，發展我們的人才，並且大力推廣這一切。而最重要的是，我們要以吧台體育的方式來做這些事——充滿激情、堅定、既前衛又原始。如果一件事情感覺起來不像吧台體育的風格，那我們就不做。事情就這麼簡單，一切的決定都要符合這個條件。

如果我們能把這一切都做對，就有機會建立一個非常非常大的媒體公司，以及一個更大的品牌。這是使我充滿熱情的事情——將吧台體育變成一個傳媒巨人。

我個人的職涯經歷主要是在內容、行銷、創造收入和科技業方面。我曾在大公司工作過（微軟、雅虎、Demand Media、美國線上、《哈芬登郵報》），也在小公司工作過（Modelinia、Bkstg）。我建立過媒體品牌、社交品牌、商品品牌和手機品牌，我對營收非常積極。我熱愛編輯工作。

我喜歡工作。我喜歡團隊合作，而且喜歡贏。爲了達到目標，我們還有很多事要做。有些地方我們需要投資，有些地方我們需要整頓，有些地方我們可以成長。

我們的第一步是聘請了傑伊（Jay）——你們會喜歡他的。他很聰明，懂得廣告市場和相關的技術業務，他是一個很好的人，是人們會想要與之共事的人，他也是我們希望在市場上代表吧台體育的人。

我很高興能與戴夫和你們合作，將這件事推向月球。

你們可以透過電子郵件、Slack 或手機找到我，在公司正式搬家前我會在紐約。我會在這期間抽時間與你們每個人見面，也請你們在公司正式宣布我到職之前保守秘密。

讓我們歡迎一位姑娘登上海盜船。

艾瑞卡

1 譯註：以上是吧台體育出過的許多粉絲梗圖 T-shirt，其中大部分包含黑色幽默甚至政治不正確（例如支持川普建築美墨邊境高牆）的內容。

我擁有的一個優勢是，雖然吧台體育是媒體邊緣人，並且充滿不確定性，但我是從零開始打拚的，除了保護團隊成員本身，沒有舊有的架構需要打破，也沒有任何傳統需要維護。我不需要改變任何事情，只需要創造一些新東西。這些人歡迎我並對我的想法抱持著開放態度，而這件事給了我信心和力量。在許多公司中，性別歧視和偏見是陰險的，能從內部無聲無息地殺死一個人。我從來沒有遇到過比二〇一六年的吧台體育部落客們更開放、更誠實的人。我記得那些剛上任的日子裡上切達電視台（Cheddar TV）接受採訪，有人評論說這就像來自《怪異科學》（*Weird Science*，一部經典的約翰．休斯電影）的情節，兩個高中男孩召喚出了一個完美的女人。我一點都不完美，他們也不是，但不知怎麼地，吧台體育和我卻能完美地相輔相成。

雖然有很多事情需要弄清楚，但我喜歡沒有規則的環境，因為這讓我和吧台體育的其他同事能夠專注地思考，究竟哪些做法是有效的、高效的，以及什麼是推動公司前進的重要因素。我們所打造出的是不尋常的東西。沒有人來幫助吧台體育——我們必須自助，而這可能是發生在我們身上最好的事情。我們憑著主動性、勇氣、進取心、不屈不撓的追求、以及想要自己完成一切的渴望，一路攜手前行。

那是一段瘋狂的時光，也是一段充滿不確定性的時光，喧鬧而充滿壓力。我們很聰明且動力十足，不過缺乏安全感，而這讓吧台體育的所有人都變得更有韌性，也更有動力去證明其他唱衰我們的人都是錯的。我確信我們瘋狂的成長速度和成功來自於這種野性，這樣令人難以置信的情節，眞可以和哈佛商學院最著名的歷史案例相媲美。

這份工作徹底吞噬了我，我在其中迷失自我，完全沉浸於工作中，因爲它既充滿風險又不穩定，同時也令人興奮且變化莫測。這份工作需要全心全意的奉獻。這是一個讓我感到安全和充滿信心的世界，也是我可以茁壯成長的世界，因爲永遠有一些事情需要完成、修復或處理。我愛吧台體育，這就是我想要的一切。從二〇一六年到二〇二〇年，唯一能使我專注的事情，就是我的孩子和我的工作，日以繼夜。這間公司的心跳聲是那麼暢快、那麼響亮；吧台體育本身就是一個完整的世界。正是那些日子和在此之前的困難和犧牲，讓吧台體育顯得如此特別。我對公司裡的所有人都有保護欲，當人們輕視他們或不給我們機會時，我會生氣。我看到我們的內容編輯在沒有錢、沒有場景、沒有製片人、沒有資源的情況下，每天盯著一張空白的頁面，扛著必須讓大眾發笑的壓力，試圖創造出一些內容。所以我願意全心投入我們試圖創造的宏大未來。

就像戴夫一樣，吧台體育在目中無人的同時，也表現出堅定的信念。很多人討厭吧台體育（有些人的理由蠻好的），我可以理解。我們並不完美，我們絕對政治不正確，但我們確實有兩把刷子。我們經歷了很多反彈，很多被新聞標題殺死的時刻，也遇過許多拿著乾草叉呼籲大衆「取消訂閱」我們的人。然而沒有人能摧毀吧台體育與其粉絲之間的連結，戴夫、丹和我們所有人才都非常重視粉絲，而這些粉絲也回報給吧台體育狂熱的支持。

吧台體育和其中的大多數人之所以如此出色，是因爲沒有人是完美的，沒有人符合特定的框架。吧台體育令人困惑，而這是一件好事。我們沒有單一的心態、口號或黨派路線。吧台體育是一群才華橫溢的創作者和商人的集合，他們努力讓自己變得高效、真實、富有想像力、充滿創業精神，並且能夠在遇到困難時保護自己。

媒體不斷關注吧台體育的缺陷和失敗（我們的確失敗了很多次）。媒體和當權者都讓我覺得，我應該為吧台體育和戴夫感到羞恥。我被趕出了許多公司的董事會，失去了友誼（無論是職場上的友誼還是個人友誼），並且由於「形象問題」而不得不努力洗白自己。我想說的是，我對戴夫和我共同建立的公司感到非常自豪，我不會為了世界而改變這家公司。

迪昂・桑德斯（Deion Sanders）曾說過：「吧台體育是戴夫的態度和艾瑞卡的個性的完美結合。」我覺得他說得對。當我接受這份工作時，我相信戴夫想要一個合作夥伴，他希望他創造的企業能夠成長和發展，並茁壯得比他想像的更大，而我們也做到了。我知道，如果我上任後就開始為吧台體育的所有人曾經的言行道歉、合理化或追溯責任，這將會是個永遠無法停止的循環，我永遠也處理不完。所以我從來不關心這件事。

長話短說，這個地方有很多故事。我們創建了一個頁面瀏覽量達到五百萬的部落格，並將其變成了抖音上全球第六大品牌。我們建立了過去十年來最有影響力的媒體公司。我們以自己的方式，獨自完成了這件事，我們得到的投資很少，也沒有獲得任何真正的幫助。儘管一路上遇到了許多失敗和障礙，我們還是做到了。

格倫（Glenn）是我的一個大學同學，他曾經說過「只有強者才能生存」（他說這句話通常是在參加連續十二小時的狂歡之前）。吧台體育也是如此。我投入了所有心血、太過努力工作、也曾經被擊倒，但不忘對許多瘋狂的事情保持開放的態度，讓這段旅程變得狂野無比，也非常值得。

無論你是否了解吧台體育，也無論你是否關心吧台體育，我相信我所見證的事情以及我們的經歷，可以幫助你開啟自己的狂野工作之旅。**如果你願意全心投入，就可以做到任何事情，你會在做的時候搞砸一堆事，在做的過程中感到不舒服，然後在做完之後進行反思——**這就是本書的主題，全文完（開玩笑的啦，我需要你再讀二十章，拜託拜託，感謝感謝）。

第一部分／一切的關鍵取決於態度

IT'S ALL ABOUT THE ATTITUDE

若想在工作中表現出色，除了你自己之外，沒有人會幫助你。你可能會想，**媽的，一定有一個更好的人可以幫助我，改善我的處境，讓我變得出色，讓事情變得簡單，讓一切看起來光鮮亮麗，讓我變得既強大又成功**。抱歉，沒有喔。你就是自己所擁有的一切。但這是一件好事！因爲那個愚蠢、自卑、缺乏經驗、墨守成規的你，就是你一直在等待的人。你就是那個可以讓自己成功、讓自己變得更好的人。此外，你到底爲什麼要讓別人決定什麼對你來說是最好的呢？這對我來說絕對是個可怕的想法。

不過雖然你是自己人生中發號施令的人，但當談到事業（和生活）的成功時，你需要克服和改變某些可能使你灰心、分散你注意力、或導致你自滿、懶惰、耽溺於現狀、充滿怨氣或乾脆退出的思維方式。你也需要改變自己的態度和調整大腦裡的空間，讓更多的學習、創新和冒險進駐，這是你邁向更大目標的第一步。

你有能力按照自己的方式、按照自己的時間表和自己的風格做事，即使在職場中也不例外。所以不要做其他人認爲你應該做的事，不要成爲其他人認爲你應該成爲的人，更不要追逐你認爲自己（但其實是「人們」）應該想要的東西。相反的，你該專注地爲自己的工作、生活、外表、做事方式等，量身制定適合自己的方針。

生活中發生的許多事情，都超出了所有人的控制範圍，但在工作中，有很多面向是自己可以掌握的——僅舉幾例：我們的職業道德、學習慾望、主動性、控制衝動的能力、傲慢和態度。有些人天生就有很好的特質，非常適合某些工作或特定情況。而其他人，例如我，就必須爲此努力。這本書能讓你學會如何駕馭自己，包括管理自己的缺點和一切不完美，以便在工作中取得出色的表現。這不僅對你的公司或你身邊的人有利，而且最重要的是，對你自己也有好處。

若想要做好自己手上的工作，能打敗我們的不是外在因素，而往往是內在因素。糟糕的老闆、公司裁員、無能的經理人、企業惰性、與你共事的白癡同事等等，其實都沒有那麼重要。是我們腦中的聲音在給自己找理由，最終設下了種種限制。這些聲音讓我們在應該前進的時候卻掉頭，讓恐懼占據了比夢想更多的空間，等待別人邁出第一步，害怕在別人面前顯得愚蠢，陷入自己的困境而無法解決。這些限制使我們選擇做出「不讓別人失望」的事情，而不是選擇「讓自己快樂」的道路。

你是唯一能眞正打敗自己、讓自己沉默、讓自己停下腳步的人。你也是找出自己前進道路的最佳人選。我一直不喜歡讓其他人來主導我的職業生涯，或爲我做出決定。我從來不想被告知什麼是正確的方法、或什麼是錯誤的選項，我只想爲自己學習。此外，我總是有點不安全感，並擔心如果是其他人在驅動事物，他們很快就會意識到我並不完美，看到我所有的缺點，而不讓我成爲我想成爲的人。或許你也有過同樣的感覺。

但現實是，我們大多數人都是白痴（這只是何時和多常發生的問題），我們都不是完美的，每個人都有自己的優點，但也有許多缺陷和阻礙我們前進的問題。傑出的事物會隨著時間改變，問題和缺陷也是如此。這使得每個人的人生都變得有趣、富有挑戰性、可愛且獨特。

歸根究柢，別人對你的印象遠不如你對自己的了解、你對自己的評價、你克服的挑戰、以及你為自己設定的標準來得重要。意識到這點，可以使你取得任何工作和金錢都無法衡量的成功，而實現這一目標，也將為你的一生帶來滿足感和動力。

工作上的成功，基於五項簡單的原則：

- **你是誰？**
- **你必須提供什麼？**
- **你如何表現？**
- **你把時間拿來做什麼？**
- **你有多願意投注心力？**

如果能夠定期回答這五個問題，就能極大地改變你的心態和工作品質。說實在話，要在工作中始終如一地表現出色——我該怎麼說呢？真他媽的難。無論如何，這不可能在一夜之間發生，你也不可能毫不費力地做到完美。這需要長期的練習，過程中你往往會前進一步，後退兩步，甚至總是如此。一步登天的成功通常是短暫的，輕鬆勝利的回報也並不那麼豐厚——而且大多數情況下轉瞬即逝。

在工作中獲勝，意味著爲自己贏得勝利，這同時具有爲周圍的人贏得勝利的光環效應。「勝利」的意思是，能夠充分利用你的職涯旅程，並受到超越自身之事物的激勵。此處的勝利並非關於你工作的任何一家公司，或你經手的任何一個專案。這是一個變得更加堅強、更有經驗、更敏銳、更相信自己和直覺的過程。最終，這是關於你如何超越你原先爲自己設下的限制，而當工作很辛苦、糟糕或不舒服，你也能持續保持謙卑、持續學習並推動自己前進。工作中的勝利取決於你自己——你帶來什麼、帶走什麼，以及給予他人什麼。

你絕對不可能一開始就做對，甚至在一段時間內也做不太到；而即使做對了一次，在此之後你也不會永遠都做對。但這都沒關係，因爲最終的問題不是做對還是做錯，而是在於嘗試、失敗、學習，以及在一路上獲得經驗的基礎上繼續發展。

工作是你生活中的一個領域，有人付錢讓你去學習、去犯錯、去嘗試事物、去冒險，讓你學會超越自己思考，讓你成長。這該有多棒？當工作上的事眞的惹我生氣時，我會試著提醒自己，我是因爲生氣而得到報酬，這比生氣卻沒有得到報酬（也就是我在家裡的狀態）要好得多。我也試著提醒自己：有人在投資我。我喜歡這一點，因爲這讓我覺得我從工作經驗中獲得了額外的成就感，而不僅僅是薪水或經驗本身。

職場——也就是我們度過大部分時間的地方，讓我們有機會自問：

- 我想爲自己達成什麼目標？
- 我必須提供他人什麼？
- 如何能夠成爲更好的自己？
- 我是否把我能做的一切都做了？
- 我是否已經竭盡全力？
- 我是否督促自己前進成長？
- 我搞砸夠多事情了嗎？
- 我嚇到自己了嗎？
- 藉由這個過程，我是否變得更強大、更聰明、更精明、更敏銳、更有經驗、更有能力、更有同理心？

當這些問題（或至少大部分）的答案都是「是」時，你就知道自己在工作上取得了勝利。

這一切的訣竅都在於，要能夠從容地接受不舒服的狀態，不要讓腦子裡的東西阻礙你。推動自己突破所有人內心存在的障礙——無論是冒牌者症候群、缺乏理解、技巧不夠成熟、遇到不熟悉的問題類型、自私、不安全感、優柔寡斷、恐懼等等，這些各類情景會占據我們的腦海，阻礙我們發揮出最佳的實力。這個區域被稱爲「舒適圈」是有原因的。

我希望閱讀本單元將幫助你自信地檢視自己的內心，並擁抱不斷努力、不懼失敗和追求成長的心態。我的目標是幫助你以不同的方式看待工作，讓「學習」和「成長」成爲你能自發控制的事情（我甚至敢說你一定會享受它）。如果你能將自己推向極限，超越原本的自然界限，你的世界和你的工作就能倍數成長。我認爲這是在工作中成長的唯一途徑，我希望人們更常這麼做，所以今天我們將跟你一起開始實踐。

我非常努力地適應不舒服的感覺，並接受伴隨著挑戰、陌生和風險的學習。我並不是很擅長這麼做，這絕對不是件容易的事，但隨著不斷地練習，一切確實能變得更輕鬆。你越能欣然接受失敗、越習慣跌倒並重新站起來，就會學得越快，你累積的經驗也就越多，如此一來你就能跌得更輕、更快爬起來。

當人們問我的五年計畫長什麼樣時，我通常會翻白眼（實際上的白眼，不是內心戲——我無法維持撲克臉）然後說「我他媽的不知道」。我不明白人們怎麼會如此傲慢無知，認爲他們可以知道五年後自己會做什麼，或者他們的公司會變成什麼樣子。我所知道的是，我將永遠以面對明天的方式面對明年，它們都是讓我能夠行動、學習、給予、傳授的機會，並使得在這一天、這一週、這一年的結尾，我能比開始時更聰明。這其中很重要的訣竅，在於如何在不舒服的情況中學習保持自在。我要向你提供的信心和觀點，來自於我在職業生涯中各種混亂與搞砸的經驗，你大概不會像我這麼糟，而對此我感到再高興不過了。

1 做自己開心的事，別鳥那些反對的人

Do Whatever Makes You Happy, and Fuck Anyone Who Says Otherwise

無論身處第一份或是第十五份工作，身邊總會有一些喜歡幫你規劃人生、並且「非常樂於」給予意見的人。千萬別聽他們的話。首先，這些人可能很多都是混蛋；其次，他們多半對自己誇誇其談的事一無所知；而最重要的是，他們沒有一個人是「你」。在崇尚集體思維的時代，請拿出勇氣做自己，追求你想要的目標！

在工作場域中，大部分的人只安於維持現狀，不敢尋求變革；他們畫地自限、一心只想打安全牌。「**只要不出頭，就不會出事**」似乎已成爲職場準則，而更糟糕的是，遵從這種「金科玉律」的人會給予你同儕壓力，希望你與他們一樣碌碌無爲，因爲他們在這樣的環境下最爲舒適。相信我，如果這些人不想要感到「不舒服」，就絕對不會允許你挑戰他們的舒適圈。這些人希望你不要表現得太突出，以免映照出他們的漫不經心、懶散、守舊、冷漠、怠惰。如果你希望在職場上

發光，請想盡一切辦法遠離這種同事，因爲「安於現狀」是會傳染的，而身處不對的環境會不斷耗損你，所以你必須非常注意將自己放置在對的環境內。

下注在自己身上，你永遠不會後悔

我出社會的第一份工作，是在富達投資（Fidelity Investment）的波士頓辦公室做《僱員退休收入保障法》（Employee Retirement Income Security Act）部門的法務助理，無聊透了。我當時剛從科爾比學院（Colby College）社會學系畢業，數學非常爛，身上背了一堆學貸，購物又非常隨性，根本不在乎存錢、投資或退休這些事情。雖然這份工作內容聽起來一點都不有趣，但當時能找到工作我簡直高興壞了，更別提還能有餘錢購買安・泰勒（Ann Taylor）的新款單品，或者開始還學貸和卡債。再說，我當時的志向是要成爲一名律師（簡直蠢爆了）。

> 安・泰勒是一九九〇年代末、千禧年初期最夯的品牌。

在富達投資的法務辦公室裡，從室內裝潢到迷宮般的檔案櫃，一切都是咖啡色的。我在那裡最重要也最緊急的工作，似乎就是歸檔與翻找檔案。我覺得自己積滿了灰塵，一切了無生趣。沒有人應該在二十多歲時躲在角落裡積灰塵，這不是你該虛擲青春的地方。

上班幾個月之後，我似乎再也學不到新東西。只要我循規蹈矩、不出差錯，表面上達到績效要求，大家就滿意了。即使我一再說明自己想要進步，但從來沒有人願意給我更有挑戰性的工作。我對公司並沒有明顯貢獻，日子越來越無聊，每天就是待在自己的辦公室裡發霉，中餐只吃胡蘿蔔配鷹嘴豆泥（這樣才可以喝高熱量的啤酒），把該歸檔的檔案塞一塞，然後寄幾封不重要的電子郵件（ChatGPT可以完全替代我），處理前一天的宿醉，問一問有沒有更多工作要做，然後被拒絕，只好寫私人電子郵件給大學同學抱怨前日晚上一起惹下的麻煩，思考晚上回家要開電視看什麼肥皂節目，然後一邊在公司內網上搜尋有沒有比較有趣的工作職缺。人生真乏味。

> 是說，能有一間自己的獨立辦公室聽起來很酷、超值得炫耀，但事實並非如此。

雖然公司內網上九十九・九五%的職缺需要的資歷都與我不符，但我已經意識到，我們部門的律師爲了降低風險，會盡其所能地說不，然而這不是我想要的，我希望能夠冒險、追逐新東西、推動新事物、展現創意，並從他人身上學習。我眞的非常想去行銷部門，做一些有創意的事情。公司內網上有一個廣告部門「互動式行銷經理」的職缺，我總是不斷滑回去一看再看。根據我在公司裡打聽到的消息，這個由女性領導的部門步調比我現在的部門快，容許更多的創意，也提供潛在的職涯機會。而且，他們的辦公桌上放著絨毛動物玩偶。

爲了獲得面試機會，我付出了很大的努力，並且夙夜匪懈學習，以確保自己不會搞砸。我進行了大量的研究和準備，寫了感謝信，勤於追問面談進度，最後很幸運地得到了這份工作。我對此感到非常興奮，直到和負責我的人力資源部同事交談——她用簡練的語言告訴我，如果接受這份工作，我就是個白痴（人們在富達不會說髒話）。我當時在法律部門的年薪爲五萬美元（我知道這很多——而且我現在仍然認爲這個數字很多），而行銷工作的年薪爲一萬七千五百美元。我正在考慮離開一個受人尊敬、學歷顯赫的團隊，前往路子很野的廣告部門。我將從德文郡八十二號的辦公室（原來的富達大廈——眞了不起，不過電梯很酷是眞的）搬往夏日街的一個小隔間裡。我這麼做是自降身分，不再去與那些擁有法學學位和哈佛工商管理碩士學位的人交往，而是與公立學校的畢業生交往。去他的，我告訴人力資源部女士（我也一樣言簡意賅），我會接受這份工作。這正是我想要和需要的，而這是我做過的最好的職涯決定之一。

是的，我又欠了一大堆債（眞的是很大一筆錢）。是的，我必須與一個室友共用一個房間（不僅僅是合租公寓而已），然後接著又來一個新室友，這眞是超尷尬的。是的，廣告部的人員很瘋狂、很惡毒，而且可能很難相處。是的，數位媒體在當時並不重要，但看看大局——這是一條能讓我學習和實踐、發揮創造力、獲得經驗，並接觸一個新的、快速變化的、動態的、有風險的世界的道路，且其中充滿了機會。這是我對工作的期望，而且我正在實現這份期望。這也是一個重要的教訓：離開法律菁英去廣告部門，是我第一次相信自己的直覺，知道自己該身處何方，有什麼樣的精力、機會，以及我想和什麼樣的人一起打拚。這也是一份我可以有所作爲的工作——在幕後進行構建、失敗、學習和成長，而大多數人都看不到這些優勢。有機會深入探索，並在不重要的地方試錯，是一個巨大的機會，也是一個幸運的突破。

我們可以順帶聊聊感謝信嗎？我是一個非常喜歡寫感謝信的人。我並不是在每個場合都會這麼做，但當我需要寫感謝信的時候會很高興，而當我沒寫的時候則常常後悔。最好的感謝信是手寫的（是的，現在很多人仍然這麼做，文字間加入一點幽默，但又不需要太努力地變得有趣。一封好的感謝信（可以是電子郵件、簡訊或普通郵件）是個人化的、溫暖的，其中應該包含一些具體的內容，可以表明你記得這次談話的內容，再加上一點幽默和一些友好的問候，這樣就好啦。記得不要讓感謝信變得無聊！

不站在舞台中心或從事最受歡迎的工作，可能帶給你一個令人難以置信的機會，你可以在無人關注的情況下，著手進行很多事情，並學到很多東西，其中的好處我再怎麼強調都不爲過。在富達擔任行銷工作讓我學習、失敗、嘗試、實驗，並在沒有很多人注意到的情況下出糗。這份工作的經驗也讓我知道，我可以反駁其他人認爲最好的事情，我可以跌倒或後退一步，但最終能夠將其轉化爲向前邁出的一大步。雖然並非每項冒險都會帶來回報，但轉換跑道這件事卻讓我有了豐富的收穫。在廣告部門中，我在職業生涯之初就能夠承擔很多責任，接觸到早期的網路廣告業，並向一群熱愛媒體的人物學習，這最終指引並改變了我的生活。

沒學歷？沒關係！

這次職務調動開啟了我作爲行銷人職業生涯，並讓我在數位行銷的早期階段就入行，當時很少有人這樣做。當時廣告部門的高階人員並不關心網路生態，而是繼續將時間和預算投入傳統廣告。因爲我決定冒險，所以才有機會接觸到一個剛起步的新興廣告平台。當時我周圍沒有人特別有意願或興趣去嘗試網路廣告，但我投入了時間來了解它的玩法。我可以進行各種實驗和冒險，而不會有人監視我或試圖阻礙我。它給了我一個玩耍的機會，也讓我深刻了解到，哪些事情可以讓我在工作中感到快樂和滿足。我很高興地意識到，去法學院對其他人來說聽起來不錯，但對我來說並沒有多大吸引力，所以我放棄了這個想法，轉而專注於我現在所在的地方。**請做一些讓你感到滿足的事情，即使這不是周圍的人認爲正確的選項，但這麼做可以爲你帶來巨大的自由**。

歸根究柢，這是你的生活、你的事業和你的選擇，與別人無關。但這也表示你必須承擔一切：你會犯錯、也會成功，且對這兩者都需要負責。我想不出還有什麼事能比花時間在工作（或生活）中，經歷別人認爲適合你、但你知道不適合自己的事情，更不令人滿足、更不尊重自己。請追求你認爲能滿足自己的事。如果你做出「錯誤」的選擇也沒關係，老實說，人生中沒有錯誤的選擇！

嘗試不同的事情，並找出所謂的正確和錯誤，是這個過程的一部分。擁抱自己的混亂，並試著告訴自己：你正在努力進步的目標是爲了自己，而不是爲了別人對你的看法。你可以嘗試很多事情，也可以有不喜歡的事情（如果你喜歡人生中遇到的萬事萬物，那你很可能是個白痴）。**但你要對自己的幸福負責任。如果你把自己的夢想、願景或追求幸福的機會寄託在他人身上，那人生還剩下什麼呢？你不是別人用來實踐快樂的工具（也許你的父母除外——但實際上這是他們的問題，而不是你的問題），他人也無法替你實踐快樂——其他人並不掌握你實現成就的鑰匙，這把鑰匙只能在你自己手上。**

更何況，一點點違抗並不會傷害任何人。不做別人想要或期望你做的事，是個很好的自我實現練習。尤其在剛開始的時候，如果你能盡早發揮自己的力量，並且經常帶著一點良性的反叛精神，你會更欣賞這樣的自己。違抗並不一定要表現得粗魯或冒犯他人；違抗是安靜地（這是我的風格）或大聲地（這麼做也行得通）忠於自己的本質和自己的需要，即使這意味著你要違背常規。如果你能夠堅定自己，忠於自己，走自己的路——即使是在小事上，就可以學會優雅且充滿感激地違抗，這是能自信地走自己的路（而不僅是希望走自己的路）的關鍵。我們可以從以下這幾步開始：

- 向自己（以及其他相關人）坦承你內心眞正想要的是什麼。
- 把你內心那個說「你無法得到你想要的東西」或「你無法成爲你需要成爲的人」的聲音給

消音。

・捍衛自己想去做某件事、想成爲某種人、想得到某樣東西的渴望。

如果你從來不敢違抗現狀，那麼你可能從一開始就沒有足夠的動力，去爭取你聲稱自己想要的東西，因此也沒想要爲之奮鬥或犧牲一些東西。相反的，你讓恐懼和不安全感大獲全勝。請更加尊重自己，爲自己想要的事物而努力。打破常規並走自己的路需要一些眞正的勇氣。學會對別人希望你選擇的科系、你科系中其他人都將從事的職業、你所有盲從的朋友們都堅持居住的城市說不，可以爲你帶來巨大的解放感。我總是告訴自己，我可以隨時回去或重操舊業，以此讓自己更堅強地反對常規。請你也試著這麼告訴自己，才會有機會成爲完整的自己，讓自己不僅在所身處地方，而且在所從事的事情中，都能夠感到快樂。這將是一份眞正的禮物。只要你願意抓住機會，你會發現一開始面對風險和獨自承擔肯定會很困難（過程中會伴隨著很多自我懷疑和自言自語），但最終反對聲浪或孤單會停止，人們會放棄說服你，要麼離開，要麼不情願地或漠不關心地看著辦，而你終究會找到自己的路，而且這感覺超棒！但記得不要停止努力直到達成目標。你想要的東西值得你爲之奮鬥，你也值得爲你自己奮鬥。

二〇二三年初，一位粉絲給戴夫和我寫了一封信，坦白了他此生最大的遺憾之一。當戴夫創辦吧台體育時，這個人住在波士頓。在創業初期，戴夫提議讓他在吧台體育工作（可能是無償或接近無償），當時吧台體育的總部位於一家牙科診所裡，而且空調裡住著一隻松鼠。那傢伙選擇走安全路線並拒絕了這份提議，他並沒有說明爲什麼，但你可以想像，當時有一大堆理智的理由讓他選擇不加入吧台體育（甚至現在也是如此）。二十年後他寫信給我們，表示非常後悔沒有把握這個機會，而是聽從了別人的建議，做出更明智、更舒適的選擇。他接著說，他仍然經常回想起這件事，想知道如果自己當初接受了戴夫的提議，他的職業生涯會發生什麼改變，以及他多麼希望他當時答應了戴夫。現在誰都沒辦法知道，如果他當時加入吧台體育會發生什麼，戴夫也可能一週後就解僱他。當一家公司的市值高達五億五千萬美元時，人們很容易跳出來說，後悔當初沒有接受這份工作（相信我，這個人不是唯一的案例）。我的重點是，從表面上看，罕見和特殊的機會往往並不是偉大的決定，或肯定不是謹慎的決定，但這些決定不應該被忽視，特別不該因爲恐懼或希望維持現狀而逃避。好機會一旦錯過很難再來。

基於恐懼的決策只是浪費時間

當我決定加入吧台體育時，我已經知道了換新環境能帶給我的力量與價值。由於這個工作選擇，我被兩個公司的董事會解僱，並且有人因爲我喜歡戴夫．波特諾伊而不喜歡我，這讓我很苦惱。有人會說，我所做的事情是職場自殺，但事實並非如此。這種言論反而提醒我，這是**我的職業生涯和我的決定**，前進的道路只有一條——讓這個決定發揮最大的作用。

恐懼很容易掩飾你的選擇和可能性。做別人想要或認爲你應該做的事情，有時甚至更容易。

請試著停止尋求人們的肯定和叫好，停止隨波逐流。我喜歡早期的吧台體育的一個原因，就是大家不會相互叫好。人們努力工作，是因爲這是必須的，因爲工作很重要且能帶來成就感，也因爲他們相信某些事物。他們並不是爲了各種吹捧去上班。有時，對讚美的需要以及對批評和拒絕的恐懼，會讓我們既感到安全、但又陷入困境。到頭來，誰在乎人們的想法呢？如果你不喜歡人們的想法，不喜歡人們對待你的方式、或人們給你設定的框架，那就大膽離開，並著手創造自己的世界。要證明自己的信念和自己的能力是一件困難的事，但這麼做是有益的；抗拒別人想要的東西同樣也很困難——而且你幾乎不可能向他們解釋爲什麼。

我不喜歡向別人證明自己。我會因爲沒有爲吧台體育或我過去所做的一切道歉，而受了很多罪。我的觀點始終是：到底該對誰道歉？以及爲什麼道歉？是的，如果今天你搞砸了一件事，那你應該說對不起；如果你傷害了別人，就應該努力改正，但你不需要對所有人解釋你生活中的一切、或者爲所有事情辯解。

請讓自己在正確的軌道上前進，專注於面前的事情，即使有疑問或迷失了方向，也不要回頭或低頭。而看在老天的份上，請學習如何接受建設性的批評，這種批評既健康又誠實，對你有好處。

在這個過程中，你一定會**時時刻刻**都抱有疑問。但訣竅是要了解「懷疑」和「恐懼」之間的差異。恐懼會將任何危險、未知或不同的事物視爲不安全；而懷疑則只是質疑自己正在做的事情，且通常出現在做事情的過程中。懷疑是健康的，並且可以讓你有所反思；但恐懼是不健康的，它只會阻礙你。懷疑會讓你不斷猜測，讓你詰問自己、思考自己在做什麼。讓我們說得明確一點：你一定會搞砸的。每個人都曾經搞砸過，預先做一點心理準備，這樣一來恐懼就無法控制你。想開一點，每個人都曾作出錯誤的決定和粗心的失誤。有時你夠聰明，可以避免犯錯，但有時卻無法掌控一切。如果你接受了一份不適合的工作，搞砸了一個大案子，陷入後悔的困境，希望自己當初沒有做那件事、希望當初能夠說出那句話、希望曾寄出那封電子郵件、或是曾經做出了不一樣的決定……你可以設法擺脫這一切，從中學習，並因此變得更好。在解決問題時，你總是能夠有所選擇。一切都是可以恢復的，而同時也必須接受無法讓事情完全保持原貌的事實，但請相信自己可以讓事情變得不同——而且變得更好。如果你以這種態度面對自己的生活（和工作），你就能在任何時候、任何狀況中，都充滿無限的可能性。而這就是擁有充實的職業生涯的意義。

請跟著我說：「搞砸是件好事，所有人都會搞砸。」來，再說一次。

你的工作以及你的職業生涯，最終將由大量的經歷堆積而成，其中會有一連串的高潮、低潮和曲折。你通常不會記得大部分內容，但會知道自己對此有何感受，以及那種因爲曾經全心全意付出而獲得的滿足感，並因此而不斷拓展自我。

沒有「錯誤」的選擇

你的下一份大工作（或小工作）或機會不會像禮物一樣，打著蝴蝶結掉落在你腿上（除非這本書的效果比我想像的要好得多）。你接受的下一份工作很有可能非常糟糕，或者你的下一位主管在面試中看起來人還不錯，但實際上卻是一個十足的神經病，或者更可能只是平庸的魯蛇。沒關係，因爲你最終會弄清楚爲什麼你採取了這一步，爲什麼你不喜歡這個選擇，事後你可能會採取哪些不同的做法，以及最令人興奮的是：思考你現在可以做些什麼。這是讓自己學習、成長、變得更聰明、更敏銳的好機會。人們很容易把出錯的事情歸咎於別人——這是公司的錯，老闆的錯，招募人員的錯，經濟的錯，中國人的錯，覺醒的暴民的錯等等。不要當受害者，當受害者眞的、眞的一點用都沒有。總是責怪他人的人也永遠無法激勵任何人。請接受現實的敲打，並爲自己在這個過程中所扮演的角色承擔責任。生氣對事情沒有幫助，也無法讓你往前走得太遠。因做出錯誤的選擇、或陷入糟糕的境地而感到痛苦，只會讓你走進一條死胡同。相反的，請用心思考自己可以學到什麼、可以在什麼地方獲取洞察力，以及評估自己會不會再次採取相同的行動，並將這些知識應用到接下來要做的所有事情上。**跌倒是學習如何重新站起來的最好方法，而知道如何跌**

倒是學會跑得快的好方法。不要自欺欺人地認爲自己永遠不會跌倒——你會的，更重要的是要知道，如果你不知道如何跌倒，就永遠無法大步向前。

在建立自己職業生涯的過程中，爲了適應不舒服的感覺，你可能會去追求那些最終對自己來說並不重要的人、工作職位和場所。這樣的選擇偶爾會帶給你偉大的東西，但大多數都只會導致平庸的結局，而有些則肯定會伴隨著令人厭惡的經驗，和搞砸的可能性。但這些都沒關係，**都沒有關係**。這是一場漫長的遊戲，追求經驗和忠於自己比其他一切都重要，忠於自己是一場長期抗戰。重要的是，你全心投入旅程，並願意拾取和放下沿途發現的所有寶藏。你嘗試的越多，去的地方越多，看到的東西越多，就越有機會找到讓你驚嘆不已的東西，或成爲一個讓自己大吃一驚的人。這就是爲什麼工作可以是人生中非常棒的經歷，它讓你能夠與各式各樣的人相遇、去天南地北闖蕩，以及嘗試五花八門事物的機會。你可能不會記得每一項細節與互動、每一次會議或電子郵件，但你從中學到的重要經歷最後都會留在你身上。我保證。

一份工作或一個機會到底好不好，其實並不那麼重要（如果它很好，那恭喜你；如果不好，你也會明白爲什麼不好），眞正重要的是做你想做的事情，承擔風險，追求經驗——找到啟發你、滿足你、教導你、督促你、激勵你的東西——並相信自己更勝於關心別人的意見和想法。想一想，「後悔自己的失誤」與「根本沒嘗試過」，到底哪一種情況比較糟呢？

2 勇敢追尋不確定性

Seek Uncertainty

在職業生涯中經歷「困境」（dysfunction）非常重要。這能分出那些只會抱怨、成為困境受害者的弱者，與那些會協助解決問題的強者。勇於尋求變革，擁抱不穩定。只有強者才能生存（Only the Strong Survive）。

當你必須找工作，尤其是人生中的前幾份工作時，請不要往安全選項跑。這點我怎麼強調都不爲過。

困境＋混亂＝機會＋成長。

困境就是混亂，而混亂是成長的機會。

面對職業選擇時，五花八門的可能性往往令人不知所措，你可能根本不知道自己想做什麼。沒關係。我無法忍受那些把一切都弄得清清楚楚的人。擁有雄壯的腹肌或把一切都弄清楚，是兩件非常蹩腳、且難以維持的事情。在人生的前幾份工作中，你可以付出的很多，但可以失去的卻很少，而這本身就是一種巨大的奢侈。是的，你可能需要賺錢，你不想和父母住在一起（或至少你不應該），而且沒錯，你什麼都不懂，但你確實有精力、有能力，此外，我希望你還有學習和貢獻的欲望。

無趣且毫無亮點的工作，通常是通往無趣且平淡無奇的生活的門票。爲什麼你會選擇這樣的工作？是因爲懶惰嗎？是因爲害怕嗎？如果你的生活是各種困境的交會點，而工作是穩定和理智的綠洲，這是一回事。有時有些人需要工作來「正常生活」，如此一來才能應對工作以外的混亂，而我尊重這一點。但如果你的整體生活穩定且安全，而你只是想讓工作與生活的感覺一樣，那就完全是另一回事了。雖然我知道不穩定的工作、部門、行業會帶來相當大的風險（嗨加密貨幣！），但這些選擇可以讓你有更多接觸新事物的機會、創造力，以及在沒人緊盯著你的時候，在邊緣地帶進行各種嘗試、試錯。這樣的機會在職業生涯的早期階段至關重要，雖然你可能會處於一個混亂或忙碌的環境中，可能很勞累、對自己要求很高、壓力很大，但它會讓你快速學習，並近距離、即時體驗大量的事物。即使整份工作甚至整個公司都失敗了，但你曾經嘗試某件事、全心投入、並追求不確定和不安全的事物，這份經歷將會是值得的。

請試著存一點錢。我知道這很難，紐約或你居住的任何城市都很貴，假期、婚禮和週末要花很多錢，但如果你可以每天省一點錢，最終就會擁有一筆財富，能夠讓你安心度日，並且在生活上有更多選擇。

我的職業生涯眞的是個大雜燴。過去二十年裡，我換過無數個公司：大公司、小公司、國際公司、不成功的公司、成功的公司。我遇過好老闆、壞老闆、白痴老闆、消失的老闆、隱藏在幕後的老闆、才華橫溢的老闆、令人難以忍受的老闆。我曾爲偉大的品牌、糟糕的品牌、想成功的二線品牌、幸運的品牌和不幸的品牌工作。我曾見證過才華橫溢、狹隘、慷慨、報復心重、充滿不安、傲慢、具有原創性、傑出、眞正的團隊合作。我也經歷過各種糟糕、偉大、缺乏安全感、傲慢、原創性、熱情、白痴、小氣、慷慨、令人難以忍受、幸運、關心和眞實。你看過電影《早餐俱樂部》（*The Breakfast Club*）嗎？可能沒有。這是一部討論嬰兒潮世代問題的電影，同時也是一部很棒的電影，你的父母一定很喜歡。無論如何，最後戲裡那群不適應高中留校處罰的學生留下了一封信，談論他們如何無法被定義：

你按照自己想要的方式看待我們，用最簡單的術語和最方便的定義，但我們發現我們之中的每一個人分別是一個書呆子、一個運動員、一個神經病、一位公主和一個小混混。這回答了你的問題了嗎？

我是如此，你也是如此，老闆如此，公司如此，甚至職涯也是如此。運動員、書呆子、神經病、公主和小混混。我做過最短的工作是在一家名爲模特琳娜（Modelinia）的時尚新創公司，這份工作持續了六個月（甚至還可能更短一些），而做過最長的工作是吧台體育——將近十年。我經常換工作，主要是跟隨一個能讓我不斷學習、讓我求知若渴的人。她教會了我很多工作上的知識，其中大部分我至今仍受用，並且也在這本書中分享給大家。經過如此頻繁的工作轉換，我開始注意到每一份工作中，都存在一個我一直試圖塡補的漏洞。有時我覺得自己像個瘋子：爲什麼我要花這麼多心思？爲什麼我會如此興奮？爲什麼我必須如此努力，承擔這麼多的責任，過度投入在工作中？爲什麼我如此害怕感到無聊或靜止？我懼怕誰？我在逃避什麼？事實上，我錯過了很多事情。雖然我有很多漏洞需要塡補，但我也充實了其他自己本來不知道有問題的部分。

喬安・布拉福德（Joanne Bradford），她是人類中的寶石，職場中的野獸，向她學習是我一生中最大的快樂。

不要在一個地方待太久

我在美國線上面試行銷長的職位時，遇到了一位畢業於哈佛的高階管理人員，說話時帶有強裝出來的英國口音，戴著一副眼鏡。他的眼鏡從鼻子上微微下滑，正好讓他在看人可以形成一個瞧不起人的角度。我想你一定遇過這種類型的人。他對於我過去的跳槽紀錄很擔心，他就是無法克服這個心理障礙。在這裡待了六個月，在那裡待了二十二個月……這些數字讓他感到眼花撩亂。我仍然記得那次面談中，他問我爲什麼在這裡待了這麼長，在那裡待了那麼短。我沒有給出很好的答案，但我至今仍在回想自己可以如何做出不同的回應（是的，我必須努力學會對這些鳥事放手）。

具有顛覆性
與具有冒犯
性是兩回事。

找工作的一部分本質，就是讓自己接受別人的評判——而人們不可避免地會因爲你所做的選擇、花費的時間，以及完成或沒有完成的事情而評判你。大多數情況下，他們會嘗試判斷你是否有價值和（或）是否適合他們。吧台體育是第一份能讓我明確地知道「這個適合我！」的工作，我可以看到先前跳的所有槽，都引導我到達正確的目的地，所有需要的零件和配件都已經安裝在我身上。如果我沒有做過先前的所有工作，沒有去過這些不同的地方，沒有接受減薪和經歷成長，我就不可能在吧台體育取得成功。也許事情並不總是這樣發展，但我仍然認爲這麼做是正確的。我相信職業生涯是漫長的，如果你全心全意地投入到面前的事情中，同時仍然能夠做你自己，並在做自己認爲正確的事情時，盡可能承受各種不適，那麼一切都會成功。

到處跳槽並不丟臉，而一直留在同一個公司裡，也沒有什麼可以詬病的。眞正的問題是你爲什麼要跳過去、爲什麼決定留下來、你學到了什麼？你學習到的所有東西，如何讓你爲下一步做好準備？

我承認，那些留在同一家公司、做同樣的工作、承擔同樣的基本職責五年、十年、十五年的人，會讓我感到緊張。我曾經聘請了一位在ESPN工作了二十年的人。他在自己擅長的領域中是專業人士，他了解這個行業，也很了解自己的才能；他與人相處融洽，擁有很強的軟實力。但問題是，他沒有遭遇過困難。他不知道該如何使用Google文件，也不太了解網路運作的方式。他花了二十年的時間，除了ESPN內部的事情和方法論之外，沒有其他的眼光。吧台體育的行動步調很快，既粗魯又缺乏規章，這可能會讓來自傳統公司的人感到困惑。擁有資歷、精湛的技藝，以及傳統機構的技能並不可恥，但當你加入一家新創網路公司時，這可能會讓你處於劣勢。如果你想在生活和職業生涯中保持彈性，那麼讓自己與時俱進、保持靈活敏銳是很關鍵的。

如果你在同一個地方待太久，就容易鈣化，只知道如何在那個場域或類似的場域中工作。這是非常畫地自限的做法，會給你帶來壓力，讓你努力保住眼前的工作——即使你已經感到討厭或疲倦，而不是鼓勵自己著眼於明天可以從事的工作。自從我在吧台體育工作以來，已經太習慣我們團隊做事的方式、做事的原因和手法。我依然記得隨身攜帶的各種工具，但有些用起來已經生鏽了。請記住一定要保持敏銳、跟上潮流、保持好奇心和保持與世界的連結，這能讓你爲下一次冒險做好準備，並能夠在芸芸衆生中脫穎而出。長話短說：不要接受自己的現狀。如果你的工作職責，讓你必須做與六個月前完全相同的事情，那麼你可能沒有進步，也絕對沒有成長。所以問問自己：

· 今天我做了哪些不同的事情？
· 今天的我有什麼不同嗎？
· 今天我想要的目標有所改變嗎？
· 我的能力是否超越了昨天的自己？
· 我幫助別人的方式與昨天有什麼不同？我有做得更好嗎？

如果這些問題的答案豐富多樣，那是個好兆頭。如果答案是清一色的「否」或者沒有任何變化，那麼你需要專注於思考「我可以做些什麼不同的事情？」，並將你的時間和精力集中在這個問題上。這些類型的問題可以幫助你在改變思維和改變做事態度時，依然對自己保持誠實。

迎難而上

當你考慮申請一份工作並尋找冒險機會時，是的，你可以隨心所欲、憑直覺行事，但也不要忘記運用你的大腦。呃，我的意思是，花一些時間考慮你想要居住的地方、想要待的行業，以及想要從事的職業類型（另外，要知道以上這些因素都可能會發生變化，也許會變化好幾次）。當我大學畢業時，美國的經濟強勁，因此我從緬因州飛往紐約去面試工作。紐約令人興奮但也令人恐懼。我內心的小聲音告訴我：我需要住在紐約，但事實上我還沒準備好。紐約感覺太大了，也太遠、太可怕了、太難駕馭了。我深切感受到自己渺小、貧窮、不確定、缺乏經驗。因此我選擇住在波士頓，一個更容易適應的城市，在那裡我的朋友更多，而且離家更近。我希望當時的自己能夠拋棄這條安全毯，但我確實需要它，因為我還不夠自信。但沒準備好也沒關係，我搬去紐約的時間比較晚，但我至今還沒離開。重點是要努力建立自己的信心，這樣你才能更快到達準備好的位置。

人們往往花很多時間在擔心自己做出錯誤的舉動……**如果這個決定不完美怎麼辦？如果我沒有從正確的地方開始怎麼辦？**這一切都只是在散播恐懼。當有些人在擔心那些自己無法真正控制的事情時，其他人則忙於工作，並充分利用自己所擁有的機會，因為他們知道，這會對自己以後解決其他的問題有所幫助。現實情況是，你最終必須與其他人競爭工作、金錢、頭銜和晉升的機會。你投入的時間越多，獲勝的可能性就越大。你媽媽有沒有告訴過你，兩個錯誤答案不能湊出一個正確答案？我媽常常在我小時候我跟我弟互毆時說這句話。但就工作而言，兩個錯誤答案的確可以湊出一個正確答案。請盡可能多抓住機會、揮桿、向前擊球，找出自己喜歡什麼、不喜歡什麼。這會讓你最安心且最有活力。

創造自己的運氣

我在大學畢業前夕申請了匡威（Converse）的實習生和行銷職位，投遞履歷的次數不少於四十五次。誰不想在波士頓一家很酷的運動鞋公司工作？對吧，大家都想。我從來沒接到面試通知，甚至沒有得到任何回應，更不用說踏進匡威的大門。我對天發誓，即使在今天，我也可能無法得到匡威的工作機會。事實上所有人都想在匡威工作，而且匡威的工作機會很少。很多申請者比我更有人脈、更有資格。但最重要的是，我沒有得到匡威的工作或面試機會，因爲**我沒有做出任何足夠獨特、足夠熱情或足夠令人難忘的事情，以值得獲得這份工作機會**。

當我與那些試圖釐清自己下一步的人交談時，他們往往會說「我想在體育行業工作」或「我很願意爲吧台體育工作」。而我的下一個問題始終是「**爲什麼**」？**你想在這裡做什麼？**而這就是大多數人崩潰的地方。我通常得到的回答是「我不知道，但這感覺很酷。」幾年前我也有同樣的想法，想在匡威工作。你認爲在那裡工作很酷，但這對企業來說，並不構成要考慮把機會給你的理由。就我們這些行內人而言，體育商業和體育行銷可是一件苦差事。這是一項晚上和週末也要上工的生意，而且大多數體育聯盟都是由律師經營的。雖然業內有很多有趣且具有顚覆性的公司，比如吧台體育，但要在其中找到一份工作很困難，而即使你被錄取，要繼續留下來也很難。這一切都涉及運氣、熱情，爲什麼你是合適的人選，以及你可以貢獻什麼給公司。我們面試過把履歷印在披薩盒上的人，也面試過把履歷變成電影海報的人，收過放在骯髒的運動鞋裡寄來的履歷，還有人親自出場用唱歌的方式唱出自己的履歷——凡是你能想到的我都遇過。去年夏天，我們收到一萬八千名申請者，想成爲戴夫的攝影師。而我最喜歡的一位平面設計師製作了一本名爲《一磚一瓦》（*Brick by Brick*）的繪本小說寄給我們，他因此在吧台體育找到了一份工作。

我們僱用的許多人剛曾經報導吧台體育，或以粉絲的身分創建免費社交帳戶報導吧台體育。吧台體育的團隊裡有個傢伙以前是一位薰衣草農，他白天在加州農場的拖拉機上度過，聽一大堆的播客和各種節目，然後晚上回家製作這些內容的社交媒體短片。大約有一年的時間裡，我們只是單純地喜歡他做出來的東西，接著我們發現，他比我們更擅長報導吧台體育的節目，所以我們僱用了他。還有一個傢伙叫坦克弗蘭克（Frank the Tank），可以說是吧台體育中最不可能出現、但又極其迷人的人物之一，他被僱用是因爲他在當地新聞節目上對紐澤西州州際公共交通系統（New Jersey Transit）發表了強烈的言論（這無疑是個值得關注的議題），他有意地表現得既理性又不理性，使得我們必須招攬這個人物。你永遠不知道下一份工作會從哪裡來，但做一些對自己來說眞誠的事情，表達自己是誰、並全力以赴，這會是個很好的起點。

表現出主動性。爲你想做的某件事找到一個理由，因爲夠在乎而堅持不懈，因爲夠古怪和專一而能發揮創造力去嘗試與實踐它。你不想和其他人一樣的原因可以有一千種，而求職過程絕對是其中之一。如果你能擁抱自己身上那些讓你變得有趣、引人矚目和令人信服的特質，對於你理想中的公司來說，你就能盡情做自己並同時取得成功。如果你對找工作的流程表現平淡或半途而廢，那麼企業很可能也會對你表現平淡、反應遲鈍或半途放棄。

我最近與一位二十多歲的女孩交談，她住在波士頓郊區，過去五年一直在一間家族經營的體育公司工作。她告訴我她覺得工作很無聊，希望⑴她的公司能進行改變，變得與眾不同，或⑵離開。我問她怎麼評價公司？她說這是間家族企業，作風保守、規避風險、傳統且緩慢。我問她是否有任何跡象，顯示公司有想要改變（例如新的管理階層、新的想法，或者是表達改變或成長的願望），她表示沒有。當我詢問她的退場方案時，她卻說希望公司能夠改變（這不能算是退場方案吧？）。於是我就問她想要從事什麼行業？運動相關行業。她想住在哪裡？波士頓。這兩個答案都很棒，但也相當有限。現在遠距工作的選項大幅度地改變了職場規則，並開啟了各種各樣的可能性，但是在完美的行業中擁有完美通勤條件的完美工作，不會奇蹟般地就這樣掉進你懷裡。**你必須創造自己的運氣並找到你的機會**。就這個女孩而言，她已下定決心在相關的行業找到一家新創公司，然後勇往直前。做得好！

如果你想要改變、興奮和成長，就必須努力去尋找，但這些元素很可能不會出現在你的舒適圈裡。而這是一件好事！世界很大，有數以百萬不同類型的工作和不同的人，所以若你找到了一個感覺有意義、有吸引力的地方，不要害怕跨越自己的邊界，也不要害怕讓自己脫穎而出。

二十多歲的時候要努力工作，做就對了。這是我得到過的最好的建議，也是我能給你最好的建議。這可能不是一個容易或流行的選擇，安靜離職並窩在家裡滑抖音，相較之下要容易得多。

但在這段期間投入實際工作至關重要，這十年是人生中敢於冒險、能勇於推動自己去嘗試新事物的時段，試試一些從前讓你感到不舒服的事情，試試一些會讓你因全新的體驗而不知所措的事情。我的「工作就是態度」播放清單[1]中，有一首夏奇拉（Shakira）的歌曲《嘗試一切》（Try Everything）。這聽起來有點愚蠢，但我十二歲的孩子喜歡大聲唱出來（其實我也是）。這同時也是一條很棒的格言，是你二十幾歲（以及此後！）該做的事情：

今晚我搞砸了，又輸掉了一場戰鬥，
輸給了自己，但我會重新開始，
我不斷地跌倒，不斷地摔在地上，
但我總是馬上站起來，看看接下來會發生什麼。

在你人生的這個階段裡，沒有什麼可失去的，因爲你此時非常可能沒有其他義務或責任，會影響你全心投入某件事並努力學習。我知道你會感覺自己失去了一切，當然，你很可能還背著學貸，並且渴望離開鳥不拉屎的家鄉、離開父母獨立生活。你同時也感到害怕、不安、對自己沒有自信，也不知道接下來該做什麼。一點也沒錯，我大學剛畢業時這些症狀全都有，甚至更慘：我沒有眞正可用的「關係」，我的父母並不富有，我開著一輛破車（福斯小兔汽車，雨刷壞得很嚴

1　你可以在本書最後面找到整套歌曲撥放清單。

重而且底盤生鏽）。我不認爲我可以爲公司提供任何東西，甚至不認爲我可以「工作」。我不知道自己必須提供公司什麼，甚至不知道該如何找到自己可以提供的東西。這種想法會使你不知所措，並讓你陷入困境。千萬不要輸給它。開始做點事情吧！抓住面前出現的任何機會。一次完成一項任務，一次搞定一件事。你的表現不需要完美，你只需要讓事情發生。

花時間去憂慮沒有任何好處，只能讓你更善於憂慮而已。而花時間做事則可以讓你在某些事情上做得更好，這會讓你培養出一些技能，建立你的信心，讓你能對別人展現出自己的價值。

坐在那裡思考你「不是」什麼，只會阻止你成爲眞正的自己，也無法更深入了解自己想成爲什麼。所以**不要浪費這個時間**。充分利用每分每秒——盡你所能地去學習，嘗試成爲自己。卽使你的表現很糟糕（而且你可能在大多數事情上都會很糟糕），也要勇敢地去嘗試。去冒險；嘗試別人認爲你做不到的事情；結識各式各樣的人，提出問題並傾聽他們的答案；付出努力；對獲取知識投以尊重和勤奮（卽使是從你不喜歡的事物中）；並將自己置於其他人會嘗試幫助你的位置。在這個過程中，你完全依賴人們的幫助，所以要學會怎麼接受幫助。要記得說「請」和「謝謝」，並仔細聆聽他人向你展示和說明的內容。

你此時能做最好的事情，就是去找一個可以教導你、並賦予你免責機會的地方。你不會後悔的，卽使你之後決定回家癱在沙發上，餘生什麼都不做，這段嘗試的經歷也會讓你變得更堅強、更敏銳、更有同理心、更有經驗、成爲更有價值的人。回顧那段充滿艱難、不確定和不安全的時光，你會喜歡那段日子，或者至少覺得「經歷那段時光並倖存下來，使我成為更好的人。」

何時開始都可以。假設你今年三十五歲或四十八歲，請記得：嘗試新事物不是二十多歲年輕人的專利。只要擁有開放的心態、願意跳下去，無論你身處何處、年紀多大，都不是問題。

職涯初期是成年生活的開始。儘管人們可能不會這麼說，但在工作方面，並不存在「正確或錯誤」的選擇。所有的工作和努力都能讓你學到東西，尤其那些糟糕的經驗更是良師。你可以學到自己不喜歡什麼、不應該做什麼、如何避免錯誤、如何更好地處理各種情況，而這與正面的學習——應該做什麼、如何成功、如何找到自己可以發揮的位置並受到肯定同樣重要，甚至更為重要。如果你的老闆很糟糕，那你應該以此為契機，了解自己不喜歡她或他的哪些方面，並在下次找工作時挑個更好的老闆。而最有價值的是，有朝一日成為老闆時，你會記得自己所學到的所有知識，並隨時自我警惕。如果你公司的制度很糟？這沒什麼，每個公司都有不好的制度。你該做的是弄清楚是否可以進行改善，或至少闡明它們的缺陷，然後去一個制度更好的地方。

眞正唯一糟糕的狀況是感到無聊，無聊簡直是一種犯罪。人生苦短，千萬不能感到無聊。

當你需要職涯建議時，請詢問身邊的所有人：老人、年輕人、聰明人、蠢人、有錢人、窮人、你認識的人、你不認識的人。你可以上網問推特（現在叫X）、問Reddit、拍一部短片去抖音上問。訣竅是要懂得篩選各種觀點和反饋，找出適合自己的方法。你徵求的越多，選擇就越多。你擁有的資料越多，就越可以在需要時，從中汲取有用的資訊。

你無法預先知道好的建議會從何而來（這就是爲什麼我喜歡廣撒網），以及他人給你建議的動機是什麼（你越去向不認識的人尋求建議，就越不會得到帶有偏見或其他動機的反饋）。我通常喜歡將得到的所有建議綜合起來並重新表述，整理出對自己有用的思路。重點是要盡可能地吸收——機會、建議、觀點、經驗，但只出於對自己有意義的理由，用對自己有意義的方式，保留並建構對自己有意義的資訊。每一次批評、每一份工作、每一個糟糕的老闆、每一個愚蠢的專案、每一次把事情搞砸、每一個同事、每一個問題都是學習的機會，能夠讓你更了解自己與周圍的世界，讓你能準備在下次機會做得更好。你可能會想要隱藏自己、保護自己免受風險的影響。別這麼做。如果不能接受批評、或需要保證自己永遠完美，你的成長速度就會極度緩慢，慢到沒有人會注意到——包括你自己。而周圍那些能夠承受打擊、陷入泥淖或願意接受困境挑戰的人，則會成長和進化得更快，以至於讓你的成長感覺微不足道。這不是你想要的。

高估自己並全力以赴

督促自己去爭取那些你認爲超出自己所能的工作。我的直覺是，大多數人對自己能力的認知低於自己的實際能力，尤其是女性。如果你是一位正在閱讀這篇文章的女性，請幫我一個忙，去追求一些你覺得完全超出自己掌控範圍的事情。我見過這麼做的人出錯，但我也見過非常美好的結果。如果你願意給自己一個機會往前踏一步，就能發現令人驚嘆的事物（讓人驚訝的是，人們認爲你有資格，或至少願意給你一個機會！）。

大多數人傾向低估自己和自己的能力，並不願意將自己推向前線。安全、舒適並避免顯得愚蠢顯然是一條容易的道路，但在自己能力的前沿搖搖欲墜卻是最有趣、最戲劇性、最危險，因此也最容易有成果、最充實和最有趣的經驗。如果你能全心投入，並盡最大努力去傾聽、學習和發展，就能很快搞清楚所有事情。

我努力確保自己從事的每一份工作，都能讓我學到某種技能、經驗，或讓我接觸到一些我全新的事情。我的朋友芭芭拉．柯克蘭（Barbara Corcoran）稱這是「能帶來成功的不安全感」。我我當然有不安全感和憂慮，且總是害怕失業，因爲工作能讓我保持獨立，並過上想要的生活。我加入了一家廣告公司，但不知道該如何設計創意活動，也不知道該如何投放廣告、製作簡報或管理客戶預算。我曾在國際經驗是零的情況下接受微軟國際部門的工作，但我當時一輩子只出過兩次國。我曾在從未有過任何銷售經驗的情況下接受了一份銷售的職位，我曾接受了一份業務開發

(BD)的工作，但連業務開發的意思都搞不太清楚（它其實就是「銷售」一種比較時尚的說法）。

當我住在波士頓時，當我努力在廣告公司追求晉升時，或者每次升遷或接受新工作時，我總是會忍不住憂心忡忡。這種情緒讓我感到絕望，因爲我會忍不住想：「好吧，這個等級的職缺比我上一個等級的職缺少二〇%。」或者我會想：「我在波士頓四家機構中的兩家工作過，現在只剩下兩家可以跳槽了。」我擔心會把機會耗盡，或者無處可去，還必須面對更多的競爭。也許這種假想是合乎邏輯且眞實的，但也許這只是我的不安全感在作祟。也許這些想法是不合理的，但確實對我有所幫助，能讓我思考我重視和想要的東西（累積經驗、體驗新城市、擁有更多的機會、賺更多的錢），以及檢視我周圍有多少有幫助的資源。這麼做能培養我的技能，並擴大我的視野——不是因爲我想要這麼做，而是因爲我覺得必須這麼做。

我申請微軟全球品牌娛樂總監的職位時，覺得自己的資歷嚴重不足，但我不在乎，我非常想要那份工作。我遇到了一群微軟的高階主管並且非常喜歡他們，這些人是我的同類，敏銳、有趣、勤奮、努力、有創意。他們充滿動力，同時又非常憤世嫉俗。這些人處於網路世界的頂端，製作全世界人們收看的內容。他們對規模有很深刻的了解，除了購買和管理廣告活動（這就是我當時作爲媒體買家所做的事情）之外，還建立了一些別的東西。他們似乎在工作上有很大的自由度和控制權。他們給我留下了深刻的印象，我想成爲像他們一樣的人。最重要的是，我想在微軟所在的那個「大世界」中生存。

準備面試的過程中，我認識的所有人都告訴我，微軟的面試過程是多麼嚴格和艱苦。你將與業務上所有關係人進行一定次數的馬拉松式面試（在我的例子中是連續七次）。所謂關係人是那些依賴該團隊獲得收入的人（業務）、該團隊的同行、對該團隊負責的人（設計部門、生產部門），以及了解微軟如何運作並負責僱用適合微軟企業文化的人。每次面試結束時，面試官都會對你豎起大拇指或撇下大拇指。豎起大拇指意味著你可以過關到下一場面試，並繼續這個流程；而撇下大拇指則會把你掃地出門。所以你必須讓每一位面試官都對你青睞有加，否則你就完了。我知道這會是多麼激烈的競爭，所以我拚命了幾週的時間準備面試。

如果你真的想要一份工作，請不要吝惜花時間準備面試。了解高階主管的情況，了解他們的競爭對手，如果有商店的話就去參觀他們的商店，記得要對事情琢磨出一個具體的答案，並知道如何簡潔地解釋你當前的工作與你想要的下一份工作之間的相關性。多年後，當我面試吧台體育的工作時，說了當年是如何訂閱他們的部落格，而他們也檢查了一下我的話是否屬實。請注意，當你說使用過對方的產品時，請確保自己沒有撒謊。

只談三個點，因為再多就沒有人關心了

在一對一談話時，我的大腦就像一張素描紙一樣，能在起點與目的地之間畫出許多不同路線。

這對我來說很討厭，因爲我很難跟上自己的大腦，而且對於坐在桌子對面的人來說，這種思考模式可能會非常煩人。無論是工作面試、推銷產品、媒體採訪還是艱難的談話，爲了避免胡思亂想，我都會嘗試對議題深入研究，並將觀點限制在三個大主題上，而我的論點則根據這三個主題進行架構。不要討論超過三件事！因爲人們不可能記住太多事。在面試的場合中，大多數面試官並不眞的關心你目前的工作或上一家公司的狀況，他們只關心你在當前累積的經驗，是否足以證明你適合這份新工作。不要去說你老闆是誰、你老闆怎麼樣——沒有人在乎，眞的。堅持說好自己的故事和快速總結，用令人印象深刻的具體案例來描述你是誰、你知道什麼，以及你所做的事情或你去過的地方的重點。這些就是你需要強調的：**列出你做過的三件事，讓決策者認爲你與這份工作相關、且有資格得到它**。

我通過了微軟的面試流程，並且在面試完去喝一杯時依然神色自若（這是一個同等重要、甚至更加重要的測試環節），所以我知道自己得到了這份工作，但日後依然必須爲之努力。在面試過程中受到的壓力，讓獲得這份工作的感覺更好，因爲這使我相信我憑努力贏得這個機會。儘管我覺得自己不夠資格，儘管我還有很多需要補強之處、還有很多事情不知道怎麼著手，但我能夠用精力和熱情來彌補，我對於微軟的產品和服務有想法，能夠提出願景與助力。我證明自己是一個能夠交付成果、跨團隊工作，並執行創造性願景的人。這是我的三項重點。

但這份微軟工作開始時，我卻陷入了悲慘的情況中，感覺非常糟糕，像是在泥潭裡掙扎。我手下有一個團隊，成員分布在東京、倫敦和西雅圖，其中大多數人年紀都比較大（很大程度上是因爲大家都不想離開微軟），並且比我有更多直接的業務經驗。我從未去過倫敦或東京，也只去過西雅圖一次，參加微軟的面試。我獨自一人在波士頓工作，而這些人都是軟體工程師，公司裡做什麼事都要透過系統，這一切對我來說都是陌生的。我想做任何事都需要登入、找到合適的軟體、然後進行認證，而且還有那麼多人要應付。我曾任職的廣告公司擁有兩百名員工，但現在光是我一個部門就有三千人。在面試過程中一直被我壓抑的懷疑聲音現在開始高聲尖叫起來：「你他媽的到底在想什麼，才會去接這份工作？」一切都太困難了，我很沮喪，但我知道我不會放棄並失去做大事的機會。因此我盡我所能，開始採取一些較小的步驟來控制局面。

我做的第一件事就是加強溝通。我獨自一人在美國的另一邊工作，因此更多的交流能讓我與團隊有更緊密的聯繫，使我能夠更快上手，並滿足我學習、被需要、感覺有價值和做出貢獻的渴望。我也開始上路旅行，大大提高我出差的次數、頻率、路程。沒有我不去參加的會議，沒有我不搭乘的飛機，沒有我不涉足的地方。這讓人筋疲力盡，但卻能產生價值、發揮影響力和得到認可。這段經歷教會了我，即使我被「大事」壓垮，但依然能夠掌握「小事」的價值；它也教會了我出席會議的價值、努力參與的重要性，和這項舉動體現出的尊重。

事後看來，我在這份工作中養成了一些壞習慣，這些習慣最終對我造成了傷害，加強溝通變得更具挑戰性且難以維持。直到今天，我依然常常糾結於要溝通多少、與誰溝通、何時溝通。我傾向於快速提出隨機的想法、點子、行動清單和可交付的成果。我的大腦無法停止工作和運轉，我很難適時放下。跨越多個時區工作讓我等於一直處於工作之中，而懷疑自己是否足以勝任的不安全感，也讓我覺得自己必須不停運轉。每天二十四小時、每週七天不斷工作，再加上全世界飛來飛去，我基本上沒有生活可言，只剩工作。我不一定對這段日子感到後悔，但我確實希望當時能更好地掌控一切。不過當時我只是認爲，這是我要向前邁進所需要做的事，而我的確一點一點地做到，事情也變得更加容易。被工作壓得喘不過氣來的感覺漸漸放鬆，最後工作變得有趣，我的表現也更加出色，我學會了該怎麼在職涯中經歷過最艱難、最複雜的地方一展長才。我也在微軟遇到很多了不起的人，直到今天我仍然關注、敬愛他們並向他們學習。

你也會找到自己的方向。鼓勵自己去挑戰一些你不盡然有萬全準備的事情，或者一些你不確定是否有足夠經驗去處理的事情。創建一個適合自己的體制，你可能會得到想要的工作，也或許得不到。你可能必須經手一些不喜歡的工作，但這份勇於嘗試和推動自己解決問題的經歷，最終會讓你到達正確的地方。

如果想讓你媽知道你正在努力找工作，請把這一頁清單印下來

- 對自己誠實。請用批判性的眼光檢視自己擅長什麼、不擅長什麼。
- 弄清楚自己想要什麼，誠實地對待你所重視的東西。你看重金錢嗎？你重視經驗嗎？你重視週末，還是希望自己可以從早忙到晚？你想和他人一起工作，還是獨自工作？在辦公室裡工作對你來說重要嗎？還是你更願意在家工作？
- 坦誠地面對自己，了解自己能做出什麼貢獻。你能到處旅行嗎？你願意每週工作六十小時嗎？你能承受每天長時間的來回通勤嗎？你是否願意後退一步，以便能夠繼續前進？

一旦弄清楚自己的想法與感受，請你：

- 列出你擅長什麼以及擁有什麼技能。
- 列出你不擅長和不具備的技能。
- 列出你有興趣的職位類型和公司。
- 列出你不感興趣的職位類型和公司。
- 決定你是否在乎待在大公司或是小公司工作。
- 列出一份夢想工作清單，這些工作對你來說確實很有激勵作用，但（目前）可能遙不可及。
- 列出一份你認識或你能聯繫的人脈清單，你可以在需要時尋求他們的協助。

3 沒人在乎你的職涯

Nobody Cares About Your Career

許多人都有一種荒謬的期望，認為有人會引導你走完職業生涯，以某種方式給你一張黃金門票，或者能夠依靠外援、仰賴智者來為你做出職涯決定。這是一個幻想。督促自己成功並防止自己失敗的責任在於你自己，而不是任何人的義務。任何不這麼想的人，要不是滿腦子妄想，就是認為自己有特權，或者兩者都是。

告訴你一件事，你的職業生涯是你自己的，沒有人欠你任何東西。如果你不關心自己的職涯，那麼肯定沒有人會關心。所以雖然我完全贊成你去追求自己想要的東西，不讓任何人決定你要做什麼，但這也意味著你必須弄清楚自己的選擇，用自己的方式摸索過河，決定自己要學習多少事物、做出什麼樣的貢獻，以及願意爲了實現願景付出多少努力。你要對自己的成功和失敗負責。

職場是一個根據功績來評判你的地方，而你在工作中的功績有多出色完全取決於你自己。

你可以爲自己量身打造職涯藍圖，但它必須被明確定義、積極執行。人們可能會認爲你瘋了，不知道你他媽到底在做啥，但這沒關係。但你自己需要知道自己在做什麼，你需要大概知道自己想去哪裡，以及應該採取什麼步驟。這是你的遊戲計畫。你應該要能夠對自己說：「我可能並不確切知道自己能做什麼、要去哪裡，但我確實知道自己是誰、想要完成什麼，以及將如何實現目標。」

而在職場中，你將決定自己該付出多少學費、學到什麼樣的東西，並如何充分利用這些經驗。這也意味著，你應該在現有的工作中——**無論這份工作是什麼**，爲你未來的工作做好準備（即使你還不知道那份工作是什麼）。盤點一下自己身處何處、在做什麼、以及周圍的人都在做什麼。想想如何能從現在的工作中盡力汲取知識，獲得最大程度的成長，並爲下一份工作做好準備。

現在就設定未來的自己

請定期與自己對話，問問自己是否正在學習一些可以爲未來做準備的事物。如果你感到無聊，覺得生活沒有挑戰，或是在智識上感到匱乏，那麼你就不是在爲未來的自己積蓄本錢。如果你只是等待而沒有行動，就對任何人都沒有好處，對於未來的自己、對你的同事，甚至對現在的自己都毫無意義。如果你將發生在身上的一切都歸咎於周圍的人，就是把自己變成受害者，而「成爲受害者」這件事對未來的自己極具破壞性，只會限制自己的發展。我很驚訝有許多人在職涯中選擇讓自己成爲受害者。喜劇演員克里斯．洛克（Chris Rock）說得非常好：「有四種方法可以吸引人們的注意：⑴出盡洋相、⑵臭名昭彰、⑶才華橫溢、⑷成爲受害者。顯然出盡洋相與成爲受害者是最容易的兩種辦法。在工作中出盡洋相通常會限制職涯發展，而成爲受害者也是如此，但還是有很多人這樣做。

曾經有一個吧台體育的員工，一剛開始的工作職責有些不明確，而她的新老闆在她開始工作前一週就辭職了。眞是個糟糕的開始。但值得讚揚的是，她對這個情況泰然處之，並挺身而出扛起責任。大約一年後，我們請了一個新人來管理她隔壁的小組。這個新人比她精力更旺盛、有更多的好奇心、也更加忙碌，新人不斷提出許多問題，並且更努力去思考爲什麼某些方法有效、另一些無效、以及爲什麼。我認爲這讓她感到不舒服，她沒有接受新人、新問題和能夠改善公司業務的新機會，而是讓自己成爲了受害者。她開始頻繁抱怨，不太走正路，而且逃避核心問題（我的工作範圍到哪裡，而她的工作職責從哪裡開始？），並且不願意主動提出任何解決方案。這個狀況不太妙。

我本來以爲這位老員工能站出來，簡述問題出在哪裡，以及她可以如何做出貢獻，或者指出摩擦點，並說明這些摩擦在哪裡、何時、如何損害了公司的業務，但她從未這麼做。相反的，她做出許多惡意的抱怨、散播負面情緒，阻礙了進步和改變。她的消極情緒變得具有傳染性。我開始認爲她會將公司專案帶進死胡同。

工作上有很多我並不擅長的事情（眞的很多）。但我擅長的其中一件事，是觀察到某人是否具有好奇心、願意關注以了解事實、深入細節、並有動力幫助他人。這些人是最適合合作的人。無論你處於什麼級別，或在哪裡工作，都要讓自己與這種類型的人在一起，直到你成爲其中一份子。懂得在乎的人可以對個人、團隊和公司產生巨大的影響。和其他事情一樣，關心是具有感染力的。

展現自己

並不是每一份工作都是閃亮的，許多工作甚至爛透了，特別是當你剛開始執行它的時候。讓我們面對現實吧，所有工作中都一定有無聊的成份，或需要修整的地方。當你在設法解決它時，不要成爲一個喪氣鬼，整天坐著抱怨；也不要選擇退出，然後花上大把時間等待，期待一切都能自動順利解決、或是有一天夢想的工作會從天而降。沒有人會來救你。相反的，記得永遠去充分運用眼前可得的一切。有的時候，你職涯中最突飛猛進的成長，會來自最混亂的時間和地點。願意接觸新事物並學習的能力，會讓你在規劃下一步時更能夠迎接挑戰，而這些機會在每一份工作裡都會出現。而每次離開一份工作時，你都會將所學所能打包帶走。爲了找到學習的機會，你需要願意將自己展現出來（但請不要眞的把屁股露出來）。

展現自己和得到曝光是相輔相成的兩件事。不想展現自己或不想接觸新事物的人，往往會待在同溫層裡，窩在一個安全的範圍內，在工作上、團隊裡、部門和行業中，默默變成背板（你知道我在說什麼）。這些人往往很消極，很少表現出主動性。他們維持靜止不動，留在自己的舒適圈，通常不被注意。這些人在受到壓力或事情進展不順利時，只會猶豫或抱怨。不願展現自己的人不會使用太多的直覺，也更少進行期待或行動。他們很可能被腦海中憂慮的小聲音或盤旋的自我懷疑擊敗，變得不太習慣於應對困難或逆境，因爲逃避更簡單一點，所以不願意正面解決棘手的問題。

我曾與一位非常有才華的人一起工作，並相信他可以在行銷、傳播方面取得很高的成就。他有很好的想法、行銷頭腦、創造力和強大的溝通能力，我覺得他有潛力成爲一個強而有力的領導者，而他需要做一些努力才能實現這個目標。但問題在於，他自己並不這麼認爲。他一直逃避更多的責任，希望讓自己的角色、管理的內容、管理的人員，以及所承擔的任務保持在舒適和確定的範圍內。當他確實被展現，或者工作上有問題並因此受到批評時，他的反應很負面。他不喜歡也不習慣這種情況，並升起了防禦機制，接著會退縮或抱怨，並爲此抱怨和責怪其他人。他的自尊會大聲咆哮，阻止他內化、理解當前的情況，並思考下一次如何做得更好。

老實說，這是種自然反應。我們跌倒時會本能地想要保護自己：躲藏起來，將所發生的事情合理化，並轉頭責怪別人。但這些都不是能吸引人的特質。我越是觀察到這一點，就越認爲他的潛力越小。在職業生涯早期跌倒（也就是冒險和失敗）是件好事，因爲到了四十歲，如果你不習慣跌倒，對失敗的反應就會更大，會花費更長的時間復原，受到傷害更深，因而會讓你退縮，讓你的世界變得更小。

能夠坦然面對風險，並且有信心能夠從任何混亂中脫身的心態，可以爲你帶來巨大的機會和許多好處。冒險者並不總是魯莽或愚蠢，他們通常會進行大量的觀察，並在腦海中對事情可能會如何發展進行大量推算。這些觀察和推算爲決策提供了資訊，而其中很多是採用模式識別(pattern recognition)來進行判斷。我在職業生涯的許多機會中，都會從過去的錯誤和經驗中，尋找相似之處或可供參考的見解，以辨認種種風險可能會造成的後果。

這有點隨機，但我希望這是一個有用的比喻：當吧台體育加入佩恩娛樂時，我們的運動博彩經常被競爭對手 FanDuel 打得落花流水。FanDuel 擁有更好的應用程式、技術和團隊，也有更多的用戶，除此之外還擁有大量數據。他們手上握有大約二十年來的投注數據，並利用對這些數據的解讀，來制定更好的賠率和投注定價。他們利用自己過去的經驗，成爲運動博彩市場上最強大的玩家。

但你也可以做到。人們有不同的學習方式——有的人擅長於看，有的擅長於聽，有的擅長於閱讀，有的擅長於學習，有的擅長於提問。重點是，無論採用什麼方法，你自己就是那台超級電腦，可以透過吸收、處理各種資訊，來磨練你的直覺。

讓自己展露在不同的環境中——盡可能多認識人，盡可能多接受各種你能消化的反饋，挺身而出，全力以赴，嘗試那些鳥事，自動站出來解決問題，願意看起來很愚蠢或受到批評，投入到不完全理解的事情中，然後努力把東西弄清楚。如果你能這麼做，就將獲得回報、收穫最多的資源，並能夠發展出自己的觀點與新的思維方式。你將找到新的、更大的、更好的目標，並透過更深入、更精練的直覺來達成目標。這一切都是因爲你願意頻繁地將自己展露在各種環境中，就是這麼簡單。

越常接觸新的人物、經驗和觀點，就會受益越多。付出的越多，得到的回報就越多。如果面前沒有機會，你就需要找到一種方法來讓機會出現。你做得越多，周圍的人就會越注意到你、並考慮幫助你，尤其是在下一次機會到來的時候。

在工作中，人們常常設立障礙，拒絕接受新的思維、新的做法、新的行動、新的製作方式或新的工作方式，並且在尚未考慮這些方法如何可行之前，就已經試著合理化爲什麼這些方法不可能實現以及爲什麼會失敗。我會試著問：「嗯，你以前有嘗試過這麼做嗎？」答案通常是沒有。我會進一步問：「那爲什麼你覺得不可能成功呢？」並促使人們說出具體原因。有時這些答案會是有道理的，並能提供重新思考或重新設計想法的機會。讓我舉個例子：我在吧台體育工作的過程中，眞正令人困擾的一件事是對管理的需求。快速成長意味著東西常常出問題，但我們很難無時無刻注意著一切。我們表現欠佳的領域之一是庫存管理：二〇二一年公司累積了價值數百萬美元的過剩庫存，部分原因是新冠肺炎的情況，部分原因是缺乏系統化管理，而部分原因則是因爲我們不知道自己到底在幹嘛。這很令人惱火，也有點令人驚嚇，但鳥事就是會發生，而我們就是要解決問題。整個過程中最瘋狂的部分，是對於新的做事方法的抵制（到底該授權經銷還是該持有庫存）。我無法理解，為什麼許多人反對採取不同的做法，反正直至目前為止，我們的舊方法效果不佳。而有時除了「不想嘗試」之外，並沒有其他答案。自我設限是正常且自然的——每個人都會這麼做，包括我自己。而能夠脫身的訣竅，是向自己設下的障礙打個招呼，然後坐下來把精力和注意力集中到接下來要解決的問題上。障礙會阻止你展露自己，這乍看之下可能有所幫助，但實際上只會傷害你。自我設限會讓事情變得很狹小，而在職場中變得狹小並不是一件好事。

你不需要是外向的人才能做到這一點。你可能生性害羞或有社交焦慮，但仍然可以將自己展露在各種環境中，只是可能採取的方式不同。你可以獨自學習更多的事物，或在小組中學習更多的東西，或透過更親密的對話來學習。勤於閱讀，鼓勵自己去觀察事物，讓自己沉浸在能夠反思自認為事實的環境中。如果與人交談讓你筋疲力盡，那就休息一下吧——稍微放空，讓自己遠離社交循環並充飽電。關鍵是要發揮自己的優勢，同時努力減少自己的劣勢。你會學會從容地感到不舒服，而這能讓你和那些外向者處於同樣的處境。

你可以把自己丟進水池中，測試一下是否會游泳。這聽起來很可怕，但如果你不嘗試，就會永遠停滯在安全的海岸上。有些人終究會游去更遠的地方，而另一些人則不喜歡這麼做，很快就會回頭。有時你會感到害怕，並開始微微沉入水下，但要知道，你已經做得不錯了。你可以試著給自己壓力，看看能承受多少，盡可能靠近最遠的邊界，別忘了告訴自己，你一定可以安全返航的。也許你在第一次、第二次、第三次或第四次嘗試時，沒辦法橫渡水池，但那些不斷嘗試的人終究會走得最遠，並享受到最大的樂趣。

我對跑步又愛又恨。我不是很擅長慢跑，但跑完之後感覺很好，而且跑步時我可以大聲地播放喜歡的音樂。跑步對我來說是一項艱苦的鍛煉，因爲我無法時不時查看手機。當我慢跑時，會給自己設定一個要達到的最低里程數，可能是一個標記點或一個我可以停下來的地方。如果我預計跑三英里，我會告訴自己：如果需要的話，可以在一．二英里處停下來。對自己說這句話讓我感到安全，而且當我通過一．二英里的標記點時，會很有成就感，而如果我無法再跑下去，這個標記點可以讓我及時停下。當你去展露自己的時候，試著以同樣的方式進行。給自己定下一個安全站，如果有需要的話可以回頭，然後充飽電繼續前進。

展露自己也同時意味著接受自己。每個人與生俱來都有優點和缺點。你可能擅長數學，也可能很對數字無感。你可能本來就有在商業上的雄厚人脈，也可能是一個毫無背景的無名小卒。你可能來自富裕安逸的家庭，也可能出生在家徒四壁的環境。你念書時可能得書卷獎，也可能成績不太理想，或者你沒機會上大學。也許你說話很有條理，但也可能不是。也許你是個話很多的人，或者寡言木訥。也許你的天生氣質特殊，也許你在群體中容易感到緊張，也許你很討人喜歡並且善於交際。也許你很聰明。也許你與以上所述完全沒有共同之處。無論如何，在職業生涯中，請現實地評估你的優點與缺點，並正確地看待它們。運用它們，但別被它們所限制。與其找藉口或指責自己沒有得到機會、沒把事情做好，不如振作起來，找出前進的方向。我知道，這種事總是說來容易做來難。

吧台體育有一位非常有才華的銷售人員，全身散發著明星風采，討人喜歡、聰明、工作衝勁超強，有著非常適合做業務的氣質，而且性格頑強。他連續幾年都是公司裡的業務冠軍，衛冕八季。然而他的主要客戶突然取消交易……這件事與他本身無關，就只是旦夕禍福，對方的預算削減、經濟狀況不好、產品延誤等等，反正就是一堆鳥事。結果一夕之間，他的銷售額排名跌至谷底。隨著時間的推移，他奮力挽回頹勢，但當某個品牌因為不喜歡新聞中有關吧台體育的言論，而決定「取消」我們時，他的業績又再次倒退。當我再次見到他時，他完全沉浸在過去自己的陰影中，無法跳脫出來，也無法跨越自己曾經「失敗」、沒有獲勝的事實。他完全失去了信心，把一切出錯的原因都歸咎於所有人、所有事——除了他自己。公司對他的關注從他有多出色，以及我們可以讓他扮演什麼角色，漸漸轉向該如何控制他的情緒波動，以及如何應對他表現不佳的問題。這實在不是個好現象，你絕對不會想成為辦公室裡的情緒炸彈。確實，實際上他是對的：這一切並不是他的錯，他只是運氣不好。但另一個現實是，如果他的銷售清單中可以再添三個可靠的客戶，那麼這種損失就不會產生影響，而且他會處於一個很有利的位置。最重要的是，他若要重回巔峰，唯一的方法就是從自己的牛角尖中爬出來，吞下苦果並努力重登榜首——他已經證明過這是絕對有能力做到的。

換句話說，扛住責任，然後繼續前進。不要以受害者的身分尋求關注，而要以未來贏家的身分尋找機會。記得不斷學習。你花在打敗自己、並把自己的錯誤歸咎於別人的每一分鐘，都花在了失敗而非勝利之上。這是在把學習的機會給浪費掉了。

弱者爲自己的缺點找藉口，或是將自己的處境和缺乏前進動力歸咎於外在問題。他們找到各種理由來抱怨自己的處境，而不是找出解決方法。雖然這做起來可能並不容易，但取得進展的唯一方法，就是弄清楚該如何克服困境或繞過障礙。你可能需要更加努力工作，更加相信直覺，或更頻繁地將自己展現出來。在一步步實現目標的過程中，你會克服自己的限制（並找到新的限制，這是多麼令人興奮！），而不是讓當前的困局阻止你。不要將自己所有的創造力都用來創造藉口以及合理化自己的惰性。請利用你的才能和精力來解決面前的問題並發掘新的問題，而不是解釋爲什麼它們過於龐大而難以克服。

我大學三年級開學時，我決定將輔修從哲學轉到商業（我當時主修社會學，並且非常喜歡這門學問，因而無法放棄）。在商學院修課的第一天，我就已經遙遙落後，因爲我班上的大多數同學在過去兩年裡，已經學了很多商業理論，這需要大量的記憶和量化思維，還需要一台包含所有符號的德州儀器大型計算機，感覺要價上百萬美元的那種。我對計算機或商學學位的興趣是零，我喜歡寫作、思考、提出具有創意的解決方案。我並不是一個喜歡規則和結構的人。

大四那年的十一月，我經歷了一個「靈魂拷問」的時刻，我向自己承認，作爲一個商學院輔修生，我的表現平平無奇，即使我可以在交報告時胡說八道，但我不能昧著良心說，這是我喜歡且擅長的事情。也就是說，這個輔修學位對我畢業後找工作並沒有幫助（說實話，這是我當時換輔修的唯一目的）。我了解這一點，並且對自己的不足之處很誠實。它除了是我的短處之外，我對於投入到相關的工作也不感興趣，我只是想要得到從事這項工作可以獲得的獎賞。這實在不是個好現象。

所以我退後一步，評估自己能做的事情：在工作中學習、努力勤奮、與人溝通、喜歡寫作。我必須想辦法繞過或跨越障礙才能到達我的目的地（得到第一份商業工作）。只要能抓到老鼠的貓都是好貓，所以我問了自己：「要怎麼做才能獲得找到好工作所需的經驗？」我並不想走學術路線，而是決定採用更實際的方法，申請富達投資的帶薪實習，而大學畢業後我在那裡找到了工作。說句實話，我當時眞的是到處投履歷。跟騷擾垃圾郵件一樣。我有一個宏偉的計畫，要在波士頓過夏天，住在一套令人讚嘆的（實際上又髒又小）公寓裡，放上一張床（實際上是地板上的床墊）和我的朋友（六個瘋狂的女人）一起生活，我絕對不會把事情搞砸的。而我能負擔得起這個夏天的唯一方法，就是找到一份體面的工作。我堅持不懈，並且小心翼翼地在所有求職信中，至少花三行的內容說明爲什麼我想在該公司或該部門實習，以及爲什麼我有這項資格。我試著在簡介中表現得風趣且風度翩翩，並在履歷中說明得具體而詳細。最終我的努力得到了回報：我得到了一份暑期實習。

大聲說好！

我最開始的實習工作，是位於德文郡街八十二號富達投資公司十二樓的接待員。我把頭髮剪得很短，試圖讓自己看起來很專業（太糟糕了，這眞的是個非常糟的決定），我和室友湊了錢，買了一衣櫃的安．泰勒套裝作爲商務用的衣服，可以讓我穿上整個夏天。雖然我基礎經濟學的成績很差，但接聽電話並向人們打招呼簡直就是我的天職，無人可以超越。除了我瘋狂的電話技巧之外，我還會每天詢問十二樓的不同人，看看我是否可以爲他們的專案提供幫助，或者可以承接一些瑣碎的任務。雖然我所承擔的責任微不足道，但我依然試著改善作業流程，並且準備好無論何時何地，都可以承擔更多的責任。我整理了所有能找到的咖啡和奶精、將文件歸檔、除塵，盡我所能讓時間過得飛快。我盡一切努力好讓自己不用只是盯著電梯門發呆。

到了夏天結束時，人們已經習慣來找我幫忙一些工作和專案中的小任務，而這是一種很好的感覺。我爲自己作爲接待員的工作感到自豪，雖然我喜歡把這段經歷拿出來說笑，但我也眞的很喜歡它（夏天結束時，公司的秘書們邀請我參加里維爾飯店的泳池派對，我非常興奮，這是我參加過最好的工作聚會）。我的履歷中因此包含了九十天的「專業工作」經驗、一些新技能和一些我實際倡導的方案。我也由此產生了一個願景：我想要成功，想要在工作中幫助別人，想要有價值。從現在看來這好像沒什麼，但是對當時的我而言那意義非凡。確實如此。

無論職位多低或責任多小，都要認眞對待並全力以赴。努力去了解更多超出工作職責以外的事情，並嘗試去承擔更多超出工作職責以外的責任。一切就是這麼簡單。去負責其他人都不想做的狗屎專案——如果你做得好，就會得到更多更好的回饋。記得在工作中尋求反饋，並找出如何改進做事方式。不要對任何事情做出假設——如果有疑問，就大膽提出問題。保持良好的態度，即使你的工作很討厭、任務很無聊，也要保持最佳的進取心態。我眞心認爲，是我的工作態度而非工作技能（當然也不是髮型）爲我在第一份工作中贏得機會，讓富達成爲我職業生涯的起點。

很多人都期望夢幻的第一份工作會神奇地出現，尤其是如果你具備了所有要素——比如說從好學校畢業，看對了方向，或者在相關科系取得了好成績。但事實並非如此。要變得偉大，你必須踏上不斷進步的旅程，一段充滿歡笑、錯誤、教訓、勝利、缺點和成功的進化之旅。重要的是即使你不知道到底要去哪裡，都要評估自己身處何地、自己是誰，並開始向前邁進。你的旅程越艱難，就會讓你變得越強壯。最後，請接受自己的缺點，承認你不是個完美的員工。沒有人是完美的——無論他們讓事情看起來多麼簡單或多麼完美。你——無論從哪方面來說，都同時是個書呆子、運動員、神經病、小混混和公主——就是你所擁有的一切。

4

找到你的願景並堅持下去

Have a Vision and Stick to It

願景使人與眾不同，它能讓人從自身的局限跳脫出來，並能夠看到一個超越自己現有位置和身分的世界、可能性、機遇或使命。

好的，請注意，這一章真的很重要。我總是問人們：「你的願景是什麼？」大多數人都會睜大眼看我，好像我瘋了一樣，但我是認真的。如果你知道自己的願景是什麼，你就會有著追求比自己更大的、超越自己的理想。願景可以帶你走得很遠，人們很可能會想要與你一起前行——或者人們也可能認為你瘋了，不過反正你不會需要這種人的陪伴。

為什麼我需要願景？

大多數人往往要麼自私自利、要不自我中心、不然就是缺乏安全感，很多人是三者兼具。擁有願景可以幫助你超越這些限制，幫助你充分利用自己所處的位置，並設定想要達到的目標。願景並不需要宏偉壯闊，只需要你眞心誠意，讓你有眞正想超越自己今天的位置和身分的意圖。

在絆倒、失敗、學習和體驗事物的過程中，很容易迷失方向，忘記自己身處何方，或感到沮喪和失望。學習本就是件難事，要在別人當面或背後批評你時，能夠保持虛懷若谷，不升起防衛心，這需要付出很多努力才能做到。願景能讓你昂首挺胸，專注於最後的成果，並將過程中的小勝利和小失敗融入更大的藍圖中。當事情並不確定並且你感到不舒服時（這兩件都是好事），願景可以讓你保持穩定，並幫助你避免在日復一日的工作中被拖垮。忠於自己的願景，並盡己所能實現目標，這操之在己。

願景能帶給你什麼好處[1]？

- 願景可以給你勇氣。
- 願景可以爲你帶來正面的奮鬥目標。

1 小小的免責聲明：完美的願景可能不存在。而且你可能無法確定如何或何時能夠實現願景。你可能起初認為自己想成為某個樣子，但很快（或很慢）意識到實現這一目標的機會為零，或者你會改變心意，想成為另一種樣子。這些因素會使得尋找、宣布和堅持願景變得非常困難。但若能真正做到這一點，就是人生最美好的事。最重要的是要思考出一個願景，並對自己想要做什麼有整體的了解。這個過程不會、也不應該帶有壓力或時間表，也不應該讓人感到不誠實。如果你不相信自己的願景或不能對自己的願景抱持真誠，那麼這個願景就是錯誤的。

．願景可以給你動力，去超越現今所處的位置，即使你不知道目的地在何方。
．即使在迷失、不知所措或心煩意亂時，願景也能讓你集中精力。
．願景可以幫助你產生目標感，這種目標感會轉化爲行動，並最終轉化爲牽引力。
．願景可以有各種形狀和大小，並且會（也應該）隨著你的個人與職涯的發展而改變。
．願景只屬於你，除了你之外，與任何人都無關。

當你在職涯中前進時，一切都會改變：你的工作會改變，生活會改變，因此願景也會隨之改變。更多的經驗對你有益，但更多的焦慮、更多的責任、更多的壓力也會阻礙你的腳步。你可能會變得憤世嫉俗，也可能會變得更有自信；你可能會變得過於狂妄，或者會變得非常謙虛；你可能會更了解自己，也可能更不了解自己。你可能不明白到底發生了什麼，或者爲什麼要做這些事；你可能會感到絕望，也可能會感到迷失；你可能會陷入困境或經歷挫折。以上這些狀況都會讓你忍不住想：我很糟糕，我不值得這一切，不應該試圖成爲我想成爲的人，擴大自己的人生。而你的願景會是最好的解藥：它會告訴你，你值得。

無論多麼迷失，願景都會為你指引方向

願景就像糖果屋故事裡的麵包屑、或曠野上的北極星，永遠會爲你指引方向。

擁有願景確實對我有幫助。我一直堅信要讓自己每天變得更好，而這份願景讓我專注於我的旅程——這確實就是人生的一切。如果沒有願景，你可能會迷失方向，最終只會跌跌撞撞，無論到哪裡都無法感受到使命感和目標感。有了願景，你的道路就不會再感覺那麼隨機，黑暗、迷惘的時刻也不再那麼可怕。你的願景可以是在會議中表現自信，也可以是獲得副總的頭銜，或者是找一份可以讓你環遊世界的工作，或管理很多員工。願景可以爲你爲什麼做這些事創造脈絡，並給你勇氣和動力去行動，即使有些任務很困難或乏味，表面上看起來不會讓你有任何進展。當你感到沮喪時，願景可以讓你振作起來；當你需要動力時，願景可以進一步激勵你。

令我震驚的是，很少人能對自己許下願景。而最糟糕的是，缺乏熱情的人會試圖將別人的願景視爲自己的願景。這種懶惰和非原創的方式，不會有好結果，因爲這種願景是虛假的。模仿別人的願景通常要麼會導致你無法堅持下去，要麼無法實現它。願景，就像事業和生活一樣，必須以你自己爲起點和終點。

願景應該是大膽的，但也應該是合理的，並且絕對在理性的掌握之內（不，願景不是逃跑或躲藏的藉口）。人們往往認爲，願景只有來自於高層或領導職位、或來自那些已經把所有問題都

搞懂的人，才會是有效的。但是事實並非如此，任何人都可以並且應該有願景。

規劃願景應該從第一份工作開始，一直持續到最後一份工作爲止。你最終應該蒐集一籮筐各種各樣的願景，每一個都與上一個有所不同。沒有人可以批判你的願景——老實說，甚至沒有人需要知道你有這樣的願景。無論是工作、生活、家庭、健康或人際關係，你對未來的希望只屬於你自己和你想成爲的人。

設定一些目標，靜靜準備，狠狠出擊。

願景和價值觀相輔相成

我最近加入了泰瑟國際（Axon）的董事會，這是一家標普五百公司，也是著名的泰瑟電擊槍（Taser）的製造商。泰瑟爲軍事、執法和民用領域開發技術和武器產品。我去參加第一次董事會議時，並不確定會看到什麼，結果我遇到的是一群充滿遠見的科學家、工程師和技術人員。泰瑟是一家以使命和願景爲導向的公司，他們希望在未來十年內，將與警察執勤相關的槍擊死亡人數減少五〇%。他們稱這個願景爲「登月計畫」。以下是他們的公司價值觀：

執著：與客戶同行，改變他們的世界。

目標遠大：以長遠眼光思考大事。

以正取勝：以誠信取勝。

盡責：承諾、採取行動並交付成果。

齊心協力：創造未來是一項團隊運動。

期待坦誠：坦誠能讓關鍵問題與眞相浮上檯面。

這些價值觀確實讓我印象深刻，不僅對公司而言，對在那裡工作的成員也是如此。價值觀不僅決定你想做什麼，也關乎你想如何達成它們。你可能會問：「爲什麼作者要在願景討論的章節中分享公司價值觀？」原因是願景和價值觀可以相互融通。價值觀能引導你並讓你專注於願景上，並且是你在實現面前的願景、下一個願景和再下一個願景的過程中，所一直遵循的原則。本書花很多篇幅討論在職場上發光發熱的價值觀，請去研究你敬仰的企業（以及人）的價值觀，它們可以讓你變得自信、堅強，並強化你實現願景的目標。

只要你打造了願景，就會有人追隨

願景推動我們，驅使我們。願景位於心靈和大腦相遇的交叉點，讓兩者能夠齊心協力到達終點。願景對自己和他人來說都是鼓舞和激勵人心的，雖然我們的個人願景是私人的，但我們的工作和團隊願景是公衆的。如果你想無論在任何工作位階都成爲一個優秀的領導者，那麼你需要有個願景。它有助於爲你自己、你的團隊、你的工作設定一條路線。請記住，願景不僅與你個人有關，而是與團隊有關，你希望人們與你一同前行。針對受眾的願景需要引起受眾的共鳴，它必須激勵所有人去完成一些超越自己的事情，並齊心協力以達成目標。所以願景不能只是短視或自利的。

雖然擁有願景很重要，但能夠實現願景也同樣重要，甚至更爲重要，人們希望看到進展的證據和實際的成效。他們希望看到自己的努力有所成果，並有所意義。如果沒有基準，你可能會失去焦點和信譽，並因此難以激勵周圍的人堅持下去，或是再次投入你相信的願景。

我在吧台體育頻道中製作了一檔名爲「1:1」的每日問答影片，回答人們在網路上提出有關工作的問題。有一天，我收到了一位年輕的女性主管的提問，她想要知道如何讓年長的男同事尊重她。**她是否需要更有權威、更加嚴格，才能得到年長的男同事的尊重？**天哪，不是這樣的。誰願意爲一個以權威和嚴格爲目標的人工作？沒有人。她需要的是一個明確的願景，明確地指出她認爲團隊可以走多遠、可以完成什麼事情。沒有遠見的嚴格與權威只會讓你成爲小暴君，激起人們的憤怒，而不是贏得人們的尊重。願景不僅是創造令人嚮往的事物，它也爲你的團隊和同事提供了一些可以響應、可以參與的事物。

最好的願景通常簡單明瞭，讓他人可以重複、擁護和分享。願景體現了「隨機行事」和「做感覺重要且有成果的事」之間的差異。如果你能制定願景並付諸實踐，就會贏得人們的尊重。

當我加入吧台體育時，我的願景是讓它成長爲一家擁有強大、多元化商業模式的合法公司，並保護和保留使其受歡迎的創作自由。我當時心底眞正希望的是不要被解僱，然後必須低頭回到某個穩定的機構裡工作，因爲我無法理解那種環境。但這些是我的恐懼，而非我的夢想。吧台體育的夢想和願景，是按照自己的方式和規則蓬勃地發展成長，所以這就是我們想要實現的願景，而我們也做到了。

那麼，我怎麼確定自己的願景？

在職業生涯的早期，你可能還不知道自己的願景是什麼。在這個階段裡，當你正在弄清楚工作相關的所有細節時，你的願景可能只是盡你所能地學習和實踐。**我將在這份工作上花兩年時間，弄清楚我喜歡什麼、不喜歡什麼。我要弄清楚如何在一個新城市生活，並規劃預算。我要弄清楚自己是誰、擅長什麼**。你的願景可以先廣泛設定，然後隨著你的前進而慢慢變得精煉。你的願景應該要持續演進。在理想的情況下，一旦你快要實現當下的願景時，通常也會形成一個新的願景。

隨著時間推移，當你在職涯中累積更多專業後，將會擁有更好的條件，去爭取自己想要的東西。你會更加有針對性和規範性去做想做的事情。這麼說吧，如果你的願景太容易達成，這表示你設立的願景不夠大、不夠遠。如果一項願景已經被實現，那麼它就不再是「願景」——而是你的「現實」（恭喜你！）。

我的願景是發展吧台體育，然後讓它能夠被收購。既然這兩件事都發生了，那麼我的願景就完成了，應該要有新的願景來取代它們。

當然，有些事情會讓你和你的願景偏離正軌，例如失業、生病、沒有得到你想要且你認爲應得的晉升機會。工作和生活都很艱難，你會跌倒、會感到失望（你也會讓別人失望），但不要因此而洩氣。當你沒有得到想要的東西時，不要放棄。也許你在短時間內需要一個新的、更緊迫的願景。這項願景可能是暫時的，但同樣重要。照顧好自己，找份工作。願景可以推動你、安慰你、讓你集中精神、勇往直前。在實現願景中，讓你能夠依賴、獲得支持的最大靠山，就是你自己。

在吧台體育工作時，我盡可能敞開辦公室的門。我喜歡「順口聊聊」的做法，讓同事們可以在經過我門口時，探個頭進來提出他們正在思考的事情，或公司應該考慮的想法。大多數時候人們只是順路進來抱怨一下，或來要更多的錢。這樣久了可能有點討厭。而其他時候人們只是想倒垃圾而已。在我開始感到不舒服和效率低下之前，可以忍受大約五分鐘。但有的時候，人們會帶著眞正有價值的願景和見解而來，而有時卻懷抱著過高的夢想，最終徒勞無功。但這些都是好事情，這也是爲何我喜歡將辦公室的門敞開。

我最重要的價值觀之一，是與各個級別的人們建立聯繫，並讓人們放心且自信地分享當下的願景或工作的願景。讓衆人願意嘗試新的想法，並給予人們自由去進行自己的冒險（例如願景），看看他們是否能讓創造一些事，這就是讓公司成功的秘訣。

> 向人們說嗨很棒，這不需要花太多精力。甚至你也可以隨便哼一聲，如果這對你來說更容易的話。認可別人是件很簡單的事，而且可以帶來非常大的改變。我很驚訝，這麼做的人出奇地少。想讓人有被看見的感覺嗎？打個招呼吧！

有時候，你的願景可能需要將與你不同、甚至截然相反的人帶入你的軌道中。我嘗試花時間在那些與我做事方式不同的人身上，以學習新的事物。我學到的一件事是，雖然爲每個人敞開大門固然很好，但我無法點亮每個人的愚蠢想法。這是一種很好的張力，能保證帶來改變，而改變和進化對於實現願景至關重要。

雖然我實施「敞開大門」政策，但我必須說我沒有時間留給空洞的承諾，和虛假、永遠不會落實爲行動的狗屎願景。讓其他人參與你的大局思考很重要，但你也必須說到做到、言出必行，兌現承諾，否則人們會認爲你只是在誇誇其談。

若要認眞對待願景，就必須設定期望；如果你不理解別人的期望如何連結到你或他們自己的願景，而他們也不理解你的期望與願景的關係，那麼最終結果往往是一場災難。要理解某人的期望並不需要花很長的時間，但這確實需要把你的自我、你的計畫放在一邊，只問最重要的問題（你對我有什麼期望？），並提供你的回應（這是我對你的期望）作爲回覆。試著做做看吧！

在談到願景時，還有一個危險的中間地帶：有些人擅長推銷願景，並作出許多相關承諾，但卻無法兌現，因爲他們還沒有充分考慮過如何執行。

我曾經和一位頂尖的業務員共事，而我觀察到，阻礙她進一步成爲一位偉大的業務員的是，她不知道什麼時候該停止銷售（她不斷陳述自己的願景，隨著時間越來越宏大），以及何時開始傾聽（解決實際的問題）。即使她知道自己無法兌現所說的話，卻仍然繼續陳述。她並非惡意畫大餅，我認爲她眞的希望這些事情能夠兌現。她曾發表過許多重大聲明，起初人們能接受這些成功的願景和理念；誰不希望成功呢？但一段時間之後，品牌團隊不再願意與她會面，因爲他們不相信她所說的話。她無法讓營收翻四倍，也沒有爭取到承諾的贊助商。她的願景並沒有錯，只是因爲沒有計畫，所以結果未能實現。這導致她失去了權威，更重要的是，失去了讓人們相信她的願景的能力。

願景很棒，請嘗試擘劃你的願景。你可以把你的願景私訊給我，我保證會讀。寫下你的願景，然後把它放在你的襪子抽屜裡，但不要忘記它。相信自己值得成爲偉大的人，值得成就許多不同的事情，並遠遠超越今天的自己。要知道，你可能需要尋求幫助，才能實現自己的願景。願景唯一需要的，就是你眞誠地看待它並對其負責。願景值得執行，只有當你全心投入、貫徹執行、努力學習、引領同伴，並一路帶來新的成長，你的願景才會有效。

5 學習就是一切

Learning Is Everything

如果你認為自己沒有什麼可學的，因為你已經把所有的事情都弄清楚了，或者搞定了，那麼你需要離開他媽的巢穴，去做一些不同且有趣的事情。否則你就會變得百無聊賴和道貌岸然，並越來越無關緊要，直到永遠。

我認爲自己在大多數事情上表現都很糟糕。我對自己的批判多於吹捧，當好事發生時，我常擔心壞事會隨之而來。但我確實堅持的一件事，是一直致力於成長。我永遠保持上膛狀態，準備融入並嘗試一些事情。這就是我的動力來源，也讓我能完成絕大部分的工作以及生活。

學習並不只是在學校或教室裡發生的那些事情，學習是一種終生的心態，讓你對一切事物保持開放和好奇，並說：「嘿！世界，你今天要給我什麼驚喜？走吧！」這種濃厚的興趣和積極的參與，將使你能夠自在地踏進不熟悉或不舒服的環境和情境，但你會因此從中受益。更好的是，它會給你帶來娛樂、驚喜，甚至可能啟發你。

在職場上處處都是學習點，無論是美好的日子、非常非常糟糕的日子，還是介於兩者之間的平凡日子。在學習過程中（無論是公開學習還是默默學習），你會獲得關於自己的寶貴資訊和觀點，這是你以前可能沒有注意到的。藉此你可以發現自己感興趣的事物、擅長的事物，或需要做得更好的事物——同時也可以知道自己不喜歡什麼、不擅長什麼。這些都是成功的墊腳石，讓你有信心邁向未知。

享受充實、有趣和廣闊職涯的秘密武器，就是永不滿足，並不斷學習。如果我在工作中學不到東西，就知道是時候離開了。就是這麼簡單。

當我在美國線上工作時，讓我抓狂的一件事是，我感覺好像沒有人願意學習或嘗試任何新事物。人們只想要完成一點點工作，在辦公室裡越隱形越好，吃吃免費零食，在似乎可以得到嘉獎的時候，才會從小隔間裡跳出來。在大多數情況下，人們對於自己可以做什麼、爲什麼、如何做得更好等話題並不熱衷，並普遍不想去承認哪些事情沒有功效，因爲這麼做只會帶來更多工作量。總體來說，感覺起來大多數人只是每天在等下班而已，這讓我抓狂。

如果人們更願意學習、更有好奇心，就會有更多的改變、溝通、成長和成果。事情也能夠更加活躍、有意義，而非安靜與微不足道。當我在工作中感覺到這種怠惰的氣氛，我會陷入徹底的瘋狂和恐慌。我痛恨這種懶散。我並不是說人們必須一直想著工作——我不認同那種「要在辦公室待到熄燈」的心態，但我確實認爲枯坐著等待，不想去行動、改變、開啟新局，就是在浪費你的時間和才華。

向所有人學習

好消息是，無論工作級別，你都可以從每一次的經驗和每一項工作中獲得知識。我向公司裡的所有人學習，從接待員到執行長——老實說，很多時候我從接待員那裡學到的東西更多。每個人都可以教你一些你不知道的東西，重點是你必須認眞專注地傾聽和參與。你要傳達給我什麼？而我要傳達給你什麼？你會對從人們那裡能學到的東西感到驚訝。你應該將所觀察到和體驗到最優良的事物寫下來，進一步去嘗試；而最糟糕的部分也是一樣，記住教訓並努力避免。

當面對一份新工作，或檢視自己目前的工作時，一定要去辨別周圍的人是否缺乏好奇心或求知欲——這應該要是一個自動警示，讓你知道需要嘗試改變周遭環境（注意：會不斷出現）。缺乏好奇心呈現的樣貌可能很多元，但給人的感覺卻是同樣地冷漠和不適。人們顯得不感興趣或抽離，就像當你與某人交談時，對方依然一直盯著手機看一樣（眞是沒禮貌）。

能夠學習，以及擁有允許學習的環境——或者更好的是，促進學習的環境，會讓你保持動力，並全力投入手上的工作。學習也很可能同時讓你得到正面或負面的關注。犀利的環境可以磨礪出偉大的人，但也可以揭露人性的弱點和失敗。有些人不喜歡這種環境，只想要每日簽到的獎勵。雖然將自己展露出來可能會讓人狂躁甚至痛苦，但這是一種很好的學習方式，因爲如此一來你就無法逃避，強迫自己把事情弄清楚並立刻推進事務。

如果你想要透過一份新工作或一個新地方來找尋自我，請尋找一個人們願意分享和教導的工作環境。有些人在工作上很自私，不太想讓別人變得更好，也不願意花時間或耐心引導別人前進。學習是雙方面的事，必須有人想要教導、有人想要上課。偉大企業的員工會以不同的排列組合，實踐相互學習（你有時會教導別人，有時卻是學生，有時你同時扮演兩個角色）。那些即使被要求也不願意分享的人，會讓我很生氣。拒絕其他人獲取資訊或知識，是粗鄙和狹隘的行爲，到頭來也是一種軟弱的行爲。用過多的專業資訊、晦澀的表達方式把人們淹沒，也好不到哪裡去。

在吧台體育中，我們經常互相切磋琢磨。我是一個視覺學習者，但在數字和電子表格方面不太擅長，這些東西容易讓我緊張不安（忍不住回想起大學三年級）。我喜歡文字、故事和更宏觀的事實及意義。有時我喜歡對故事追根究柢，有時只需要看看標題就夠了。我偏愛那些能夠將數字轉化爲文字、將文字轉化爲直率建議、進而演變成實驗或策略的人。我試著讓自己周圍充滿與我互補的人，這樣我就可以向他們學習，也希望反之亦然。

我很討厭的一件事，是人們在交談時各說各話。例如工程師腦袋的人向主修英語文學的人噴出一大堆數字，而後者需利用詞彙才能完全理解某些東西。丟給忙碌的人們一大堆沒有意義的芝麻綠豆資訊，這不叫教學，甚至可說是試圖混淆視聽和自我誇耀，是種蹩腳的行爲。充其量來說，這只是在「將代辦事項打勾」（把該提供的資訊給出來），而不是眞的在做「工作」（促進理解）。眞正的勝利，是用一種讓不同的人能夠理解、詮釋和消化的方式分享資訊。這對你有好處，對他人有好處，對每個參與者都有好處，並且會帶來進展和牽引力。如果你能成爲一個樂於學習並準備好教學的人，那麼你將是職場上的珍寶。

閉上嘴，好好傾聽

人類最難做到的事情之一，就是停止說話。不，我說的不僅是閉上嘴而已，而是要**眞正停止說話，並開始傾聽**。大多數時候，如果你眞的想學習、或想在某件事上做得更好，或者想要獲得新的想法、見解或技能，最好的方法就是閉上嘴並好好傾聽。拜託，請盡力克制自己說話、溝通、吹噓、分享、提問或貢獻的衝動。

學習最簡單的方法之一，就是準備好傾聽。傾聽是一項被嚴重低估的技能，如果你觀察會議中的人，會驚訝地發現其中很少有人能夠眞正地傾聽，大家都更喜歡說話，誇誇其談。我有時也會忍不住這樣（舉手），特別是當我感覺有點惱火、感到時間緊迫、或認爲對方是個白痴的時候。

你越懂得聆聽，就越了解人們所表達的內容，還能進一步解讀他們的意向，而更重要的是，能夠了解他們沒有明說的內容。你越能聽懂人們的言下之意（甚至言外之意），就越能理解自己需要做什麼，才能應對與雙方有關的各種情況。

我曾經和一個傢伙共事過，這人他媽的就不懂什麼叫做閉嘴。他每分每秒都要講話，而當他難得不說話的時候，還是會一直發出聲音，好像他準備要說話一樣。這眞是令人火大無比。每次與他會面大約三十秒後，我眞想從椅子上跳起來，大喊：「他媽的閉嘴」，於是我決定跳過這個人參加的所有會議。我知道他很神經質，沒有安全感，試圖透過塡滿所有空間，來掩飾自己的擔憂和焦慮。我敢打賭，當他感覺自在的時候，並不會那麼多話。我希望他有一天能理解，只需要傾聽就能夠學習，並因此更加自信和安心，而不是因爲急於表達自己的觀點，而淹沒其他人的談話，從而讓人們倒盡胃口。拜託，請不要變成這樣的人。

傾聽是一項非常重要的技能，許多人都忽略了這點。我們如此渴望被傾聽、獲得讚美、表達觀點、感到被關注，以至於錯過了周圍人們所說和所沒有說的一切美好事物。

想要拓展自己，就要拓展你的學習方式。你可以透過聆聽（而不是訴說）來學習、透過閱讀學習。透過與他人互動學習、透過觀察、實驗、或者將自己置於不熟悉的情境中來學習。你也可以透過做一些明知不擅長、但有耐心希望做得更好的事情來學習。透過找到願意向你解釋某事的人（任何人！）來學習，透過尋求幫助來學習（廢話）。你可以透過寫下自己的想法、觀察和點子，並嘗試讓它們變得合理來學習。請記住，不要習慣於只用一種方式學習。在辦公室裡，不要只拘泥於一種做事或互動的方式，現在就改變。

讓學習成為遊戲

學習自己不擅長的事情是最困難的，這些課題可能會讓你感到不舒服，也會讓你非常想要放棄，但這同時也是你最需要學習的東西。

請試著將學習或是學習中的不舒服感轉化成一種遊戲，讓自己可以勉力去做原本不想做的事情，以便獲得獎勵。我總是在腦海中打造遊戲並設定挑戰，**例如我需要認識五個新朋友，我今天必須把這三件事從我的待辦清單上刪除，否則我無法開始做眞正有趣的事情**。當你爲自己製作學習遊戲時，可以在腦海中享受到樂趣並感受到成就感。它還可以讓踏出舒適圈變得不那麼可怕，讓你不想做的事情變得更容易接受。這也是強迫自己克服恐懼的好方法。例如如果我花X時間閱讀有關Y的內容，之後就可以做Z。這聽起來可能很愚蠢，但這是讓自己擺脫困境並停止拖延的好方法。我也會使用這個遊戲來幫助自己保持動力和參與感。遊戲能讓困難的事情變得有趣，本書第三部分會再詳細陳述。

沒有人無法學習新事物或無法嘗試，也沒有人不能變得更聰明。自尊和不安全感是學習過程中最大的兩顆絆腳石。若人們不想學習或不想嘗試新事物，很可能是因爲他們害怕看起來很愚蠢。我發現人群中最引人矚目、最有趣、最有能力的人，往往是那些養成了傾聽和學習習慣的人，他們取得知識不是爲了「修正」自己，而是爲了強化和拓展自己。

我從來沒寫過書，因此我正在學。你可能會告訴我這本書很糟糕，也可能會告訴其他人這本書很糟糕。而肯定有很多人會告訴我這本書爛透了，只要看看我序言裡提到的垃圾評論就知道了。這本書的確在某些地方有所不足，但我希望它能在另一些地方表現出色。我不知道人們對這件事的期望是什麼，我也不在乎。我眞正關心的是幫助人們擁抱這個事實：他們可以成爲任何人、做到任何事，只要願意以充滿能量和開放的心態去嘗試新事物。我的目標是清楚明瞭地分享我的經驗，希望它能鼓勵和激發其他人充分利用他們的經驗。我給自己設定了寫這本書的目標和期限，試著從那些比我更懂、做得更好的人身上盡可能汲取見解和觀點。對於如何寫作和出版一本書，我很樂於接受它帶來的不適感，同時我試著分享一個願景，告訴大家如何在做新的、不同的（和不熟悉的）事情時，可以從容地感到不舒服，以及如何擊敗內心那些阻礙你並威脅你的聲音。我眞心相信，抵達人生目標的唯一方法，就是把握自己已經擁有的才能、學習自己尚未掌握的事物，勇於嘗試並體驗一切，相信自己，蒐集所有相關資訊並重新轉化爲自己所用的動力和經驗。

今天學到的東西應該明天就要嘗試，這樣才能保持參與並磨礪自己的優勢。並不是學到的所有東西都會成爲你永久的工具，但鼓勵自己接觸一些不擅長或不了解的東西——無論是小事還是大事，會讓你每天都比前一天更好。

6

若你不願意成長，就是在浪費大家的時間——尤其是自己的

If You're Not Willing to Grow, You're Just Wasting Everyone's Time, Especially Yours

經常尋求建議卻從不採納的人，以及經常表示想要改變但從不實踐的人，兩者都爛。

願景可以讓你成長，而心態則可以讓你在實現願景的路上嘗試新事物、並成爲新事物。

卡蘿．杜維克（Carol Dweck）在她的著作《心態致勝：全新成功心理學》一書中，將成長的心態定義爲「……相信你的基本素質是可以透過努力培養的。儘管人們在各方面可能有所不同——最初的天賦、資質、興趣或性情，但所有人都可以藉由實踐和經驗來改變和成長……一個人的眞正潛力是未知（且無法完全了解）的……」

杜維克認爲，成長心態的對立面是僵固心態，即人們倚賴自己固有的能力和天賦（或缺陷）

來行事，並迴避挑戰，對建設性回饋採取忽視或防禦的態度。僵固型思維模式的人往往會說，「事情本來就是這樣」。他們基本上相信，出生的條件可以決定最終的結局。這種想法抹殺了機會、抹殺了努力、抹殺了經驗、抹殺了自由意志、也抹殺了改變。如果這種看法是真實的，那我可能會一輩子在新罕布夏州中部的一家水電公司裡接聽電話。

不要只是站在場邊看球。

杜維克鼓勵以下觀點：透過展露自己並且專注的練習，就可以用學習來彌補先天缺失的天賦或能力。如果我走的是僵固心態路線，我可能會說「我數學很糟糕」，然後就任其如此，不惜一切代價避免去碰數字，並接受自己數學很爛的事實。如果我接受這一點，我將永遠不會得到執行長的職位，也不會走到現在的位置。但如果我能從成長心態的角度來看這個問題，在承認我的爛數學的同時，我會相信可以藉由練習和財務方面的努力，向可以教導我的人學習數學，或用其他人的技能來補充我缺乏的數學技能力，來藉此提升自己舒適圈以外的能力，並有潛力達成突破界限的任務。

對我來說，成長心態就是相信自己有能力變得和現在不同，可以變得比今日的你更大、更好。這也是對你所擁有的（和你沒有的）能力的樂觀看法，並相信這些技能可以幫助你到達想去的地方。這不僅是一趟旅程，更是一種選擇。

成長心態就是去嘗試新事物。你不一定要接受自己的狀態與處境，但要相信，如果你願意堅持度過一段恐懼、懷疑、不安全或不確定的時期，就能學到更多、做得更多、變得更好，你可能從事公關工作，但有機會領導一個行銷團隊。僵固心態的人會說「不可能，你明明對行銷一無所知，你不可能會擅長行銷，因此可能會失敗，所以最好不要嘗試。」而成長心態的人則會說「管他的，上吧！」

我非常欣賞派樂騰健身公司（Peloton）的羅根．奧德里奇（Logan Aldridge），他是適應性肌力訓練的教練。作爲一個白痴，我以爲所謂的「適應性」是一些奇特的運動術語，或指某種類型的力量訓練。不是的，奧德里奇的課程之所以被稱爲「適應性」，是因爲他只有一隻手臂（而且上面有一組華麗的刺青）。我喜歡他的課，不是因爲他只有一隻手臂，而是因爲他是個好教練，不會說太多話，也不會表現得像個無腦花美男。僵固型思維模式的人會說，只有一隻手臂人不可能成爲健身教練；但成長型思維模式會說可以。

解決這些問題需要努力、對自己有耐心，以及在犯錯或失敗時，擁有原諒自己的能力（而錯誤常常來得又快又多）。

我認爲無法回答「我想成爲什麼樣的人？」也沒關係（如果要完全誠實說的話，我認爲大多數人都做不到）。但我認爲這個問題本身確實很重要，也應該被提出，以促使自己思考。爲了超越現在的自己，你願意付出多少努力與犧牲？即使你不全然知道目的地在何方。爲了證明自己，你願意走多遠？除非你去嘗試，否則你不會眞的知道。這就是成長心態的一切：勇於嘗試並相信你有機會超越現在的自己。

成長的理由有很多種——野心、好奇心、想證明某件事、或者想實現某件事。我在大學畢業以及接下來的幾年裡，驅使自己努力工作，因爲我知道我的父母爲了讓我能上一所好學校，付出了多少犧牲。我對他們不得不向銀行貸款來資助我的教育感到內疚。在我二、三十歲的時候，我的女性朋友們開始結婚生子，其中有許多人決定辭去工作來撫養孩子。由於我的父母爲我和我的兄弟做出了犧牲，我認爲有義務繼續工作並持續前進。

你追求成長的原因完全是個人的。也許是貪婪，也許是創傷，也許是內疚，也許是憤怒，也許是痛苦，也許是義務，也許只是對在自己接下來的模樣感到充滿正向與好奇。到最後，原因其實並不重要，重要的是要去追求成長，並結交其他追求成長的人，相互激勵。我想推動你去做最重要的事情，就是不要停滯不前。要麼充分利用自己現下的環境，要麼大膽離開去追求新的東西。我堅信每個人都有能力做比今天更多的事。我相信錯誤、進步、進化和堅強（即使你內心感到軟弱）都能讓你成長。簡而言之，丟掉你的僵固型思維。

你可能討厭某個目標，但卻愛上這段旅程

抱歉，我不喜歡鳳凰城。鳳凰城對我一點也沒有吸引力，它呈現棕色並且乾燥，有著許多購物中心，但我發現自己常常去那裡出差。我有一次從洛杉磯開車到鳳凰城，我非常喜歡這段旅程，一路上我看到了很多、也學到了很多。但當我到達鳳凰城時，卻覺得它無趣至極。

你的工作歷程也可能是這樣的。有時，當你確定了自己的願景（是的，我們仍在談論願景，而且還會持續一段時間，所以忍耐一下吧），並到達目的地之後，你可能會說：「靠，這跟我當初想的不一樣啊。我做了那麼多努力才走到這一步，但現在我人站在這裡，卻不覺得高興，天啊！」

不要絕望。你可以有這樣的感覺，意識到原本自己想要的願景根本不是你想要的，這也沒關係。這種情況在你的個人生活中大概會發生幾次，在你的職業生涯中也可能會發生幾次，這就是爲什麼我們會說（雖然聽起來陳腔濫調）旅程本身比目的地更重要。

設定目的地的問題在於，有時當你到達終點時，會忍不住覺得，「這個地方很糟糕」、「我實在高興不起來」、「這根本不是我想像的那樣」。這種感覺會讓你覺得自己很愚蠢，因爲你曾經大張旗鼓地告訴大家這就是你想要的，你同時可能會感到有點絕望，因爲你浪費了太多時間去追求自己並不想要的東西。我曾經有過這種經驗。這種情況下人們很容易說：「好吧，實在太慘了，既然我在這上面花了那麼多時間，投入了那麼多精力，所以乾脆忽略我不滿足或不快樂的事

實，咬牙堅持下去好了。」或者你也可以深吸呼吸，然後說：「操，我眞的不太開心，這不是件好事（對我或任何人來說皆然），所以讓我們開始擘劃新的願景吧。」——然後馬上把自己從舒適圈中扔出來。

旅程才是最重要的，因爲你在旅程中經歷的事情，可以帶你前往許多目的地。如果你知道如何失敗，就懂得如何再次失敗並生存下來。如果你知道如何辨識什麼能讓你快樂，就可以一次又一次地追求帶給你快樂和滿足的事物。如果你對人友善、對人好奇，人們也會對你友善、對你好奇。

雖然我曾經非常渴望成爲一名行銷長，但實際上我根本就討厭行銷長的工作。當年我發現自己的工作將涉及網路和行銷領域，因此就爲自己制定了一個願景：在某間公司裡、以某種方式、在某個時間點，我要成爲一名行銷長。我一直朝著這個目標努力，並且對一路走來的每份工作都非常有意識地選擇，以學習通往這個職位所需的技能。這需要多年的時間、一些運氣、好的老師和課程，以及大量的努力。當我終於得到行銷長的工作時，我也深入研究了自己的工作職責、需要進一步學習的技能、還沒有弄明白的事情，以及在這個職位上需要做出的貢獻。但我不喜歡行銷長這份工作的問題並不在美國線上、也不在於其人員或產品——所有東西都有自己的優點和缺點，問題在於我自己。我對「行銷」而不是「製造」東西感到沮喪，就像我曾經作爲媒體購買者時，會因爲購買內容而不是創造內容而感到沮喪一樣，我當時也因爲只能銷售別人創造的東西，而無法幫忙打造一些東西而感到沮喪。我爲我們在美國線上所做的工作感到自豪，但一段時間後，這個職位並沒有給我帶來動力或支持。我很高興我到達了預定的目標，但這不是我想要的終點，所以我決定離開。

你曾經努力工作並獲得一些成果，然後意識到這些成果實際上並不是你想要的，最重要的是它並不能讓你快樂，這些都沒有關係。你可以學會放下然後繼續前進，事實上，這很好！人們可能會認爲你瘋了，或不同意你的觀點，或因此批判你，但歸根究柢，這一切只取決於你自己以及你不斷變化和發展的自我願景。

弄清楚如何盤腿坐

我媽媽曾告訴我這樣一個故事：當我上幼稚園時，她曾經有兩次必須打電話跟學校溝通。第一次是因爲我自己穿衣服時，不願意穿褲子（只願意穿裙子），而且常常在頭上綁一條海灘巾，因爲我想要留長頭髮。第二次是因爲我無法盤腿坐，這是我小學的規定，但我的腿根本做不到，因爲我的髖關節不靈活。我花了大約四十年的時間，才終於學會盤腿坐。

就像任何試圖戒掉壞習慣、或養成好習慣的人一樣，心態的改變不會一夕之間發生。很多努力不會有立竿見影的效果，並且一路上會有很多枯燥和艱難的日子。堅持完成任務最困難的點在於，我們都希望立即看到結果，而且最好可以跳過實際旅程中的痛苦和不適。如果我們看不到結果，就忍不住會想爲什麼要這麼麻煩？然後乾脆放棄。改變可能會讓人不舒服、不愉快，有時甚至很無聊。它迫使你抵制自己，努力對那些讓你停滯不前的根深蒂固壞習慣說「不」。對自己的目標有一個清晰的願景，將它寫下來並堅持不懈，可以幫助你度過改變的艱難時期。

如果我認爲自己陷入泥淖，我會在日曆上的三個月後加上標記。當我覺得自己實在不能再忍受的時候，就會對自己說：「加油，堅持住。讓我們把停損點放在不遠的將來，看看屆時是否仍然有這種感覺。」這麼做能夠幫助我了解，自己是否只是經歷了糟糕的一天或過度勉強，還是事情眞的出了系統性的問題。這麼做也可以讓我知道，透過設定處理事情和評估現況的檢查時間點，我已經對自己負了責任。這麼做還能夠避免我日復一日地執著在這個問題上，同時確保我能以有建設性的方法，盡快脫離困境。

如果你花很多的時間思考自己、周圍的環境或人出了什麼問題，而不是去思考什麼是正確的事、你可以改變什麼、以及你可以成爲什麼樣的人，就會滋生負面的情緒。而負面情緒是會傳染的，但正向情緒也一樣具有感染力，所以請試著保持正面心態。

無論你決定採用成長心態還是保持僵固心態，都要知道這是一種完全操之在己的選擇。這個選擇將帶來截然不同的結果，並直接影響你未來的成功、幸福和滿足感。

7 失敗是最好的老師

Failure Is the Best Teacher

如果你做得對，你就會經常出錯，而且你會樂在其中。

當我面試求職者時，總是會認眞觀察求職者是否可以接受失敗，因爲能夠優雅地失敗是一項令人欽佩的特質。沒有風險和失敗，就沒有眞正的成功。經歷的失敗越多，越願意承擔風險，就越有可能學到東西並把事情做對。你成功的次數和失敗的次數之間有直接的相關性。

害怕失敗會讓人脆弱，而擔心別人對你的看法更是糟糕，這是非常畫地自限的。爲什麼要把你的本錢、衡量你自身價値和潛力的權利放在別人手中？說眞的，爲什麼要這樣對待自己？

不斷失敗

失敗＝學習。學習＝更聰明地了解自己、了解生活、了解自己是誰、自己關心什麼、想做什麼。這些也是擴展你能夠做什麼的關鍵。

渴望時時保持完美是最糟糕的特質之一。完美事實上並不存在。成長的唯一方法，就是讓自己放棄「完美」這種極度不切實際的想法，你可能會失敗、可能看起來很愚蠢，或者因爲不完美而被指責。你需要願意對自己說：「嘿，我想做點什麼，雖然我可能做不到，但沒有關係。」而如果結果是你失敗了，要誠實地對自己說：「我搞砸了，我不夠努力、有點傲慢，我錯估了情勢。」當你絆倒或跌跤時，請幫自己一個忙，誠實地面對自己，告訴自己失敗的原因，但也要善待自己的努力。對自己大聲說：「如果我可以輸，我就可以贏；如果我不能輸，我永遠不會贏。」請把這句話變成你的新口頭禪。每當你感到懷疑，或不願感到不舒服時，就對自己重複一遍。

失敗有各種不同的規模。每一天，我都覺得自己有所失敗，即使不是在所有事情上，但肯定在某件事上失敗了。我不認爲這是一件壞事，大多數時候，我覺得失敗很刺激和激勵人心，但也有時候我失敗了，然後覺得一切都是狗屎。重要的是，不要讓負面情緒持續困擾你，繼續努力提高工作效率，尤其是當你達不到要求時。

把事情搞砸最大的好處，是它迫使我必須回答一些問題，例如：

・我可以採取哪些不同的做法？
・誰能比我做得更好？
・怎樣才能讓事情變得更好？
・我哪裡做錯了？
・怎麼做才是正確的？
・我可以觀察誰、向誰學習，以便做得更好？

也許比失敗更重要的，是認知到自己已經失敗，認識到失敗並沒有讓你傾覆，並擁有成熟的視角和觀點，將失敗視爲一種學習，而不完全視爲一種損失。更重要的是，你會記住自己做錯了什麼，並確保日後不再這樣做（或至少不要重複犯太多次同樣的錯）。

我真的很欣賞那些能夠談論自己嘗試過的事情、並誠實地談論自己的成功和失敗的人。能夠說出自己的失敗並不會讓你變得渺小、愚蠢或更不受歡迎。恰恰相反，能夠談論失敗表明你有自己的觀點，並在理智上對自己和他人誠實。它也反映出學習、評估和適應的能力。

如果能夠對自己的錯誤和失敗一笑置之，並因爲從中得到的經驗變得自信和放心，就能從中受益。事實上，經驗與教訓很會可能比愚蠢感和羞恥感持續得更久。掩飾自己的缺點或顧左右而言他的人，會讓人感覺不眞誠，有時甚至不值得信任。畢竟，失敗是人之常情，是人都會犯錯，所以不妨坦然面對。

長話短說，如果沒有搞砸過，就代表你還沒有嘗試過。你沒有給自己足夠的壓力，沒有把自己伸展到極限。你可能從來沒有走出過自己的舒適圈，而且很可能永遠不會踏出去。我很抱歉這麼說，但這實在太蠢了，也很令人難過，並且浪費機會！爲什麼不試著全力以赴呢？保留力氣要做什麼？勇往直前，全都押上！看看自己的極限在哪裡，並進行突破來尋找新的極限。

另一個現實是，你無疑曾經在人生中搞砸過，並倖存下來。**所有人都曾經搞砸過，每一個人。**唯一比不願嘗試更糟糕的事情，就是搞砸了並且不願承認錯誤。不能承認自己錯誤的人很難讓人信任。風波過去後，人們不會記得錯誤的內容，但會記得你如何處理錯誤。沒有人的反應是完美的，有些事情比其他事情更難處理，但不承擔責任、不去了解情況——更糟的是把錯怪到別人身上，是不光彩的。

幾年前，我在一間新創公司裡經歷過一些事情，有幾個人做出了他們不應該做、也沒有資格做出的決定。其中有一個人告訴承包商，說他可以在這份工作中打造出某些東西，而且成果的所有權會在他手上，與他的公司無關。這在許多層面上都非常不對，這並不是個惡意或蓄意的錯誤，只是巨大的疏忽加上缺乏常識。令人失望的不是這件事的發生（這是可以學習解決問題的機會），也不是那些說「媽的，對不起，我應該早點發現錯誤」的人，而是那些拒絕承認出了問題、或拒絕承認自己在錯誤中有參一腳的人。沒人會記得所有與這件事有關的人（參與到錯誤是人之常情），但我肯定會記住那些不願意承擔責任的人。

經歷小規模的失敗並從中學習，可以讓工作時間過得更快，讓你在回家的路上有一些東西好思考，並有機會取得進展。小失敗是取得大進步的捷徑，也是嘲笑自己的好理由。秘訣在於既要批判自己，又要對自己有足夠的信心，才能在隔天再次投入其中，並再次嘗試。

我常常因爲行動太快或試圖承擔太多而把事情搞砸，也會因爲我是個白痴所以把事情搞砸。我想我每天至少有四到五次會覺得自己搞砸了、沒做到、說錯話了、反應不好、在應該傾聽的時候沒有閉嘴，或者在該更沉著冷靜時卻態度不好。我當然希望自己能做得更好，但總體來說，我可以接受所有的小失敗。這些失敗提醒我，第二天要努力做得更好，並爲更大的目標做好準備。小失敗能教會你管理拒絕、憤怒、沮喪、阻力和痛苦。除了對過去的行爲負責之外，小失敗還能讓你養成自我批評和內省的習慣，最重要的是，讓你對未來的行爲和願景負責。你可以表現出脆弱，你可以說：「我搞砸了」。關鍵是要說：「我搞砸了，但我會持續嘗試。」

很多人都認爲，應該要在職場中帶上面具，必須以某種特定方式行事，或以某種程度的嚴肅態度武裝自己。我並不完全反對這一點，但我認爲你還是可以做你自己、展現自己並取得成功，因爲無論你多麼認眞地武裝自己，或者你的面具有多好，你都可以、而且必須做自己，而且你一定會失敗。擁抱這一點是在工作中保持流暢、感覺眞實，並長期持有成功態度的關鍵。

因此雖然小失敗每天都會發生，但理想情況下，大失敗的發生頻率會比較低——大失敗可能會讓你付出高昂的代價，且可能帶來深遠的影響。大失敗可能是個人層面或專業層面的，而且可能是混亂、醜陋且痛苦的。大失敗往往會烙上深刻的印記，並塑造未來的你。它們對你未來的影響多寡將取決於你自己。

大多數人會說：「我嘗試過但失敗了，這帶來了痛苦和羞辱，所以我不想再嘗試。」然後這些人會躲起來，繼續責備自己。不要這樣做。**你不能被自己的錯誤所定義**。錯誤或出錯的時刻只是將你帶到了岔路口，而你需要選擇一條道路：你可以悶聲不吭地回頭，退回到安全舒適的地方；或者你可以繼續前進，鞭策自己去接近願景，去追求一個已然進化、經驗豐富、與現在不同的自己。

不要讓重大的失敗或錯誤定義你、限制你或傷害你，而要把大失敗轉化爲更大的改變，當作變得更好的動力，讓你走上新的道路。還記得「新可樂（New Coke）」嗎？你當然不知道這是什麼。一九八五年，新可樂可是紅透半邊天，可口可樂更新了其配方，推出了新可樂，想要成爲汽水產品中下一代最好、最偉大的明星。他們這樣做是爲了與百事可樂競爭，因爲當時百事可樂被認爲更具創新性，並且正在蠶食市場占比。但無論如何，人們的反應是憤怒的，尤其是那些喜歡傳統可樂的人。他們感到被輕視、被侮辱，並對可口可樂公司改變他們喜愛的事物感到不諒解。這種強烈的反對非常眞實且具體，因此可口可樂公司只好忍氣吞聲地回到董事會，決定重新推出可口可樂經典版。他們將公關和客服的惡夢變成了更廣大的產品線——同時銷售經典可樂和新可樂兩種產品。他們學會了不要低估消費者對產品的依戀，同時也找到了創新的方法。是的，你需要記住你的失敗以及那種像吃了屎一樣的感覺。這種謙卑的態度能讓你腳踏實地，並不斷學習。你可以將爛攤子轉化爲新的機會。

在美國線上工作時，我們在拉斯維加斯的年度電腦電子展上舉辦了一次活動。這是我作爲行銷長參加的第一個大型活動。我們規劃向大衆介紹公司的高階主管和願景，以及爲什麼我們爲廣告主提供的產品和解決方案領先業界。我非常認眞地對待這次展會，並努力把一切都做到最好——台詞、公司定位和資訊、嘉賓名單、對會到場的人進行研究、公司品牌、後勤……凡是你能想到的我都做了。但我竟然沒有想到要對場地和環境進行研究，蠢爆了。即使在寫這篇文章的當下，我仍然對自己感到生氣。那場活動在一間酒吧中舉行，人群與開放式吧台混在一起，所以沒有人，**眞的是完全沒有任何人**，在聽任何演講。沒有任何事比在台上自說自話而沒人在聽更丟臉。這簡直是慘敗，整個活動計畫都崩潰了——公司高層很生氣，美國線上團隊很尷尬，而廣告商根本對我們沒印象，每個人都覺得這是一次可怕的事件。確實如此。

活動結束之後，我回到自己的房間裡，洗了個澡，然後爬上床，感到非常羞愧。我覺得有必要道歉並承擔失敗的責任（這感覺起來很糟糕，但卻是正確的做法）。我接收到了很多工作同事的回饋，有人覺得噪音的那個部分實在太白癡了，也有人覺得對整件事情的失敗看得太過嚴肅。但自此之後，在我周遭範圍內的活動，再也沒有任何一場簡報活動會發生音控問題或開放酒吧這樣的問題，這就是讓下次改進的強大動力。

所有人都會在某個時刻陷入泥沼。有時你會無法自拔的深陷其中，但重要的不是發生了不好的事，而是要你自己從事情中擺脫出來。人們很容易在錯誤或缺點上鑽牛角尖。我自己都可能會走不出來，並在腦海裡一遍遍重播失敗。有時你需要外在的幫助，才能擺脫這種模式；而有些時候只要鼓起一點勇氣，著手解決問題並讓事情過去，然後不要再犯同樣的錯誤。

如何從搞砸中恢復

一旦你意識到自己搞砸了，那就把責任承擔起來。這個過程可能會令人感到詭異、尷尬和羞辱，這也是為什麼大多數人不惜一切代價試圖避免犯錯。人們往往會推卸責任，將錯誤隱藏起來，或採取防禦措施，並將自己的行為合理化。雖然我有試著做一個批判性不那麼強的人（我真的很努力嘗試），但我還是忍不住要批評那些逃避責任的人。不要隱藏你的錯誤，不要隱藏問題，這種做法象徵著不安全感和缺乏對更大利益的承諾。雖然我理解大家都想要迴避責備和羞辱，但越能忍受責備、承擔責任，就越能控制情況並找到擺脫失敗的方法。你承擔的責任越多，可能被賦予的責任就越多，也會有越多的人願意參與你所領導的事物。

逃避責任的人是否往往也是愛搶功勞的人？這點並沒有經過證實，只是我的一種直覺。

只要願意承擔責任，你就有權（從你自己和他人的觀點）來闡述自己從失敗中學到了什麼，並制定下一步行動。如果你不願意承擔責任，那麼你對於失敗的檢討就不會有太多可信度，你的言語聽起來會很空洞，而且終究是不眞實的。越快意識並承認自己搞砸了，就能越快將失敗視爲過去式，人們也越有可能願意繼續與你合作，實現你的願景。

接下來，你需要迅速找到失敗事件最大的受害者，承認自己的錯誤，爲自己的行爲負責，並準備好去吃屎（承擔錯誤）。**吃屎的弔詭之處在於，它讓事情能夠速戰速決**。否認、轉移焦點或以其他方式逃避責任，往往會讓事情歹戲拖棚。你身體的每一吋都不會想要吃屎——但你必須這麼做。不要迴避責任，也不要假裝它會消失，這是不對的，你必須接受失敗並公開坦承。除了承認自己的錯誤外，還需要對其進行廣泛的溝通。而在這些情境中，有幾點需要特別注意：

- 問題本身需要被解決。
- 所有人都知道你搞砸了。
- 所有人都在等著看你如何應對。
- 你越快搞定以上三點，就越快可以繼續往前走。

既然所有人都知道你搞砸了，爲什麼不自己主動承擔並推動溝通呢？爲什麼不以積極主動、深思熟慮的方式解決問題，讓人們對你印象深刻呢？你越常練習接受失敗，你就會做得越好（但別誤會我的意思，你還是會一直失敗），而你自己、團隊和企業都能一起變得更好。

當你失敗時跌得多深，與你處理錯誤的能力有很大關係，也取決於你對自己承擔責任的信心，以及你從錯誤中學習的決心有多堅定。

做到這一點的唯一方法，就是讓自己進入「不斷失敗」的模式。讓自己建立這樣的心態：要努力向前跑，越快越好，嘗試著手處理事情，盡可能地學習。在「不斷失敗」模式中，錯誤是過程的一部分，而失敗也是計畫的一部分。失敗不僅是計畫的一部分，甚至是其中的關鍵。能夠處理失敗是承擔風險的基石，這對於獲得最終勝利至關重要。如果你沒有從這本書中學到其他東西，那就至少把這點學起來吧。

「能夠失敗」也意味著「能夠承擔自己的失敗」。在失敗之後，你必須能夠自我衡量和調節，並嘗試保持適度、洞悉的狀態。

你如何承受和應對挫折，可以反映出你的爲人。失敗後的防禦心態通常來自不安全感，或缺乏知識，有時甚至是不成熟。防禦只會使事態更緊張，並更容易變得對人不對事，也因此不會有任何成效，因爲一切都變得感情用事。事實上，防禦性可能比實際的失敗本身更具破壞性。因此與其將自己武裝起來、找藉口或試圖推卸責任（這是最糟糕的行爲！），不如檢視自己是否自尊心過剩，並嘗試做到以下幾點：

1. **承擔它**——無論這某種程度上算是你的錯，只有一部分是你的錯，還是完全是你的錯，都不應該讓你爲自己辯護。不要去責怪他人，忍辱負重地說「我錯了」。能夠承認自己也有錯，絕對是正確的。

2. **理解它**——你現在清楚到底該怎麼做才是正確嗎？你明白對方對你的要求嗎？正確的結果應該是什麼？爲什麼會發生這樣的事情？是什麼原因促成了這次錯誤？哪裡出了問題？分析與理解錯誤能讓你更快找到解決辦法，並避免將來再犯。

3. **閉嘴**——不要變得防禦。相反地，請仔細傾聽你得到的反饋。記下筆記並保持頭腦清醒，這對你來說是最有幫助的做法，並能向周遭的人證明，你擁有從混亂的情況中抽絲剝繭的能力。如果你認爲自己會忍不住採取防禦措施，那就不要多說，只說「謝謝你的反饋」就好，然後給對方一個微笑或苦笑，然後在筆記本上記下所有反饋，然後說：「請讓我著手處理這個問題，並稍後回覆你。」

4. **修復它**——這就是爲什麼你需要理解失敗。誠實地回顧發生的事情，以及爲什麼事情會這樣發展。如果是系統性的原因導致了失敗，那就處理它，不要讓任何大象留在房間裡。你唯一的動機應該是盡一切努力把事情做好。

5. 繼續前進——不要花太多時間在這次失敗上。**主動舉手說，我搞砸了，這是我現在在進行的補救方案，我學到了很多**。故事結束，你可以繼續前進。不要捲入辦公室八卦或「你有聽說嗎……」之類的遊戲。要有一定的成熟度和自尊心，管好自己的事情。事情結束後上床好好睡個覺，隔天好好醒來，感謝老天爺，又是新的一天。

處理你的感覺

好吧，上面說的一切都很好，但是你的感覺怎麼辦呢？感覺眞的能糾纏你一陣子，我們很難在把事情搞砸之後不留下傷疤。雖然大家都知道必須清理灑出來的牛奶，但你在灑出牛奶後的感受，卻無法那麼快清理乾淨。

雖然採取補救措施能讓你忙碌和分心，但在自尊受到打擊後，若不好好關心自己的情緒，就會讓你在未來害怕承擔風險。我搞砸的次數多到數不清——小錯誤、大錯誤、專業錯誤，還有個人錯誤。若我不小心搞砸了，或者當事情沒有按計畫進行時，或者當我讓某人失望時，難過的感覺眞的會一直伴隨著我並吞噬我。我認爲每個人內在都有某種程度的自我厭惡，而我的自我厭惡程度相當高。也就是說，我總是想繼續前進。但如果在搞砸之後，我不讓自己回到腦海中的平常心，就會感到焦躁和脆弱，而平凡的日常事物會變得難以承受，原本平靜的事情會開始變得情緒化。回到平常心意味著擺脫那種糟糕透頂的感覺。你搞砸的那天——下班回家後的那天晚上，或者更好的是，那個週末，請讓自己沉浸在羞恥、憤怒、痛苦、尷尬等所有負面情感中。這些情緒是完全合理的，每一點都與獲得成就時的自豪感一樣眞實。以我個人而言，我需要躺在床上，躲在被子裡整整二十四小時。我喜歡半睡半醒地思考事情。

一旦能夠停止眼淚、憤怒和自憐，我就會嘗試與自己進行誠實的對話，以了解到底是什麼地方出了問題。我會在心裡記下一些原本可以採取不同做法的機會。是因爲我不相信自己、或不聽從自己的直覺嗎？我是否過於傲慢，認爲自己所知更多？無論是什麼問題，最重要的是能夠清晰地解決它，並以開放的態度努力學習，讓下次做得更好。弄清楚對自己有效的方法是什麼，怎麼做可以幫助你回到平常心上。

雖然你可能會被擊倒、會失敗，或因爲冒了一次沒有成功的風險而感到尷尬，但不要讓自己被打敗，讓自己持續保持在「不斷失敗」模式。

成功是最糟糕的老師

好吧，我顯然很喜歡失敗以及失敗能帶來的一切。但成功呢？在工作和生活中的大多數事情上，人們傾向將成功視爲最終的目標。好像「哇～～哈～～」（雲層裂開撒下金光的音效）那樣，**成功眞的很讚**。進行某件事、完成某件事、獲得勝利的感覺眞的很棒！

但成功也可能導致失敗。

每個人都必須確定自己對成功的定義。我們從小就被教導，外在的成功，無論是在學校、工作或生活中，都是人生的最終目標。每個人都想有兩把刷子並取得成就，這是我們自尊心的養分。

但我的看法是，成功雖然令人驚嘆，但也會讓你變得懶惰，讓你變得傲慢和粗心。成功可以更容易避免壞事，因爲你可以輕易將壞事合理化，或用好事將壞事掩蓋掉。當你正在通往成功的路上，或者已經取得成功，就很容易認爲自己會永遠成功，或者已經沒有什麼可以學習的。但這些都只是假象，你在「**我很成功、我沒有什麼可學的**」心態中停留的時間越長，周圍的問題就會變得越大。

每個人都會時不時變得傲慢。最近我的一位職涯教練告訴我，我很傲慢。事實上，我想他用的是「居高臨下」這個詞。他的評論使我感到有點震驚、也有點刺痛，但當他這麼說的時候，我知道他是對的。吧台體育取得了巨大的成功，我們因而感到非常自豪、目空一切，認爲自己已經解決了所有問題。但我錯了。對我來說，這是一個很好的反省時刻，看到吧台體育的成功如何同時導致了我的失敗。我未能以應有的清晰視角去觀察事情，也沒有以應有的態度面對問題，並且很自以爲是地認爲，反正我們之前已經解決了很多問題，所以之後也會一樣順利。

爲了讓自己保持誠實、並進行自我批評，每當我感覺自己非常成功的時候，都會提醒自己：最低潮時刻也同樣重要——而且很可能在幾秒鐘之後低潮就會降臨。勝利可能會立即變成失敗，反之亦然。不要停留在自我感覺良好，記得自我反省以對抗這種傾向，每個人都有這種傾向。

成功沒有捷徑。你不能只選擇成功作爲目的地，並瞬間移動到終點。你必須投入時間、完成工作、接受挫折、經歷失敗、努力學習。在領英（LinkedIn）上更新履歷、在 Instagram 上貼文慶祝等，都無法代表眞正的成長。我們正處於一個奇特的時期，世界變得非常兩極化，人們常常充滿憤怒。我的社交動態充滿了尖酸刻薄的言論和奢華糜爛的假期，兩者不分軒輊。但沒有人願意詳細記錄曾經走過的旅程，主要是因爲旅程往往漫長而曲折，其中儘管有風景美麗的時刻，也有很多並不吸引人的蹩腳時刻。旅程才是眞正的成長過程，不僅只是旅程看起來如何、終點在哪裡，更重要的是中間那些能夠塡滿你內心的無形之物。那是只有你才能夠永遠帶在身邊的寶物。

職涯顧問通常與大公司或高階主管合作，幫助他們解決問題。職涯顧問就像心理治療師，他們會花時間了解你是誰、以及你在工作中想要達成什麼目標。我還不確定自己是否喜歡這個機制。我認爲職涯顧問的見解非常有價值，能有一個中立且安全的諮詢對象會很棒，但我也認爲其中有些部分讓我感到毛骨悚然。如果你有機會聘請職涯顧問，可以去試試看。盡量從中獲取資訊，並對此抱持開放態度，然後以評估其他一切事物的方式提出反饋和觀點。

8 冒險所需要的條件

What It Takes to Take Risks

面對每個機會都要賭上自己。即使籌碼減少或賠率對你不利，特別是你的牌很糟糕時，更要賭上自己。如果你不相信自己，誰會相信你？

所以你現在知道，爲了能夠成長，你必須願意失敗，而爲了失敗，必須坦然承擔風險。面對冒險時，我六〇%依靠本能，三〇%根據事實，還有一〇%聽取其他人的意見。這或許不是所有人的黃金比例，但似乎最適合我，而你可以調整出最適合自己的方式。

在職涯初期，要相信自己的判斷力、本能和直覺可能會很困難。相較於大學，職場是一個結構較爲鬆散的環境，在這裡你必須透過接觸和學習的意願（並找到願意教你的人）來自己解決問題。但因此獲得的機會和知識也會讓你變得更加敏銳，因此你的信心會增強，會更願意承擔風險，而不會像縮頭烏龜一樣遇到一點事情就嚇壞。

也就是說，爲了應對風險，你需要面對三件事：⑴管理你的不安全感，而不是讓它接管你；⑵獨立建立你的信心（也就是說從內在對自己有自信，而不是尋求外部肯定）；⑶相信你的直覺。

管理你的不安全感

包括我在內，地球上所有人都充滿了不安全感（任何否認的人都是在說謊）。雖然我對自己想做的事或想去的地方看起來很果斷和自信，但我腦子裡永遠有一個聲音一直告訴我：「**你很爛**」，每天都這樣，甚至有時一整天。這個聲音會說：我很蠢、很胖、沒有能力、不討人喜歡、沒有準備好、笨、不值得、不可愛、沒救了，各種你能想到的負面形容詞。這個聲音眞的可以非常機車。因此我面臨一個選擇：要麼讓它獲勝並破壞我的努力，要麼強迫它關機然後滾蛋。

你的不安全感，也就是你腦中的負面聲音，將永遠存在。說實話，你可能會提供它很多養分，因爲你總有一些事情做不到、或做得不完美。所以如果你不能壓住這個聲音，它就會反過來壓死你。你幾乎可以做到任何事，問題只在於你有多想要、願意爲它付出多大的努力、願意犧牲多少，以及有多願意戰勝你的不安全感？

你認爲自己對這件事不夠擅長、沒有準備好做那件事，自己是一個冒牌者、不夠聰明、沒有才能、一定會失敗⋯⋯這種想法是合理的，甚至可能是準確的。但你知道嗎，誰在乎呢？但另一方面你知道自己值得擁有機會，你有才能、可以有所貢獻、並且應該爲機會奮鬥。這些不安全感所帶來的負面想法是完全錯誤的，因爲你已經很棒了，而且明天的你會比今天更加出色。偉大和不安全感是共存的，所有人皆是如此。

事實上，缺乏安全感是一種很蠢的行爲，因爲這麼做等於完全忘記其他人也可能是個白痴，一樣會搞砸、一樣沒有安全感、曾經失敗、而且肯定會再次失敗。人與人之間的差異非常簡單。的確，有些人比其他人更有天賦、有些人比其他人擁有更多優勢；每個人都有不安全感，也都有一些機會、都會遇到逆境。而這些事情會在不同的時間、以不同的程度發生。但並非所有人都能以同樣的意志、進取心、韌性和克服困難的決心去應對，這就是人與人之間不同的地方。每一天都是自我意志和不安全感之間的鬥爭，也是對自己力量和決心的考驗，讓你腦海中那個「我不能」的聲音安靜下來。

有時候（或很多時候），不安全感成爲人們依賴的藉口，容易使人屈服於自我懷疑。「但我不知道」只是惰性的藉口和合理化，反映的是缺乏好奇心和想要了解更多的意願。「我並不認爲」則意味著你甚至不讓自己去思考這種可能性，而這會阻礙你實現目標。你需要不斷地與自己的惰性和不安全感戰鬥。最糟糕的不安全感會表現瘋狂的控制欲，例如因爲害怕接受下一次挑戰，所以過度管理手上的某件事。這種毛病通常伴隨著某種類型的敍述，例如「我已經在做了」，這在我看來，背後的潛台詞很可能是「別管我，我根本不想嘗試」。而這麼做很可恥，因爲你讓自己打敗了自己，讓你對害怕將自己「暴露」於未知中，不願面對自己不知道的東西、沒有的東西、或還不能做的東西，因此無法眞正地學習、收穫、實踐。別管我就表示我不想學習，也不願意成長、也不想嘗試。你的不安全感會很快樂，但你不會快樂。這對我來說是眞正的失敗。

我們都有強項，但卻常常會削弱這些強項的價值。不安全感會讓你懷疑自己的強項並專注於自己的弱點。雖然這麼說有點令人困惑，但有時你的強項和劣勢可能是同一件事。我的強項是好奇心強，喜歡與人合作，經常溝通，而且行動迅速。它們幫助我建立了有意義的人際網絡，與不同級別、不同職位的人合作，並在短時間內完成了很多工作。我也喜歡親力親爲，在工作上可以相當滑順地在三萬英尺與到三千英尺之間挪移。這一切都是好事，但它們同時也是我最大的缺點。我可以寫一整本書來討論我認爲自己做得很糟的事，以及我討厭自己、或希望自己能回爐重造的時候。細節我就略過了，但無論如何，在我的經驗裡，喜歡與人相處而不喜歡處理事實、過程和數據，可能會讓我錯過重要的事情。快速行動意味著事情可能會脫軌、做得倉促或做得不好。而把手伸進很多專案裡，則會產生一種令人窒息的控制欲，這對我和其他人來說，都很令人沮喪。而從三萬英尺空降到三千英尺可能看起來像神經病，而且會讓同事們覺得我對他們的願景或執行力不滿意。**這些特質同時是我的優點和缺點**。當我在思考自己到底有多爛而悶悶不樂時，我會努力記住，正是這些特質讓我變得堅強，並讓我的心理狀態保持在月球的光明面，而不是陰暗面。

有時我會嘗試克服自己的不安全感。如果我能在不安全感來襲、並開始對所有問題大喊大叫之前，找到解決方案並制定解決方案，就能夠覺得自己處於領先地位，並且可以擺脫懷疑或恐懼感。嘗試一下，這招可能對你也有用。

我認爲同様重要的是，有時這並不是不安全感的問題——你只是無法再承擔了。這可能是能力問題，而不是安全感的問題。我們需要足夠的信心和安全感，才能坦然承認自己的能力有限。我非常尊重那些能夠說出眞話的人：「你知道嗎？我現在的生活一團亂了，我無法在工作中接受任何新的事物或承擔更多責任。我留在這裡就好。」想要安靜、平穩、舒服完全是可以接受的選擇，只要你誠實地對自己承認：「**這就是我現在所處的位置，這就是我需要的，這對來說我很好，這就是爲什麼我不要你多管閒事。**」（**記得，這是你的自己的事，與他人無關。**）但如果你身處這種狀況中，請務必在一週、一個月甚至一年後重新審視自己，並進行一次心理盤點，看看你否仍然堅持如此，或者你是否可以嘗試更多。如果可以的話，就去做吧！如果做不到也沒關係，但至少給自己足夠的尊重，認眞詢問自己這個問題。

另外，不要假裝一個不是眞實的自己，不僅周圍的人會看穿你的不眞實，對你想要達成的目標也是一種傷害，而且還會給你帶來更多的工作。僞裝是件很累人的事，需要的時間和精力很可能超出你所能負擔的。如果你因爲已經擁有太多責任，而無法接受新東西，那就誠實以對。先弄清楚如何掌控面前的事情，然後從那裡繼續前進。

克服不安全感的方法之一，是把焦慮變成爲成功的一部分，而不是阻礙成功的因素。事實上，偉大與不那麼偉大之間的差異並不大，就像鹽巴一樣，我喜歡在食物上面放鹽，很多東西只要加一點鹽就很好吃，但放太多鹽則會毀掉菜餚。你的優點和缺點之間的關係也是這樣，想辦法知道自己應該發揮多少優點，而優點會變成缺點的界線在哪裡？該如何識別並避免踩到紅線？如果能清楚地知道不足、恰到好處與太多之間的分寸，就能夠讓你走上正確的道路，更有能力去理解自己爲何成功、爲何失敗。

如何克服不安全感

要跳脫自己的思維慣性是很困難的，以下是一些可以克服不安全感的方法：

- 思考與你交談或共事的人的動機和不安全感。他們肯定也有缺點、不安全感、問題和失敗。這樣想可以使他們變得比較有人性，不會讓他們的權力宰制你，你才會有勇氣去交談、推銷、展示或提出問題。
- 如果你對公開演講或展示感到緊張，在開始講話或回應問題前，請花一點時間在腦海中想想第一句話該說什麼。只要想第一句就好。如果你搞定了第一句，其他的話會自動冒出來的。
- 做好準備，不要隨便應付。寫下你的想法——什麼值得分享、什麼不值得分享、什麼有幫助、什麼有害。這可以幫助你對要處理的問題做出正確的選擇。

・主動溝通並觀察周圍的情況。慷慨地分享你的想法，不要隱瞞或壓抑。這麼做將更容易使資訊流動，並能夠提供更多資源讓你與他人合作。

・利用分散注意力來消除不安全感。你越忙，就越想把事情完成，陷入不安全感或焦慮的時間就越少。如果你害怕一下子跳去做大事，那就從做很多小事開始。不要陷入小事中不可自拔（例如爲了寫電子郵件而寫電子郵件），但可以一邊投入在小事堆中，並一邊著眼於回到大事。

・若感到不安全或覺得自己失敗了，請列出擺脫困境的方法。完成平凡、實際的任務，可以幫助你擺脫困境並推動事情向前發展。

・與信任的人談論你害怕的事情以及你可能會做不到的事情，這會減輕你的恐懼，並且會引入其他的意見，讓你的腦海不會只有一種聲音。不要與不值得的人花時間討論你的問題，或把你的日記交給這種人（我犯過太多次這個錯）。一定要找到一個你愛、且無條件地愛你，並且對事情誠實的人。這個人可能是你自己，這樣也ＯＫ。

建立信心

雖然我在工作中常表現得充滿信心，但也並不永遠是這樣。我依然常常感到不安，並且可能會一直不安下去。我不斷擔心事情的發展方向、或可能出錯的地方。這是一種很糟糕的感覺，可能會把我壓垮。我很難在事情發展順利的時候感到享受，因爲我內心堅信一切都會變壞，而這種想法最終讓我不堪重負、筋疲力盡。

與大多數事情一樣，建立信心最簡單的方法，就是將事情拆解清楚，並採取小步驟慢慢前進。督促自己每天迎接一項挑戰，去接觸全新的人物、想法和經驗。專注於讓自己焦慮的事情，你會獲得自信，散發出的氛圍也會更加輕鬆和令人放心。即使無法完全掌握大局，也要堅持完成一些較小的任務或挑戰，以便讓自己保持動力和心情愉悅。

在工作中，要主動出擊，爭取專案或額外的機會，主動提供幫助，以完成超出現有職責範圍的事情。即使人們沒有接受你的提議，還是會感激你的幫助或你的心意。你會因此得到正向的力量，並有機會擴展才能。在工作之外，嘗試將自己置於陌生的環境中，想辦法完成一些以前沒有做過的事情：試著結交新朋友（讓新朋友喜歡你並信任你並不總是那麼容易，但當你成功時，感覺會很棒）、加入俱樂部、參加課程、嘗試新運動，**反正就是做點什麼**。我在四十二歲的時候開始打冰上曲棍球，因為我需要一項強迫我無法使用手機的運動（發現我想說什麼了嗎？），我也想要從事一些具有挑戰性的事情，以便取得微小但確實的進步。這麼做對我大有好處：它花費我很多精力；也促使我結識新朋友、學到很多東西，並與一位偉大的教練共事。這些事與工作無關，但卻對我的工作有好處，因為一種與身心相關的活動，能夠為我創造空間。無論你選擇用什麼方式為自己創造空間，都不必選擇你非常成功或擅長的事情（老實說，最好選擇你從前沒試過、或已知不擅長的事情），但應該要選你喜歡的事情，這會讓你的大腦去面對新環境，強迫你使用平時不會使用的肌肉（身體的或心理的），如果還能讓你認識更多人那就更好了。這些小小的優點加起來，就能幫助你增強整體信心。

相信你的直覺

吧台體育的董事會先前曾向我施加壓力，要求我採取措施，把我們的品牌變得更加主流。他們非常清楚地告訴我希望吧台體育能上電視，因爲媒體公司可能會收購我們。當時有可能的合作夥伴是ＥＳＰＮ，而我需要幫助公司實現這個目標。我們最終根據大貓凱茲（Big Cat's Katz）和ＰＦＴ評論員（Pro Football Talk Commenter）廣受歡迎的播客《*Pardon My Take*》節目，製作了一檔名爲《吧台休旅車閒談》（*Barstool Van Talk*）的節目。這筆交易花了近一年的時間才完成，因爲談判的核心問題是吧台體育的名稱是否必須出現在節目標題中。ＥＳＰＮ不希望這麼做，而戴夫和我則持相反意見。ＥＳＰＮ想要的是獲得吧台體育觀眾的價值，以及ＰＦＴ和丹的才華，但不要遭受吧台體育的「玷污」。但我們絕對不會妥協，不可能捨棄自己的品牌。我們來來回回好一陣子，最終在收視率較低的ＥＳＰＮ２上，於凌晨一點鐘播出小型連續劇——這眞的不是一個搶收視率的好位置。這也反映了ＥＳＰＮ對這檔節目和我們的團隊有多少信心。

我們的合作很明顯存在問題。ＥＳＰＮ的文化與吧台體育的文化截然不同，兩者之間有許多不愉快的黑歷史，其中涉及各式各樣的經紀人和明星，ESPN團隊的所有代表似乎都希望能夠參與其中，以了解正在發生的事情（如果成功的話，就能夠蹭功勞），但又希望能保持距離，以便在事情出現偏差時不會被追究責任。對我來說，這是一種膽小而軟弱的合作方式，一定難以取得成功。我認為自己很沒肩膀，沒有聽從一開始的直覺，早點拒絕對方。我之所以會同意，是因為有其他人希望這個計畫能做成功，而我應該要努力促成。而當我試圖執行合作計畫時，我的直覺告訴我，這筆交易的基礎太脆弱了，我們的運作方式、我們所堅持的理念與ESPN的期望有太大的落差，因此最終是不可行的。這檔節目只播出了一集就被取消，因為查普斯（一位才華橫溢的吧台體育主播、海軍陸戰隊獸醫和《*Zero Blog Thirty*》的主持人）有一種奇怪的愛好，喜歡撰寫有關瓠瓜的文章，並在節目首播後的第二天早上，發布了一篇文章，將瓠瓜與生殖器的圖片進行比較。是的，你沒有看錯。當節目被取消時，ESPN表示，這是因為他們想與吧台體育的品牌保持距離（但這很難，因為吧台體育的名稱出現在節目中）。

我並不後悔發生了這件事：PFT、漢克和丹創造了一場精彩的秀，而我們把它變成一個像是大衛對戰巨人歌利亞的光榮時刻，而這可能會讓吧台體育的品牌變得更有趣，並提供我們一個可以挑戰的對手。但我很遺憾沒有聽從自己的直覺，而且結果證明這是一次代價昂貴的經歷。大家這一年的時間和精力，本來可以花在其他事情上。我應該更早喊停，更好地處理這次合作案，或直接帶領大家離開。

要察覺並傾聽直覺並不容易。對我來說，當ＥＳＰＮ的人在會議上對我大吼大叫時，我應該聽自己的直覺。直覺可能會存在於潛意識中，但當你手上握有發言權或主動權時，應該努力地嘗試去傾聽直覺。直覺與不安全感不同，不安全感會擊垮你，但直覺卻會給你提醒。敢於發聲或與做出衆不同行動可能會令人生畏，但一般來說這樣做很少會錯，因爲內心深處的聲音通常是正確的。要找到正確的言語來分享內心的想法並不容易，我發現最好的方法就是直接說：「嘿，我的直覺這麼告訴我。這就是爲什麼我有這種感覺。你怎麼想呢？」我經常這樣與戴夫溝通，他也會和我一起這樣做，這就是我們如何避免和處理許多不幸的方法——透過分享和相信我們的直覺。

9 你的「自我」是個問題

Your Ego Is a Problem

克服它。

讓我們快速回顧一下本書到目前爲止，在第一部分中介紹的內容：

- 你可以勇敢做自己並且取得成功。
- 你的工作取決於你怎麼對待它，你的職涯由你自己掌控。
- 願景很重要，它能將所有瑣碎的事情整合起來，形塑出更偉大的東西，並幫助你前進。
- 除了你自己之外，你的事業和生活不必對任何人有意義。
- 你是唯一需要爲自己的成功和失敗負責的人（也要負責讓自己東山再起——很令人興奮吧）。
- 工作付錢讓你學習，這是一種難得的特權，所以要好好珍惜。

・你能學到多少以及向誰學習取決於你，多多益善。
・接受不舒服的感覺，透過這種方式你會學到更多。
・多聽少說。
・叫你腦中不安的聲音快點閉嘴。
・不斷失敗。
・記住，沒人在乎你的職涯，而這是件好事。

我知道我之前說過，不要太在意別人的想法，因爲太在意別人可能會侵蝕你，使你脫軌、不安——或者最糟情況下，讓你放棄自己的願景。但如果你想與這個世界上的其他人共存共榮，就需要有一些自覺。

如果你想與他人合作愉快，請檢視你的自我，或至少嘗試這麼做。做你自己，但不要只專注在你自己身上。人們只有在你如何幫助他們，以及你如何融入他們的成功故事和願景，才會眞正關心你。並沒有人在意你是誰、從哪裡來、做過什麼事情——不管你是自視甚高或自卑自憐。不要忘記這一點。永遠會有比你更年輕、更充滿渴望、更優秀、更聰明、更能幹、更強大的人出現在你的身後，記得提醒你的自我這件事。

我經常與吧台體育受歡迎的播客《百萬美元遊戲》（*Million Dollars' Worth of Game*）主

持人瓦洛和吉利聊天。瓦洛有犯罪前科，曾在監獄裡度過了十七年；吉利是他的表弟，也曾是一位饒舌明星歌手，兩人都非常有才華。兩個都是黑人，住在費城。當我去看他們時，我會穿著我的里昂比恩獵鴨靴（DuckBoots），提著我的托特包，腦袋裝滿了關於他們節目的想法。我認爲里昂比恩托特包或獵鴨靴並不是瓦洛和吉利的菜，上次我去找他們時，他們給我看了大麻，包裝在一個看起來像陰道的袋子裡，這也不是我的菜。但我不在乎，他們也不在乎。我不想對瓦洛和吉利假裝不是我的我，就好像我也不希望他們在我面前假裝不是他們自己。這種眞誠性能打造出良好的關係，而在我們的情況中，就是職場夥伴關係。**做你自己，保持開放，眞誠以對，並準備好讓事情發生**。

是的，「保持眞實」這個詞已被過度使用，所以有時感覺有點尷尬。戴夫有句名言：如果你的公司必須在會議室裡討論如何保持眞實，那麼你保持眞實的機會就是零。對你來說也是，你應該對你是誰、是什麼樣的人、來自哪裡、你的感受，以及你能爲別人提供什麼而感到自豪。老實說，這是你所擁有的最好的東西，所以你不妨敞開心胸接受它。

自我覺察

除非是很遲鈍的人，否則你一生中遇到的每個人，都會充分意識到你在哪些領域表現出色，以及在哪些領域中有些不足（或是遠遠不足）。如果你定期對自己的處境進行心理盤點，就應該會對自己的優勢和劣勢有同樣的認識——甚至可能認識更深。如果你對自己的認知與實際狀況有落差，就需要花一點時間重新校準。如果有人說，你給人的印象是麻木不仁、傲慢自大、猶豫不決、有毒、苛刻或其他更糟的形容詞，這可能會很傷人，也很難受。你會需要一些時間來消化這些反饋。但說眞的，你必須對此表示感激，因爲大多數人都會這樣想，但不會願意告訴你。如果有人願意向你提起，那麼你很幸運。現在你需要了解的是，爲什麼人們會這麼想，以及你希望對此做出什麼改變。

歸根究柢，能夠完成工作所需要的特質是——你能和其他人一起工作嗎？你願意合作嗎？你想成爲某個團隊的一部分，還是更願意獨自一人打拚？我兩者都是。加入團隊並成爲其中一員會更好、更容易、更有成就感，但這也需要你考慮自己是否討人喜歡、可靠、平易近人。你是想讓人們變得更好，還是讓他們失望？

我不在乎你的技能或資格是否符合這份工作的要求。但如果你因爲沒有自我覺察而無法回答上述這些問題，那麼你必須捲起袖子，處理一下自己在工作中是如何表現。

如果你發現自己對自己的認知，與他人對你的看法不同（我認爲對大多數人來說可能都是如此——內部和外部的看法很少同步），那麼你就需要努力變得更加自覺。有幾種方法可以做到這一點：

1. 不要總是掌握發言權。我無法告訴你這種情況在我身上以及與我一起工作的人身上究竟發生過多少次。我們很容易說得太多——因爲焦慮、因爲需要關注、或者因爲想向別人表明自己是對的。不管出於什麼原因，請停止無止盡的發言，在說話之前多用心傾聽。停下來問問自己：我提出的答案或問題對事情有幫助嗎？其他人是否也可以爲這次對話做出貢獻？我的問題和（或）答案的目的是什麼？我是想藉由發言來幫助別人，還是傷害別人？雖然乍聽之下，我在這裡所說的都是你在幼稚園就學過的東西（確實如此！），但所有人都需要改掉這個壞習慣，給別人空間和應得的尊重。有一句古老的格言是這樣的：「這有需要說出來嗎？這有需要現在說出來嗎？這有需要由我現在說出來嗎？」嘗試用這些問題檢視自己。如果不這樣做，人們就會覺得你占用太多空間、霸占太多對話；甚至更糟的是，你會將對話變成武器，而不是讓對話變得更深入、更有意義或更有成效。

2. 下次當你與同事開會或共進午餐時，在整個談話過程中，誠實地盤點一下你對自己和其他人的評價如何。雖然你可能認爲自己是有史以來最有趣、最聰明的人，但告訴你一個壞消息：事實並非如此。差遠了，而你的老闆和同事可能會同意我的看法。不管你是怎樣的人（請在這裡塡寫正面的描述），沒有人願意不斷地被提醒你有多好。請與大家分享你所在的空間，並也爲其他人騰出空間。

3. 留心自己的行爲並進行內心反省，看看人們是否傾向來找你或默默遠離你。他們與你有眼神交流嗎？人們看到你是否會微笑並進行眼神交流，或者只是迴避或尷尬地移開？如果你發現人們正在疏遠你，請問問自己為什麼。

4. 你能給人們帶來能量還是會奪走能量？當你試圖傷害或貶低人們時，他們是可以感覺到的；當你試圖幫助人們時，他們也能感覺到。這樣思考能對自己想要做什麼，以及為什麼該這樣做很有幫助。有時簡單地檢查一下自己的動機，就可以幫助你做出正確的事情，不僅是為了其他人，也是為了你自己。

雖然你的職業生涯是以你自己為中心，但你越是想以自我為中心，就越需要他人的關注或認可，也越無法判讀周遭的氣氛，因此導致不會有人願意支持你和你的願景。

盡可能審視你的自我

就算你了解自己在職場上的表現，你仍可能落入兩類人之一：自我意識過強的人，或自我意識不足的人，這兩類人的存在都是因為不安全感。人們誇大自己、放大自己的重要性、強調自己的觀點，都是為了讓自己自信爆棚。但這樣的做法很少能起作用。而另一方面，人們也可能缺乏自我——懷疑自己、自己的能力、自己的直覺，這對我們也沒有好處。

健康的自我，可以讓你對自己是誰以及自己能提供什麼充滿信心，也使你能夠對他人保持開放和熱情，並且足夠謙虛，願意向他人學習。這說起來簡單，但事實上困難又複雜。

當自我掌控一切時，可能會犯下許多重大的失誤。它可以小到忍不住說出自己唸過的大學或商學院的名字，或是報出自己先前工作過的七十八間公司。「在哈佛，我們是這樣做的……」讓你知道一下：沒有人在乎你之前在哪裡上學或工作。幫自己一個忙，記下你學到重要的事情、已實踐的想法、使用的系統或獲得的見解，並分享這些資訊。**但爲了團隊和諧，不要每句話都以「在某某地方，我們都這樣……」開頭，因爲這種語氣只會讓人們討厭你**。這是一種疏遠的說話方式，會讓人們不喜歡你並取笑你。我並不是說不要分享你所知道的資訊，而是說不要讓敘事以你的過去爲主軸。請用自己從過去獲得的東西，來支持自己的未來。這兩者之間是有差別的。放棄你曾經的身分和做過的事，將有利於融入你現在所在的地方，並向你想去的地方前進。

當自我失控時，你會變得傲慢，不再願意學習，堅持認爲自己知道最好且唯一的做事方法。有時當你行動過於迅速、並且帶入自己的做事習慣時，很容易讓人們失望，並且會對新想法過於尖銳和不屑一顧。我也曾犯下這個類型的錯誤。

檢視自我也意味著放棄你的偏見。我有一項很大的偏見：我常認爲人們很蠢，直到他們能向我證明他們並不愚蠢。雖然這種看法是傲慢和粗魯的（並且讓我變得愚蠢），但有時我就是忍不住會這樣想。我必須抵制這種衝動，而不是放任自己的預判；我需要以新的眼光看待每一個情況，這樣才能透過清晰的鏡頭吸收新的訊息。盡量消除你的偏見（我們都有偏見），因爲偏見不僅會傷害你所反對的人，還會傷害你的學習、感知和成長的能力。

控制好你的自我，也意味著願意親力親爲，以做好任務、準時交付、完成交易。我討厭那些不願意親自動手的人，他們認爲自己已經有資格置身事外。我不喜歡這樣的態度：僅僅因爲取得了成功並晉升到了資深職位，就可以安於現狀、並假設其他人會去處理細瑣的事情，因爲這不再是資深者的工作。我喜歡花心思在細節上，因爲魔鬼往往藏在細節裡。我也相信需要了解細節和各種微妙之處，才能做出任何明智的決定，成爲優秀的領導者。那些試圖領導、卻沒有任何興趣或能力去理解自己所領導之事的人，讓我非常難以忍受。如果你不了解自己正在管理什麼，那麼你很可能並不那麼擅長領導。你不必一直待在雜草叢中（也不應該這樣），但如果你在需要的時候拒絕去接地氣，那就太懶惰了。

真誠

做你自己。**如果你對自己眞誠而眞實，那麼就沒有什麼事情會讓你失望，因爲你內心的感受與外表的表現是一致的。**你只需要相信自己。如果你不想讓人們認爲你是騙子，就盡量不要成爲騙子。在工作中，有些人竭盡全力成爲他們心中認爲最受喜愛、最令人印象深刻、最有趣、最聰明、最受尊敬的典型。但有一些人只是試圖低調地隱藏在團隊中，盡量表現得和其他人一樣。我認爲工作已經夠辛苦的了，不需要將自己假裝爲別人，也不需要試著跟其他人一樣。與其拚命地試圖引起他人注意，或選擇淡出人們的視野，爲什麼不全力以赴地做自己呢？每個人都有自己有趣、古怪或可愛的地方。就做自己吧！

接受脆弱。我想我從來沒有後悔過誠實地面對自己的脆弱。

做點蠢事。放鬆心情，能夠走更長的路。

做你自己。不要害怕獨樹一格。

嘗試各種不同的可能性，即使這些事情相互矛盾也無妨。不需要把自己硬塞進框架裡。

敞開心扉，與他人一起參與其中。

持續自我感覺良好是很難的，因爲你和周圍的一切都在不斷變化。人們很容易想要退縮、保留、逃避或放棄。放棄你的偏見和不安全感很不容易，而陷入對你或周圍的人來說並不太好的行爲模式就很容易。當你感到沮喪或事情進展不順利時，轉身離開、變得安靜、感覺自己很渺小、退居保守，或者表現出具有傳染性的消極和小氣，這些都是低估自己的表現。你不需要表現完美，你只需要承認自己的混亂，處理它，並相信你有能力做到這點，甚至能夠做到更多。

生活中有很多東西需要學習、實踐和完成。工作是人生中令人難以置信的機會。讓自己做好準備，隨時可以利用工作上的種種經歷，成爲最自信、最熟練的自己。這完全在你的力量和控制範圍內，而最好的是，透過搞砸（反正無論如何你都會搞砸），和做自己（反正你本來就是你自己），都是自我提升的途徑。這是一條雙贏的大道。

第二部分

在職場上表現卓越的條件

WHAT IT TAKES TO BE GREAT AT WORK

現在你已讀完了第一部分（恭喜並感謝），你可能會覺得自己的潛力上升了。的確如此，但你現在也可能有點糊塗、混亂，你的大腦、內心和肚子裡的黑暗角落仍有些你不太想去思考的東西。去探索吧！這就是工作能發揮作用的地方，工作可以成爲每天投資和重塑自己的好地方（還可以領薪水！）。爲做到這點，你需要弄清楚自己在工作中的位置，以及想在職涯中實現的目標。

接下來的部分，我將介紹一些來之不易的經驗教訓，告訴你需要做什麼事情，才能在工作中繼續前進，更重要的是，當事情變得困難時，應該避免做哪些事。工作中事情能否進展，與你的行爲方式、別人對你的看法、你的反應（或者更好的是，你的回應），以及你如何振作起來並繼續前進有很大的關係，這不僅是在你成功時有效，而且尤其是在你失敗之後更爲重要。如果能深入研究並專注於這些事項，工作中的雜音和干擾（工作中總是有很多干擾）就會消失。如果能認眞思考自己的行爲，致力於自己要做的事情，並誠懇地處理別人對你的看法；如果能眞心對待他人以及你們共同完成的工作，能夠深思熟慮地回應事情，而非憤怒暴躁和反應過度；如果無論成功或失敗，你都可以鼓起精神並繼續前行，那麼你就一定能夠在職場中表現出色。這聽起來很難，的確是，但這是可以做到的。大多數會在職場上給你留下深刻印象的人，多半已經完成了這些條件中的一部分、大部分甚至全部。你也一定可以做到。

要在工作上表現出色，就需要經常運用常識。我每天都感到震驚：有常識的人其實很少。好好運用你的頭腦，以直率和聰明的方式應對事物，可以讓一切變得不同。

在職場上表現出色，也意味著不能做個混蛋。這是相當簡單的概念，對吧？其實不然，這做起來比聽起來更難——尤其是當你沒有意識到自己實際上是個混蛋的時候。每個人都可能是混蛋（雖然我並不想，但我是一個A級混蛋，你也是）。我在本書中提出了一些想法，幫助你擊退內心的壞蛋，從而成為職場中更好的合作夥伴、領導者和貢獻者。

我還在本單元末尾添加了一章，特別探討「模糊地帶」的概念。生活中的大多數事情都不是非黑即白，而是處於模糊的灰色地帶。當你處於模糊地帶時，感知就可能會變得難以確定並充滿了微妙的可能。我們大多數的失誤和遺憾，或者讓我們困惑和受到傷害的事情，都來自於所謂的「灰色地帶」，在這個區域裡，事情可能有很多種版本，行為也可以有不同的解釋，你可能會發現自己陷得太深，因此不知道如何毫髮無傷地走出來。

本單元中討論的所有內容，都是職場中潛在的燙手山芋。儘管我已經工作了大半輩子，但仍在努力解決許多問題。有些日子比其他日子容易，有些人比其他人更好相處，而有些缺陷也比其他缺陷更容易修復。但我願意不斷努力、持續成長、繼續學習、持續奮鬥，我相信你也可以。或許我們可以一起並肩努力，你要加入嗎？

若能立即開始實踐本單元的內容，你將變得更加敏銳、更善於失敗、更懂得識別模式，並能以更成功的方式處理各種問題和人員。工作迫使你去處理各種事情，而知道如何處理事情是非常難能可貴的。

10 弄清楚公司付錢要你做什麼

Know What Your Company Is Paying You to Do

職場上最愚蠢的人，是那種不知道公司付錢給他們做什麼的人，不要成為這樣的人。

你的公司付錢讓你做什麼？這個答案照理講應該要是顯而易見的，但事實上並非總是如此。很多情況下，我們會陷在大量日常任務（以及伴隨著的廢話）中，以至於忘記最初接受這份工作的原因，忘記自己實際上重要的任務，以及這些任務對誰來說重要。

你對工作的感受以及你在工作中所做的事情，通常是由很小、很有限的日常互動所決定。當你苦苦掙扎、失去動力時，當你被職場人際衝突所困擾時，尤其是當你生氣時，就很容易忽視大局。好的工作場所可以提供很大的自由度，讓你有足夠的操作空間，但同時你也會有很大的迷失空間。在這種情況下，你可能會忘記自己要爲自己（你的願景）和公司（他們的整體目標）做什麼、實現什麼。工作上有很多事需要追蹤，但是能夠看到更廣闊前景的人（無論是公司的前景還是自己的），在職場上總是比那些無法看清大局的人更有優勢。

當你考慮是否接受一份新工作，甚至是評估現在的工作時，應該有一些具體和切實的理由，能說明爲什麼你想要接受這份工作、或繼續保有現在的工作。找出以下這些問題的答案，可以幫助你弄清楚自己職涯選擇背後的原因：

- 爲什麼我的老闆要僱用我做這份工作？或者如果你正在面試的話——新老闆希望透過這個職缺實現什麼目標？
- 我爲什麼從事這份工作？
- 我的老闆希望我在這份工作中達成什麼目標？
- 我自己想在這份工作中達成什麼目標？
- 我在這份工作中學到了什麼？
- 我想在這份工作中向誰學習？
- 這份工作中讓我感到害怕的是什麼？
- 這間企業裡的成功長什麼樣子？
- 而這裡的失敗又是什麼樣子？

・這份工作對我來說可能有哪些風險？
・當我完成這份工作後，希望自己能有什麼不同？
・我在這份工作中學到了哪些具體的東西？
・我能自豪地說自己在這份工作中做了什麼？
・在這份工作中把事情搞砸可能會是什麼樣子？以及我要如何避免？

定期回顧（或重新確認）你的答案，因爲你在一天、一週、一個月或幾年中所經歷的事情，一定會分散你的注意力，而你不想忘記自己想要什麼（你的願景）、而你又需要做什麼（你的老闆、團隊、公司的目標）。現實情況是，你「想做」的事情幾乎總是會被排在「需要做」的事情之後。而我認爲盡可能地將兩者融合起來，是很重要的事。你越想做你需要做的事情，你就越不會感到緊張和衝突。舉例來說，如果你想做的事情是成爲更好的行銷人員，而你必須做的事情，則是爲即將推出的產品撰寫新聞稿，請全力以赴。去參考你景仰的公司的新聞稿，或者受到許多媒體關注的新聞稿，你可以根據這些資訊以及你找到的其他任何靈感，撰寫出盡你所能最好、最準確、最詳細的新聞稿。請盡情地與 ChatGPT 對話，此舉有助於培養你作爲行銷人員的技能，同時還可以完成你需要做的事情——例如撰寫新聞稿。越能使「想做」的事情和「需要做」的事情相互靠近，需要做的事情就越會感覺像是你想做的事情（你沒被我搞混吧？）。這能讓日常事務變得更有趣，你也更容易在工作中表現出色。

你老闆的老闆知道你在做什麼嗎？

這個問題的答案很簡單：是或否。雖然你可能是公司的重要成員（或至少你認爲你是），但不要假設其他人知道或確切理解你所做的事情。你有責任知道自己在做什麼，並且能夠向你老闆以及你老闆的老闆解釋自己的工作內容。

所以現在你的內心戲是：「**靠，我的老闆知道我做什麼，但我甚至不認識我老闆的老闆，所以她完全不知道她爲什麼付錢請我，或我整天都在做什麼。**」所以問題是，你該如何認識你老闆的老闆，並且讓她知道你所做的事情的價值？

我在職場中每年都會受到啟發，能在工作上表現出色、並且更好地處理人際關係。我以前每個月都會帶六~八個不同的人、不同等級和部門的人一起吃午餐。這種工作午餐往往既尷尬又很有收穫，雖然我並不喜歡出去吃午餐（我們的午休時間很緊湊），但我會嘗試利用這段時間，了解人們在做什麼、爲什麼這樣做、我們可以在哪些方面進行改善，以及如何讓大家的工作更加順利。在我從事過的任何工作中，我通常對某些部門和領域有很強的了解，但不一定完全了解每個人的日常職責。我認爲對大多數人來說都是如此。

如果有任何老闆告訴你他完全了解每個人所做的一切，他要麼是在撒謊，要麼是瘋狂的控制狂。

在我的工作經驗中，尤其是當我的職位越來越高時，我注意到大多數人都認爲我確切地知道他們在做什麼。事實上我不知道，但我很想知道。我也注意到，人們很難從較高的層次解釋自己的工作、爲什麼這份工作很重要，以及他們對這個職位或角色的願景是什麼。最好預先思考這些事情，準備好你的答案，以利能在適當的時機拿出來。要將這些問題的答案簡化並充分傳達給老闆，可能比你想像的還要困難。

每當有人問我：「吧台體育是什麼？你在那裡做了什麼？」我的大腦就會自動短路。我該如何解釋吧台體育？我應該假設人們知道這是什麼公司嗎？他們會聽得懂嗎？我通常會說：「吧台體育爲數百萬粉絲提供體育內容，並試圖在網路上讓人們能開懷大笑。它是世界上發展最快、規模最大的十八到四十九歲品牌之一，製作有關體育、喜劇、生活和娛樂的影片及社群貼文。吧台體育透過許多不同的方式營利——T恤、廣告、付費活動以及與其他公司共同推出的產品。八年間，我讓公司的業務成長了一五〇〇%，並曾兩度離開公司。與人才合作、發展品牌、將品牌與粉絲連結起來，並與此同時能夠賺錢，是件令人興奮的事。」

我認爲（希望）這個答案有用，因爲你不必成爲媒體人或體育迷，就能理解我的意思。你應該要能讓人們能夠理解你和你所做的事情，越簡單就越聰明。

請不要修飾你所做的事情，讓它聽起來過於聰明、精巧、深奧、菁英主義、自吹自擂或其他任何愚蠢的樣貌。我知道你很想這麼做，你想讓自己看起來優秀、強大、有能力、有成就，但此處的訣竅在於簡化你是誰、你在做什麼以及如何以其他人可以接受和認同的方式展示自己。你的表達越直接，就會得到越多人的認可，並最終願意支持你和你正在做的事情。

因此，重點分析一下：請確保自己能以簡單的幾句話，來解釋你是誰、你在做什麼以及爲什麼這些事很重要。充分利用你能溝通的時間（只要時機合適），來傳達這些關於你的資訊。如果你能做到以上這點，就能在職場上站穩腳跟。

以上的建議，也非常適合在遇到你老闆的老闆的老闆時使用。坦白說，如果你想脫穎而出，最好讓一些非常資深、能呼風喚雨的人知道你是誰、你代表什麼以及你究竟在做什麼事。更準確地說，爲了保住你的薪水，並在工作上取得進展，最好確保：⑴你知道你老闆的老闆的老闆是誰，⑵你老闆的老闆的老闆知道你是誰以及你的工作內容。而爲了達到這一點，你需要做一些激進的事情，例如走上前向這些人介紹自己。你會驚訝地發現，很少人敢於這樣做。我們曾經聘請了一位負責客戶管理的主管，在她任職的第四天，我問她在新工作上感覺如何，她說一切都很好，但人們似乎不敢向她打招呼，而且她的團隊中的大多數人，都還沒有向她自我介紹。哇，眞的嗎？

不要害怕和別人打招呼，這是件很容易的事：⑴確保牙縫中沒有卡食物；⑵微笑；⑶然後說「嗨，我是某某人，在你們的團隊裡工作，我是某某小組的一員，目前正在從事這個專案；我坐在二樓，靠近樓梯；我是天蠍座（或任何一個與工作無關的個人細節），很高興認識你。」

在你老闆的老闆的老闆知道你在做什麼、以及你爲什麼重要之前，你需要確保你的老闆和你老闆的老闆都願意挺你。而這最終取決於人們如何看待你，以及評估你的價值所在。你能始終如一地交付工作成果嗎？你願意主動溝通嗎？你是團隊中的高效能的成員嗎？如果答案是肯定的，那麼你的狀態很好，其他人會很願意說你好話：**哦，某某人，她太棒了**。你有可能早已佳名在外。

接下來，我們來談談如何透過提出見解或問題（以及可能的解決方案），來與公司高層建立聯繫。大多數情況下，人們會希望解決公司的問題，並糾正錯誤的事情。若你能正面解決某件事，而不是躲在背後發牢騷，就可以讓你變成老闆的老闆眼中的無價之寶。

二〇二三年，在佩恩娛樂收購吧台體育幾週之後，我會見了財務團隊中的一個成員。他很擔心佩恩娛樂的收購案將如何影響他的團隊。我們談話的背景是他的角色、責任和職涯道路，在討論中他也告訴我，他對公司的財務管理方式感到擔憂。他告訴我，吧台體育的公司帳裡頭，有一大堆看似相當愚蠢的做法。經過一些研究後，我發現這些做法的確非常白痴。舉例來說，此時公司裡有八或九個人以上，負責會計分類帳的輸入。讓很多人接觸一組數字是很糟糕的事情，在我們的例子中，沒有任何管控與制衡。而多年來竟然沒有人談論這件事，這有點令人震驚和困惑，但無論如何，我很感激他告訴我這件事。他提出的內容似乎是一個非常重要、且需要改變的事情，而我們顯然應該保留五年前的做法。我繼續問了他一千個問題，公司很快就做出了許多正面的改變，穩定了會計流程，並保護了整個財務團隊。我非常感謝這個人向我闡明了這項問題，這使我願意在職場上挺他。因爲這次經驗讓我知道，他會願意說出事情的眞相，而不是拍老闆馬屁、粉飾太平，而這是一項非常重要的技能。

粉飾太平的情況在工作團隊中經常發生——不斷操縱數據或事實，來推動特定的敍述或觀點。我稱這種行爲爲「敍訴」（narrativing，是的，我知道這是一個不存在的英語單詞）。如果某項工作的成果取決於數字的好壞，那麼大多數人都會花時間，確保這些數字看起來能構成一個好故事，才能讓自己的表現看起來不錯。老實說，每家企業、每一份收益報告、每一個董事會都在玩這個遊戲，我最常看到業務團隊在做這種事。但問題在於，若人們習於操縱事實或隱藏問題，事情就永遠不會改變，本來可以解決的問題，也不會及早或快速得到解決，只有在爲時已晚時才會被發現。擁有忠於事實、敢於說出眞相、並提供解決方案的人至關重要。請讓自己成爲這樣的人。請如實地陳述事情的眞相，而不要去迎合別人的期望，因爲這才是勇敢且合乎道德的行爲。

分享問題或見解不一定是負面的舉動，它可以是非常正向和激勵的。提出問題可以將人們聚集在一起，創造解決方案。如果你老闆是個理性的人，那麼提出見解或問題可能會讓你受到高度重視。

在工作中，很多時候人員和問題可能被視而不見甚至隱形。它們就在那裡，但你偏偏看不到；

或者你確實看到了，然後久了也就習慣了。透過讓自己和自己發現的問題（和機會）被看到並更能夠被解決，你在工作中可以使自己變得更有價值。

熱愛你的問題，但要堅強地解決它們

人們如果在週末打電話給我，絕大多數是因爲有人在Reddit平台上搞砸了，或者有其他緊急的事情發生。在一個案例中，有人打電話給我，說另一個團隊的某人正陷入困境。這位員工很不快樂，她覺得自己的貢獻沒有被重視，但又擔心如果她提出抱怨，老闆會秋後算帳。她在工作上被盯得很緊，她的團隊並不重視她所做的事情，但與她共事的其他團隊卻非常重視她。

> 這就是讓我在工作上既備受喜愛、又是許多人惡夢的原因。爲我工作的人都不希望我在週末接這個電話，因爲我肯定會立即行動。但事實上，我也很難把問題帶向那些並不想聽見問題的人。我認爲這是工作中最微妙的平衡之一——尤其是對女性來說，因爲女性可能會被認爲是歇斯底里、潑婦或情緒化的人，即使她們可能非常理性，並敢於在面對不公不義時發聲，並做出對的選擇。

我喜歡讓辦公室大門敞開的政策。而這意味著無論我是否願意，都會從很多地方獲得大量資訊。這些資訊有時是正面的，但通常並不是。有一次，有人傳簡訊給我說：「我二〇%的時間是媒體主管，八〇%的時間是心理治療師。事情不會一直都這樣下去吧？」錯了，這確實就是我八〇%的工作內容，**而我認爲任何帶人主管都有六〇~八〇%的工作時間，是在處理其他人的問題。**而解決問題的訣竅在於了解人們、了解人們的問題，以及這些問題從何而來。在這種情況下，我會盡我所能將反饋重新導向到正確的地方，通常是經理或相關人員身上，但如果他們不願意採取任何行動，我也會感到很挫折。在前述的案例中，會有人打電話給我，討論我下屬的下屬的下屬的事情。我認爲大多數成熟的主管或企業人士會說：你不應該去關心這件事，這不是你的問題，最重要的是，你這樣是越級管理。但我確實想了解正在發生的事情、爲什麼會出現脫節的狀況，以及我們可以採取什麼措施。這麼做可能會讓我陷入一個尷尬的處境，因爲在前述案例裡，這位員工在職場上感到害怕、沒有動力、不被欣賞、被忽視。她害怕被看見，因爲她認爲如果自己分享出上述內容，可能會受到懲罰。這太糟糕了。同時，如果你指望工作上的好夥伴在週六打電話給執行長，說明發生了什麼事，然後希望執行長做出回應，這可能也不是一條好的成功路線。

你需要能夠鼓起勇氣說出事情的眞相，並說出你的需要，而不是讓你的朋友代替你打電話。總結來說，這個團隊必須做點什麼，並且必須有人陪伴這個員工一起成長。我很欣賞對問題的洞察力，你也會希望周遭都是願意解決問題（包括爲自己解決問題）的人。

希望不是策略。讓其他人突然介入解決你的問題，也不是一個好策略。忽視問題更絕對不是一種策略，如果這是你的策略，那也是一個糟糕的策略。沒有什麼比工作上的問題更讓我喜歡的了（也許我更喜歡一篇披薩評論，但僅此而已）。請慶幸你能遇到的問題和樂於解決問題的人。如果你在職場中遇到問題，請樂於解決拖累或阻礙你的事情，解決問題是令人振奮的。但如果你本身就是問題所在，請自我警惕。

三贏：公司、老闆和你自己的成功

爲了以可量化的方式，眞正去了解公司爲什麼請你來上班，以及學會在職場上展現自己的重要性，你需要能夠清楚地回答以下問題：對於我的公司、我的團隊、我的老闆和我自己來說，成功長什麼樣子？這就像一座金字塔，根據所處的位置（執行長的觀點或你自己的觀點），視角會有所不同，但整體從上到下、從下到上應該是一致的。

你對成功的定義可能更加內在（工作上是否有機會學習？你能夠承擔風險嗎？你是否在提升自己的技能？），而你老闆和公司的成功可能更加外在（你的部門是否達到了銷售目標？公司的收入有增加嗎？公司的市占率有成長嗎？計畫中的一切都在預算內嗎？）

爲了充分確定這些不同的目標，你需要仔細觀察，並進行一些研究，提出問題並將答案具體化。因爲職場上的事情往往會發生很大的變化（至少在我的工作中是這樣），所以請每年至少回顧兩次這些問題，甚至可以三～四次。你不必成爲火箭科學家才能理解公司關心的事情，以及財務數字背後的含義，但你也不能對這些東西一無所知。請找到一個合適的平衡點，讓你可以輕鬆理解工作環境中和周圍發生的事情，以便做好萬全的準備。

這點對你自身來說也是一樣的。你不需要很聰明才能了解自己，很聰明的人也可能對自己所知甚少。但你確實需要了解自己想要什麼、需要什麼、爲什麼決定待在這裡，以及未來想去哪裡。

你公司的成功長什麼樣子？

這是一個很多人無法回答的基本問題，或者他們可能在剛進入新工作時知道，但很快就忘記了，因爲這個問題在職場日常中並不有趣。**只要公司按時付薪水給我，我何必多關心什麼？**這是錯誤的態度，你確實應該在乎公司的目標。你不必出於對公司的熱愛、或對你所從事的產業的興趣而關心；**但你應該出自於對自己的期望和熱情而關心**。

雖然有些公司公開上市，並且被要求揭露目標，但其他公司不一定會告訴你他們的目標是什麼，也不一定會告訴你他們的做法是如何與這些目標背道而馳。

如果在深入研究並嘗試學習之後，你仍然無法確切了解公司正在嘗試做什麼、或者是如何實現這些目標的話，這有可能是個危險信號。

沒有明確願景，且對實現願景的進展缺乏清晰溝通的公司，通常會走在錯的方向——除非你在中央情報局工作。充分了解公司和產業是非常重要的，包括已被提及和**未被提及**的種種內容。了解你的公司的價值觀以及業務表現，就能夠直觀地檢查你的公司在產業裡是贏家、輸家、還是介於兩者之間的平庸者，而這是評估你的薪水穩定性和工作安全性的重要資訊。

面對上市公司，請查閱其收益報告和其他公開文件中發布的內容，或聽取分析師和媒體的評論。雖然其中一些資訊會高於你的職位等級或者毫無意義，但即使只了解其中的五〇％，也會讓你更了解企業內部和產業周圍發生的動態。有時人們會覺得提出問題很愚蠢；我在ＡＴ＆Ｔ工作時曾經碰到一個人，他會假裝是個愚蠢的南方佬，提出無數的問題，而事實上他是房間裡最聰明的人。當你對某件事足夠關心、想要了解更多，並表現出真誠而積極的態度時，就沒有問題是愚蠢的。要在年度公司會議或員工大會時集中心神（即使面前會議的內容感覺就像是千篇一律的罐頭廢話，也請努力克制住恍神或打開手機滑抖音的衝動）。在這些會議中，公司會告訴你它重視什麼、關心什麼，以及想要實現什麼；也會闡述未來如何恢復、成長或穩定營運。一旦了解了這一點，你就可以深入了解，自己的角色如何能在其中發揮作用，並弄清楚你日常所做的業務，如何與公司最高層關心的事情連結在一起。在這些類型的會議中，我會盡可能多地做筆記，主要是因爲做筆記有助於緩解我的過動症，讓我專注於台上講解的內容，而不是讓我的思緒四處遊蕩。這些筆記也可以提供自己稍後參考，這能幫助你檢查公司是否誠實地面對情況、並按照承諾行事。

請爲這些會議專門準備一本小筆記本，或在會議結束後，寄給自己一封電子郵件，簡明扼要地抓住會議的亮點和要點。有時你的公司願意在會後分享會議中所提供的資訊，但大多數情況下不會，因此記筆記和捕捉事實的能力非常重要。這能幫助你了解公司是否致力於長期成功，以及你是否（以及如何）爲公司目前的成功（或缺乏）做出貢獻。佩恩娛樂裡的某人曾經嘲笑我在會議上做筆記，「哎呀，有個模範執行長在做筆記……」這種諷刺讓我覺得很奇怪：**嘿混蛋，我做筆記是因爲我想學習，你在這裡沒有什麼可學的嗎？**

吸收公司提供的資訊，並及時了解公司競爭對手、產業以及整個經濟的最新動態，將使你更加擅長實務工作，因爲你會擁有更多背景資訊，並能對周遭發生的事情有所掌握。我早上會看一個小時的CNBC，直到他們開始整天不斷重複相同的話題；你可能也會想去看看福克斯商業頻道的節目；我喜歡《華爾街日報》，而其他人可能會喜歡《金融時報》；你也許可以在X上找到具有金融知識、在特定行業或部門工作的人；找到你喜歡閱讀的新聞媒體並訂閱；在Google上爲你的公司和競爭對手設定快訊通知。以上這些做法的重點，是爲你提供工作上的背景資訊，這有望讓你產生更大的影響力，提出更中肯的建議，並更清楚地了解自己該將時間花在哪裡、從事什麼。

在確定公司目標時，需要研究的一些基本事項包括：

- 你的公司如何賺錢？
- 公司主要的產品或業務範圍是什麼？
- 公司的次要產品或業務範圍是什麼？
- 誰或什麼推動了你公司的業務（消費者或其他企業）？
- 你的公司與誰競爭？
- 該競爭對手的最大優勢是什麼？
- 公司表現比去年好還是差？
- 如果你在上市公司工作，分析師的看法如何？
- 公司面臨最大的風險是什麼？
- 公司的庫存與去年相比是增加、減少還是持平？而競爭對手的庫存呢？
- 如果你在新創公司或由私募股權注資的公司工作，請嘗試了解金主想要什麼（通常是投資報酬），以及他們設定的時間框架。
- 記得爲你的公司和競爭對手設定Google 快訊通知。
- Reddit可以是蒐集你的公司和（或）其競爭對手的資訊、觀點和推測的寶庫。它可能有點黑暗，但同時卻具有洞察力。

公司的資訊可以用數字和語言兩種方式來呈現。如果你喜歡數字，那就太好了，有大量的數據、表格等供你深入研究；而如果你不喜歡數字，請尋找類似趨勢、下載量和經過驗證的資訊等線索和情報，而不要只看數據和分析，這麼做將幫助你深入了解更多資訊，而不是被資訊呈現的形式所打敗。

對於那些被數字嚇倒的人（如果對自己誠實的話，許多人都是如此），請嘗試將這種恐懼轉化爲了解財務部門某人的機會。財務人員擅長數字（希望啦），你可以邀請財務部門的某人喝咖啡，並以你認爲有意義的方式向他們提問，請他們告訴你這些數字背後發生的故事。你可以這樣說：「請你用簡單的語言，告訴我公司是怎麼賺錢的。我們的表現比去年好還是差？你認爲我們的業務有哪些趨勢？我們該如何應對挑戰？你擔心財報中的哪些數字？在我的工作範圍內，我可以做些什麼來幫助解決這個問題？」很多時候我們會陷入自己造成的困境——主要是陷溺於自己的感受、對什麼感興趣，或是自己想要什麼、需要什麼。**與其擔心自己在擔心什麼，不如問問公司在擔心什麼**。跳出自己的思維，站在公司、財務長或與你會面的任何人的角度來看待事情。你會驚訝地發現，重新建構你的問題和你的世界觀，能產生多大的影響。

語言可能會讓財務人員害怕，而數字可能會讓你害怕。這就是爲什麼財務人員傾向與財務人員相處，而非財務人員傾向與非財務人員相處。

用非熟悉專業的語言說話可能會令人生畏。我曾與財務部門的某個人深入探討我從事過的每項工作，而這麼做改變了我的職場遊戲規則。坦然承認我在數字方面的弱點，並要求對方以我可以吸收和分析的方式與我分享訊息，讓我在過去認爲是劣勢的方面感到更有掌控力。這也有助於讓財務人員感到被理解，並且讓他們更有機會向我表達他們想要和需要採取行動的事項。

職場中的所有事對所有人來說都是一場影響力遊戲，這就是工作的美妙之處。理解你不理解的東西，學習一門不是你母語的語言，創造共同目標，對進步做出承諾，這就是成長的意義所在。這也是公司僱用你所希望的成果，這些成長將加速你對世界的理解、對事物的管理能力，並讓你能在未來賺進更多財富。

在職場中有很多不同的群體，工程師是工程師，行銷人員和業務人員是行銷和業務，人力資源部門通常是孤島，而高階主管是高階主管等等。嘗試與不同群體的人相處，你將會有所收穫。能夠與那些重視不同事情、執行不同業務的人溝通和連結，對於你的職能成長至關重要。

最終結論是：走出你的舒適圈——無論是與你打交道的人，還是你努力理解的事物。不要讓不安全感破壞你的努力。如果你自然地對你的公司或工作感興趣，那太好了；但即使不是這樣，也要強迫自己集中注意力。這很重要！提問時要保持好奇心和自信。努力了解基礎知識，尤其是有關營收和你業務周遭的金流。如果你的公司能取得成功，你就有可能取得更大的成功；如果你的公司無法成功，你的職涯道路就可能會變得動盪不安。最重要的是，你不會想要對此感到不明就裡或漠不關心。而若要了解公司在產業中所處的位置，就必須勇敢踏出自己的日常業務範圍。

你老闆的成功長什麼樣子？

你需要你的老闆，你的老闆也需要你，而你希望能保持這種狀態，或者說，你至少想讓你的老闆需要你。爲了做到這一點，你需要知道你老闆的目標是什麼，以及他們希望從你那裡得到什麼，來幫助他們實現目標。直接用簡單的語言提出這個問題：「請問你想實現什麼目標？我能怎麼幫助你？」如果你想要的話，可以問問你老闆，是否覺得有什麼事情阻礙你爲他們提供最大的貢獻？將問題和答案寫下來，放在可以定期參閱的地方，並在六到十二個月後，檢查這些資訊是否仍然適用。你得到這份工作是有原因的，盡力完成老闆想要做到的事情，並幫助你老闆在他老闆面前看起來表現出色。就是這麼簡單。我認爲人們可能不太希望聽到這些，但我說的是事實。工作與參加運動比賽沒有什麼不同——如果教練認爲你在自己的位置表現得很糟糕，或者你的身體狀況不佳，無法跟上比賽，那麼你很可能就必須坐冷板凳、甚至被裁撤。

永遠不要在沒有準備好紙筆的情況下，提出重要的問題，如果你問了重要問題卻沒有記下答案，那你就是個混蛋。

工作就像俄羅斯套娃，你可能是裡面最小的一個娃娃，或是中間的一個。你在工作中所做的事情、以及你的工作方式，會影響你的老闆和你老闆的老闆，也會影響你的下屬或上司。俄羅斯套娃的縫隙很緊，沒有太多的移動空間；工作也有可能是這樣。你需要向上、向下管理，理解和考慮你上層和下層的情況、他們的更上層和更下層在做什麼、你身處哪個層級，以及怎麼做才能最好地有所貢獻。絕大多數情況下，你老闆最想要的就是你好好幹好自己的工作，並且盡可能地不要添麻煩。如果你能牢記這一點，並爲自己和周圍的人做出正確的事，你就穩了。

你的老闆可能很棒，但卽使他（她）很糟糕，你仍然應該花時間去了解你的老闆關心什麼。你可以認爲你的老闆是一個糟糕的人，但是如果把你的老闆視爲一個糟糕的老闆，那就太愚蠢了。**因爲卽使是最笨的老闆，也有能力完成他老闆想要做的事情**。

想要爲老闆努力做事是件好事。不是因爲你愛他們，而是因爲你想充分利用工作和工作時間，並最終希望卽使老闆不喜歡你，也可以喜歡你的工作成果——這兩者是一樣的道理。因此，你需要了解你老闆的動機是什麼，他們的願景是什麼（或缺乏什麼願景），以及他們的弱點在哪裡。

即使你會感到害怕，也應該要大膽地直接詢問老闆他們的目標，以及你在該願景中的地位。確保你得到一個清晰的答案，如果有不明白的部分，請務必再次詢問。

你可能不喜歡或不同意老闆的要求。你可以決定挑戰他們的方向，但在你走這條路之前，請確保你已了解所有情況。也記得暫緩一下，站在老闆的立場思考：老闆的背景是什麼？爲什麼他（她）會接下這份工作？他（她）承受著怎樣的壓力？什麼原因推動了他（她）的決策？

請帶著同理心與你的老闆進行對話——畢竟，老闆不是你的敵人——也帶著眞正的好奇心，以及列出你想要討論的有意義內容。這麼做的效果可能會很好，能讓你和你老闆更加緊密地聯繫在一起，並能協調手頭的任務和機會。這麼做也讓你更有向老闆進行要求的機會——我不是說索要金錢或頭銜，而是說能夠討論值得考慮的想法和做事的方式。例如要求承擔責任；要求參加會議；要求被介紹給某人；要求經手一個專案；要求共進午餐以相互了解；要求旁聽老闆開會等。這些步驟可能需要幾次談話或討論才能發生，但利用時間了解老闆、傾聽老闆的經驗、並分享你的想法絕對是值得的。了解成功對老闆意味著什麼，就像了解最近的星巴克在哪裡一樣——這是每天完成工作的必要和基本。

現在讓我們談談，哪些接觸老闆的方式應該避免，我們先從你的老闆不是什麼開始談：你老闆不是你的心理治療師、你老闆不是你媽、你老闆也不是你朋友。你老闆是你的工作和薪水的首要決策者。請尊重和關心你的老闆。我並不是說要害怕你的老闆——那將是不健康且低效的工作關係。

雖然我不喜歡大多數公司要求塡寫的那些人力資源評估報告，但我確信你需要注意自己與老闆的相處方式。傾聽，聽聽老闆在說什麼（以及老闆的言外之意）、他們詢問什麼問題，以及他們的狀態和心態是什麼。嘗試去理解老闆的心態，不要只專注於自己想要的東西，**而是能夠放下自己的利害關係，去傾聽老闆的需要**。這可以讓你知道自己的職場人際角色。當你的老闆脾氣暴躁時，要三思而後行，不要給老闆增加麻煩。當老闆處於開放狀態、願意協作時，請好好利用這段時間，一起創造和討論想法。我非常討厭員工利用與老闆相處的時間發牢騷。我有一位團隊同仁的下屬，她利用所有的一對一時間來抱怨她的同事，抱怨公司的薪酬計畫和客戶分配，乃至於抱怨所有人做錯的所有事情。她花這麼多的時間抱怨，以致於根本沒有時間做出正面、有建設性的貢獻。每隔一週，這個人就會帶著她的問題去找老闆，並要求辦一次吐苦水聚會。老實說，這麼做等於是浪費了與老闆一對一會面的寶貴時間，也浪費了自己的時間。不斷抱怨事情和暴露問題是兩件不同的事情。如果你想讓你的老闆尊重你，就不要總是抱怨（這樣做只會導致老闆迴避你）。如果你需要向老闆提出問題，請以充滿尊重的方式、並在他們可以深思熟慮地回應的場合中提出。尊重老闆的工作職務，就如同你希望老闆尊重你的工作職務一樣。

你的成功長什麼樣子？

在工作中，沒有什麼比定義屬於你的成功來得更重要。這是工作最簡單、最明確的起點，但同時也是最難弄清楚的事情，因爲你是一個複雜、狡猾、層次豐富、困惑、既聰明又愚蠢的生物。對你來說，成功可能取決於一些可以從外部衡量的事情，或者取決於你的職責範圍（和頭銜）、你的外部成果和成就，以及你的薪水。這些事情可能會隨著你職場經驗的增加而成長。但與此同時，還有一組更大的內在里程碑來定義自己的成功——而這才是工作中眞正重要的東西，也是你在職涯旅途中能隨身攜帶的東西。這些內在里程碑包括：

- 你應對壓力和解決越來越多問題的能力。
- 你對如何取得成功以及找到適合自己的工作方式充滿信心和清晰感。
- 你對工作中所學習內容的參與度和滿意度。你在舒適圈之外花費的時間，以及你對距離原來的舒適區走了多遠感到滿意的程度。
- 你幫助他人的能力。
- 你推動進步和超越自我的能力。

成功並不是將自己與他人比較（注意，如果你沒有安全感，就永遠會覺得自己不夠好；如果你傲慢，就永遠會覺得自己比別人好——而兩者都是不恰當的）。如果你感覺自己比別人優越，那麼勝利將是短暫的（雖然你可能認爲自己更好，但事實並非如此）。有時工作的人們會變得自大，認爲好像沒有其他人能勝任他們的工作。對某些人來說，這可能是眞的；但對大多數人來說，事實顯然並非如此。

生活和工作的重點是創造自己的目標，而不是根據別人的表現來衡量自己的表現。你花在擔心、密謀、仇恨、嫉妒、希望成爲別人的時間越多，花在投資、改善和自我成長的時間就越少。

我們生活在一個追求生活方式的時代。當你滑動手機時——無論是哪個社交平台：TikTok、Instagram、Snap、OnlyFans 等等，都會看到一堆關於渡假、服裝、目標、派對、夜生活、大學生活、健身、家庭聚會、孩子等等的內容。這爲像吧台體育這樣的品牌創造了大量的機會，但它也會在你的頭腦中造成「錯失恐懼症（FOMO）[1]」或混亂。這些內容設定了對生活「應該是什麼樣」的期望，但這不一定是現實的、健康的或適合你的。它還會讓你覺得在工作之餘，應該購買某些東西、從事某些活動、或成爲某種樣子，但卻忽略了你在本份工作中能完成的事情。

我認爲所有人最初使用社交媒體時，都擁有有趣、令人愉快和鼓舞人心的經驗。接著社群媒體的意義演變成與你關心或著迷的人保持同步，然後變成了來自其他人所展示的生活方式的無止境攻擊，而這些內容會讓你感到匱乏、孤獨或對自己的成就感到不滿（記得，你不可能成爲卡戴珊家族的！）。你重視自己是誰、以及自己能成爲什麼樣的人嗎？還是你比較重視能在別人的動態中，看起來光鮮體面？

我全心全意地參與並享受社交，但盡量不要因爲社交而分心、被它下定義或被它擊敗。盡量不要將社群網站與現實世界混淆。每個人花在觀察其他人的時間越多，我們就會變得越貧乏和不完整。請避免將別人編輯後的生活版本，變成讓你的生活充實或成功的基準。你花越多時間和精力去投入在目標上，而不是去滑手機並羨慕別人的週末，就越有可能得到你想要的東西；爭取職銜也是一樣的道理——那終究只是「成功」的外在定義。有時我會遇到某人來找我說：「某某人的收入比我多，爲什麼我拿不到那個薪水，或者爲什麼我不能掛一樣的頭銜？」重要的是要知道，你不會因爲與別人比較、或主張別人有你也應該要有，而獲得下一項獎勵（頭銜、薪水或其他）。這不是國中的體育課，沒有人關心你對別人的抱怨。**如果你想爲自己主張些什麼，你需要跟自己比。**

爲了保持誠實，並提醒自己成功對我來說意味著什麼，我喜歡每四～六個月檢查一次我的願景或計畫。這麼做讓我了解自己所處的位置以及是否有進步，並能幫助我擺脫那些沒有意義、一開始就愚不可及的目標，也能鼓勵我專心面對自己想要實現的目標。請好好檢視並詢問自己：

- 我對自己所做的事情滿意嗎？我在日常生活中能找到快樂和滿足嗎？如果是的話，那就太好了。如果不是，你腦子裡的聲音比較想要做什麼？請先從這個答案開始。
- 爲什麼我選擇在大公司或小公司工作？
- 我爲什麼在這家公司工作？
- 我想在這裡達成什麼目標？
- 我希望學到什麼？

1 譯註：Fear of Missing Out 的簡稱，意指害怕錯過，對自己的不在場所產生的不安與持續性焦慮；患者總感到自己不在時，可能發生非常有意義的事。

・誰是公司中我眞正可以學習的人？我如何能接近他們？
・誰是我在這裡成功的關鍵人物？我如何與他們保持一致？
・這些人想要什麼？他們達成目標的障礙是什麼？我在這裡有用嗎？
・我和公司的期望是否一致（內部與外部都是）？如果沒有，我可以做什麼來縮小這個差距？
・我打算在這裡待多久？
・我下一步想去哪裡？
・我距離那個目標還有多遠？
・有什麼是我很想要、但卻還沒有得到的？

你對這些問題的答案可能南轅北轍，但最終都能夠反映你的想法。除了你自己之外，你不需要任何人來告訴你你是誰、你在哪裡、你想成爲誰、或者什麼樣的人。你已經有答案了。

定義成功的另一個衡量標準是機會。工作是一種能讓你更有價值、知識更豐富的學費和經驗。你知道的越多、能做的越多，能得到的報酬就越多，之後你能負責的越多，機會也會越多。在某種程度上，公司付錢給你做一份工作，你可以領著薪水卻漠不關心，希望有人注意到並迎合你的負面情緒，或者乾脆完全忽視你。或者你可以獲得報酬並激勵自己，這將使你能夠獲得更多的經驗、技能和知識。將工作視爲不僅僅是領一份薪水，將爲你創造更多機會。努力工作不是拱手給別人更多東西，而是爲他人做更多貢獻，而這反過來又可以爲你帶來很多機會。

公司有可能給你機會，但更有可能的是，你必須促使機會發生。你的願景可能是獲得更多機會，或者充分利用面前的機會，無論有多小。準備好抓住機會就是一切。機會不永遠是完美的、也不永遠體面漂亮、更不會永遠看似可以通向一個更遠大光明的未來（但其實它眞的可以）。不要藐視機會，對我來說，吧台體育是一個瘋狂的機會。正如你現在所知，大多數人認爲它看起來根本就是一團垃圾。但我覺得這太棒了，我很確定自己是對的。機會是當空間敞開、或想法湧現時發生的事情。不管你相不相信，有些機會來自好地方，有些則來自壞地方，而有些甚至來自奇怪的地方。沒有一個機制可以讓機會自動降臨在你身上，機會不是從輸送帶上分配的。把握機會的訣竅在於看到它們、感知它們，並在它們觸手可及的時候，敢於相信自己的直覺。而機會一旦到手，就絕不回頭。

為什麼公司會開除你？

雖然這個主題令人不快，但卻是一個重要的話題。這是另一個明顯且重要的問題，你需要定期詢問自己，以保證自己、老闆和公司能夠持續成功，這樣你才不會被炒魷魚。如果你知道問題的答案，就更有可能避免做出那些會導致公司必須放棄你的事情。

正如同你需要了解大局，你同時也需要了解所負責工作的負面影響。想一想：

- 你在公司中的角色是創造收入還是成本？你幫公司賺錢了嗎？如果是，你怎麼做到的？你幫公司省錢了嗎？如果是，你怎麼做到的？你屬於兩種皆非嗎？如果是的話，哎呀，不妙。
- 你的工作面臨哪些風險？
- 你本人或你的工作職責中有哪些弱點？
- 你的職能或工作是否足夠重要，以至於只有你或其他少數人才能擁有這種能力和水準？
- 你是否做了讓自己變得更加不可或缺的工作？
- 你可以被電腦取代嗎？
- 你在公司裡有多少堅定的擁護者？與你周圍的人相比如何？
- 你目前從事工作的報酬是否過高？
- 你對於公司利害關係人有貢獻價值嗎（意思是，這些人是否在乎你留下來工作）？
- 你老闆的老闆知道你在做什麼嗎？
- 其他人可以輕鬆接手你的工作嗎？如果是，那你可能遇到了麻煩，需要做一些真正的努力，才能對你自己、你老闆、你的團隊和你的公司變得更有價值。

不要忘記，總有比你更年輕、薪水更便宜、更充滿渴望的人，這些人和你一樣優秀，甚至可

能更好，而他們正在等待你的職缺。如果你沒有讓自己對別人的成功至關重要，事情可能就不會對你有利，特別是在公司重組、潛在的裁員可能性和縮減規模的情況下，或者當人工智慧騎到所有人頭上時。我知道這聽起來很刺耳，但這是事實。有兩種類型的人最容易被解僱：表現不佳的人和無人支持的人。而最難放手的人是有人支持的人，即使他們的工作成果並不見得那麼好。另一件要問自己的事情：**不要只問是什麼讓你變得無價，還要問是什麼讓這份工作對你有價值？**如果這份工作對你來說沒有價值，也就是說，如果它不能讓你有所學習、建立人脈、允許你冒險，那麼也許你並不在乎這份工作是否繼續下去。也許你正在等待時機到來，或等待他人為你做出決定，以便開始下一件有意義的事。如果你沒有存在感，且無法被你所做的工作點燃熱情，問問自己為什麼？你想成為這樣的人嗎？是不是有什麼原因導致你變成這樣？或是有什麼事情（包括你自己）妨礙了你的腳步？**如果你不喜歡自己所做的事情，那就啟程吧！**如果你正在玩一場消耗遊戲，等待公司在你自己辭職之前解僱你，你願意玩多久？希望不要太久。因為其他人正在利用時間去追求自己眞正想要的東西（或許也是你想要的東西），而你將不得不與他們競爭，所以跑起來吧！

好吧，讓我們假設你想變得有價值（如果你不想，可以直接跳到下一部分）。有價值意味著要不斷且一致地做到以下幾點：

1. 你的工作性質必須是重要的，並且與公司如何賺錢、或實現其核心使命或產品有關。
2. 你能夠始終如一地交付高品質的工作，並取得成果。

3. 你能與他人良好合作，執行力值得信賴。

這不是什麼了不起的太空科技。首先，問問你是否感覺自己希望在這裡受到重視。如果答案是否定的，那就離開吧。如果答案是肯定的，那就請努力將工作做好，做對公司生意有貢獻的工作，並且以一種對他人有利而非不利的方式做事。有時我看到人們即使一開始就討厭這份工作，還是會因爲被解僱而生氣。這讓我摸不著頭腦。如果你討厭一份工作，爲什麼不高高興興地離開，給自己一點空間去弄清楚接下來要做的事。事實上這與你的自我有關，不要讓你的自負，或公司給你的一種虛假的權力感，蒙蔽了你想做的事情、想在哪裡工作、想成爲什麼樣的人。

一分耕耘，一分收穫

這句話你已經聽過一百萬遍了。雖然這個概念似乎是理所當然的，但我總是驚訝於有多少人在工作中竭盡全力避免投入。你一定看過這種類型的人——**他們更關注自己在工作中的表現，而不是他們在工作中實際完成的事情**。他們談論大局，大部分時間都在擺姿態，而不是捲起袖子深入問題。雖然這類人往往在職涯初期可以走得很遠，但如果他們的言語背後沒有紮實的行動和結果，或願景背後沒有實質內容，那麼他們的胡言亂語遲早會被發現，周圍的人也會對他們失去信心。不要成爲這種人。

投入工作有助於定義你、你的老闆、你的團隊和你的公司的成功。這與在 Instagram 上看起來漂亮截然相反，工作既不漂亮，又不迷人，也不那麼亮眼或引人注意。工作就是單純捲起袖子去做事，也許是處理數字；也許是做一份簡報；也許是制定路線圖、或撰寫產品說明書；也許是打大一堆電話。不管是什麼，就去做吧。不要把工作踢給別人，不要半途而廢。克服你的懶惰和問題，然後開始著手。

工作被稱爲「工作」是有原因的。這是件很費力的事，需要努力、時間、腦力、專注和奮鬥。我喜歡工作因爲我喜歡感受到進步，並且願意付出努力看看會產生什麼結果，這種感覺很好。按表操課、持續作業本身就帶來一種樂趣。那些能夠執行想法並完成工作的人，最終會崛起並保持領先地位。我愛那些喜歡工作的人，他們讓我感到愉悅。

11 老闆好，你也會好

When Your Boss Looks Good, You Look Good

面對愚蠢和強烈煩擾時仍能保持正向，是一門藝術。

每個在公司工作的人都有老闆。無論你上面有一位或十位老闆，最重要的老闆其實是你自己。因爲只有你可以決定如何度過自己的工作時光，決定自己是否能在工作中表現出色。

在理想的職場狀態中，你應該要能夠向老闆學習。你們兩人之間應該擁有一種舒適的工作關係，而且你應該要對於向老闆提出問題、想法或疑慮感到自在，而不必擔心後果。這前提是你的老闆很優秀，而你也很優秀。這跟一直去找老闆抱怨鳥事或其他人、帶著一堆藉口，或者談論著爲何你值得加薪或升遷等，是不同的情況。不要成爲那種討人厭的下屬。

在你的職業生涯中，你可能會遇到各式各樣的老闆，從偉大傑出的老闆到非常糟糕的老闆。

而你可以向所有老闆學習——好的能學習，尤其壞的更能學習。即使你與老闆之間不存在或非常缺乏工作關係，這本身也是一個讓你成長的機會。

無論你的老闆是能鼓舞人心的人、常常缺席的人還是個傲慢的混蛋，即使你們的方法、理念、角色和職責完全不同，你都必須接受你們是在同一個團隊中工作的事實。你的老闆是連結你和你老闆的老闆，以及公司領導階層其他成員的管道。歸根究柢，你的老闆好，你就會跟著好。你對老闆是愛還是恨並不重要，重要的是你要支持自己和自己的團隊（包括你的老闆）才能取得勝利。你的老闆取得的成功越多，你與成功的相關性就越強，也就越有可能獲得更多的成功和機會，而這些成功的紀錄以及你在其中所扮演的角色，也越能得到其他人的認可。但在過程中，是否有很糟糕、很不合理的部分？特別是你必須要承擔大部分工作？是的，但這就是現實。我討厭那些收割所有員工想法、冒充爲自己成果的老闆，或是將員工的努力整碗端走、然後高談闊論的老闆，這種事讓我抓狂。我總是會努力觀察到底誰才是完成這項工作的人，而唯一讓我感覺好一點的是，房間裡的每個人——包括正在誇誇其談的蠢貨，都知道誰才是眞正付出的人。希望這麼說能讓你感到安慰。如果你工作上表現良好，人們就會看見你，甚至你的老闆也會願意認可你。

如果你是老闆，你越是願意將功勞給予員工，就能變得越偉大；越想要搶走不屬於自己的功勞，就會變得越渺小。這是在愚蠢自私與大方慷慨之間的選擇，一點都不難吧。

如果你認爲你老闆是一個無用、傲慢、無能、自私且對工作毫無幫助的蠢蛋，你面對著一項抉擇，你可以坐下來抱怨，或者你可以運用你的才能，讓你和老闆都過得好一點。我知道這聽起來有些反其道而行，但請這樣想：你如何利用老闆的白痴、懶惰或無能，來爲自己帶來更多的機會和更多的經驗？讓我們說得明確一點：這麼做肯定會讓你覺得厭煩（我的意思是，讓你覺得煩到要死），但到最後，這很可能是值得的。藉由幫助不夠好的這些人，雖然他們可能對自己的要求比較低，或者比較不正直、沒品格，但可以讓你更了解自己的標準、正直和品格。這可以突顯你有多傑出的貢獻能力，這也會爲你提供在替好老闆工作時，不容易取得的機會和見解。

偉大的老闆通常比你更好，做事比你更快、更好、更聰明，所以你會有更大的機會學習，但較少的機會去實踐。爛老闆則相反，雖然學習點不多，爛老闆卻是你能夠實踐很多事情的好機會。

不同的人喜歡不同類型的老闆。我是那種喜歡督促別人的老闆，而我最喜歡的老闆也是那些督促我的人。我想看看你能走多遠、我們能一起做多少事。我一方面很直率、嚴厲，另一方面又很慈愛、敏感。有些人喜歡這樣，而有些人——那些更喜歡隱藏自己或維持現狀的人，覺得我的做法像是一種懲罰、前後不一致、而且不公平。對那些人來說，我不是一個偉大的老闆，但我是一個能取得成果的老闆，能夠以某種方式、某種風格和活力建立起具有高度創造力、高績效的團隊。並非所有人都可以或願意在這種類型的團隊中工作，但這沒關係。職場中有各式各樣的老闆可以學習和共事，我希望你能利用這本書找到適合自己的老闆。

爲了在工作上與你的老闆保持一致，你需要弄清楚老闆的目標和優先事項是什麼，並努力交付出成果（請參閱第十章）。一旦你與老闆建立了良好的關係，能夠了解老闆的目標、並盡自己的努力始終如一地去實踐，就能贏得老闆的尊重，老闆會願意讓你邁開步子前進，承擔一些風險，做出新的嘗試，甚至接受你將失敗作爲學習過程的一部分。本章將幫助你應對大多數類型的老闆（請見下表），以及引導你如何在任何職場情況下學習，以增強你的優勢與才能。

各種老闆的試煉磨難大全

職場老闆百百種，酸甜苦辣各不同。以下是你在職場中可能會遇到的一些老闆種類：

好朋友老闆——所有人都喜歡老闆同時也是朋友的想法。這基本上是一件好事，前提是你和你的老闆能記住，老闆主要是個老闆而不僅僅是朋友。

風險：職場會變得太舒適。

報酬：這可以在許多層面上，帶來豐富而充實的職場體驗。

撇步：保持分寸，設定一些你不能逾越的界線——因爲這個人畢竟是你的老闆。

大忙人老闆——只呼吸上層空氣的老闆，不會干涉你的日常事務。這種老闆並不特別關心你、你的背景、經驗或個人貢獻，因爲他們有更遠大的事情要忙。你可以透過觀察，向這種老闆學習，但他們不太可能直接教你。這個類型的老闆通常出現在大公司的大部門裡。

風險：你很容易覺得迷茫，因爲你只是機器上的一個齒輪，或是老闆世界的邊緣部分。

報酬：你會有很多的自由和自主學習的機會，並能成長和承擔更多責任。

撇步：你必須確實了解老闆的動機和願望，否則你的老闆不太可能注意到你，也不太可能花時間與你溝通。這種老闆不太會有時間跟你相處，所以當你能與他們共處時，就要充分利用機會。

直升機老闆——這種老闆的首要任務似乎是控制你的行爲，他可以每分每秒盯著你，面對這種老闆絕對沒有勝算。

風險：你會在工作中感到窒息。

報酬：如果這個人很好，你可以在短時間內學到很多東西，並培養特定的技能。

撇步：設定個人的界線，並倡導獨立作業和個人空間，並且不要與此類老闆共事太久。

宮鬥型老闆——這是職場上最危險、最不穩定的老闆類型。他們很可能會用心理戰術來傷害你，讓你質疑自己的價值和貢獻，並削弱你的自信。這種老闆喜歡讓人們互相對抗，也喜歡讓人們對自己產生依賴。當他們快樂時，你也能快樂一下；但當他們不快樂時，你可就慘了，而最糟的是你不知道壞事會如何、何時發生。簡直是酷刑。

風險：你成爲他們不穩定情緒的受害者；更甚者，你也學會了這種老闆的壞習慣。
報酬：如果可以的話，請堅持下去，這種沒有安全感的老闆往往不會待太久。
撇步：用清晰、一致、冷靜的方法做事，並隨時留意找個新老闆。

廢物老闆——這種老闆基本上只是裝飾品，每天都等待五點鐘可以拍拍屁股下班。
風險：除了你自己的工作之外，你還會因爲必須接下老闆的工作而職業倦怠。
報酬：如果你能夠承擔起工作責任，克服不公平的感覺，和他們不願意做任何事所帶來的煩惱，就能夠獲得大把的經驗、職場曝光度和承擔不同責任的機會。你很快就能比你的老闆更優秀。
撇步：還是要注意，因爲你可能會埋頭於別人的工作中，把自己搞得精疲力竭。

超級好老闆是什麼樣子

好老闆會設定很高的標準，並用這個標準來教導你、督促你、挑戰你。好老闆不會一直給糖拍拍說你很棒，如果你希望好老闆是這樣的，那麼就表示你並不是眞的想在職場中成長。好老闆應該給你自由，讓你以自己的方式、做自己的事情，但也應該讓你承擔責任（額外加分：好老闆應該啟發你，讓你能夠超越自己原先設定的績效水準）。好老闆是你可以觀察和學習的人，好老闆應該能夠激勵你；好老闆應該是人性化的、脆弱的，並且願意接受你的弱點。**好老闆仍然會做出糟糕的決定和犯下錯誤，你也一樣，好老闆會接受這點並一起面對。**

與超級爛老闆打交道

雖然職場上有很多不合格的老闆，但眞正的壞老闆可能會吸乾你的生命。一般而言，我會盡量避免工作中的能量吸血鬼。吸血鬼老闆會使你灰心喪氣，挫敗你，讓你不可能成功。而能量吸血鬼中的大魔王絕對是最糟糕的老闆類型，他們會殺死你的靈魂。這與讓你必須奮力掙扎的老闆不同——奮力掙扎可能是一件好事，但能量吸血鬼大魔王老闆是指那些，無論你多麼努力（而且你確實必須做出嘗試），都無法與之合作的人。你找不到任何有生產力或能進行溝通的共同點，你們永遠處於期望落差的狀態。這種老闆眞的很糟糕，而在你的職業生涯中，你可能至少會遇到一個吸血鬼老闆。

當時我在波士頓一間廣告公司工作，我的老闆每分每秒不斷對我進行緊迫盯人的管理。我認爲她就是個徹頭徹尾的白痴，對任何事情都一無所知——但卻假裝對一切都知之甚詳，而且非常龜毛。我已經夠龜毛了，但這位女士龜毛的重點完全錯誤（恕我直言），比方說如果你的電子郵件沒有句號或正確的標點符號，她會回信並進行更正。**到底是誰會這樣做啦？**爛到極點。她正是廢物老闆與直昇機老闆的致命組合（見上表）。她的瘋狂控制欲簡直讓我痛不欲生。這令人沮喪到我都哭了，而且常常。

我發現最令人惱火的一件事是，她對幾乎所有事情和所有人，都會事後諸葛地進行質疑，但卻對我們一開始想要完成的任務沒有基本的了解。如果她眞的對自己的任務很擅長，我猜我可以理解她對我們的質疑，但重點是她對自己的工作一點也不擅長。曾經有人告訴我，你應該爲表現至少與你一樣好的人工作，能比你好更棒。你的老闆不會總是像你一樣或做與你相同的事情，但要尊敬老闆，你會想要知道他們的所作所爲值得尊重。我爲那個女人的工作撐了三個月，對我來說，這個老闆讓我在工作之外也感到相當痛苦，因爲在工作之內和她共事實在太令人苦惱了。我變得害怕工作，因爲我對這種強烈的控制感到憤怒；我同時也害怕工作以外的一切，因爲我花了很多時間想著我在工作中是多麼痛苦。因此我做了我認爲我唯一能改變處境的決定：我不幹了。我並不後悔辭去廣告公司的工作，但我確實認爲我留下了不少東西，並本來可以學會更多、做得更多。我希望我當時能鼓起勇氣，對她或我認爲可以幫助我的人說些什麼，或成熟地嘗試處理這種情況，而不只是逃走。

盡量不要在公共場合哭泣。如果可以的話，試著在單獨的空間、或至少在廁所的隔間裡哭。我知道這很不容易，但請試著這樣做。嘔吐也是一樣的原則，盡量不要在公共場合嘔吐。我也會為此苦苦掙扎。記得可以隨身帶一個小塑膠袋或一些衛生紙，以避免發生緊急情況。

有的時候，要決定站起來不幹了並不那麼容易。如果你現有的工作條件很好、或者身處一個非常搶手的地方，你能放棄嗎？如果除了爛老闆之外，其他的部分你都很喜歡，該怎麼辦？一份好工作是否能抵消一個壞老闆？或許吧。如果這份工作本身也很糟糕，那就不用掙扎了——直接找份新工作吧。但如果這份工作或公司很棒，或者你正在實現自己願景的路上，或者你在這份工作還沒待很久，或許可以嘗試另一種方法。

首先，弄清楚問題在哪裡。其次，想像你認識的最無聊、最善於分析、最不情緒化的人，並假想這個人正在整理事實。當你在這種情況下思考和談論職場選擇時，請抱持客觀態度，冷靜，記錄事實。幫自己一個忙，站在老闆的角度思考。如果是她來描述情況，她會怎麼說？她的觀點會是什麼？你認為她的觀點來自什麼地方？在思考這些問題時，記得也要保持明確且公正。

如果你的公司有一個值得尊敬的人力資源團隊、或值得信賴的人力資源人員，請考慮與他們分享你的情況，並詢問他們如何能夠有效地應對。我也會直截了當詢問他們，是否因為我做了什麼，才導致了我和老闆之間糟糕的關係。老實說，這是一場兩人遊戲。我廣告公司的老闆之所以討厭我，可能因爲我是個傲慢的小混蛋，沒有給她足夠的尊重。事後看來，一個巴掌拍不響，我自己應該也有一部分的責任。

我與人力資源部的關係不太一致，大概是因爲正如同每個單位一樣，人力資源人員的好壞參差不齊。我發現有些人力資源人員能夠眞正以專業精神和關懷，幫助同仁解決棘手或敏感的情況；而我也曾與只想八卦的無能人力資源人員一起共事，這些人廣泛而輕率地分享他人的資訊，造成的弊遠大於利。因此，與人資的關係不僅取決於你的工作地點，還取決對方是什麼樣的人。我會建議你嘗試一下，也就是說，在與人力資源人員交談時，記得要非常清楚地表明，你正在向他們尋求有關如何親自與老闆交談的建議；你並不想讓某人代表你與你的老闆交談。試著對他們說：「事情是這樣的（盡可能以客觀角度陳述事實）；這是這個狀況對團隊（團體、公司業務）其他的負面影響（再次強調，要反映事實）；而這是我對此的感受（簡短，但直接）。」不要試圖逃避你對問題的責任。接受所有你能得到的建議、觀點和脈絡，但要保留溝通上的控制權，否則你可能會面臨由其他人傳達你的問題（順便附上他們自己的意見）、扭曲你所說的內容與動機的風險，這兩者都只會讓事情變得更糟。

如果你對人力資源人員感到不信任，這也沒關係，在這種情況下，我會選擇第二種選項——直接面對問題根源。自己去找爛老闆談話，是的，這聽起來很可怕，很令人感到焦慮，讓你惶恐不安。但我相信你可以（並且需要）做到。

你可以預先記下你想要表達的觀點，並在與老闆可能令人不舒服的對話中，將它們拿出來討論。事前的準備能幫助你保持專注，並讓談話簡潔。首先記得要眞誠（不要咄咄逼人），使用務實、冷靜的語氣來表達你的觀點。舉例來說：「這次談話對我來說很困難，但我需要讓你知道，我對我們之間工作關係的感受。」讓對話集中在你們兩個人身上，不要去攀扯壞老闆和團隊其他成員之間發生的事情（如果其他人也討厭你的老闆，那很好，但與這次的對話無關），表達你的顧慮是一回事，傳達團隊叛亂的訊息則是另一回事。這能讓談話保持個人化和聚焦，並減少假設性的談論和職場八卦，它們會引發出你老闆的防禦心態。

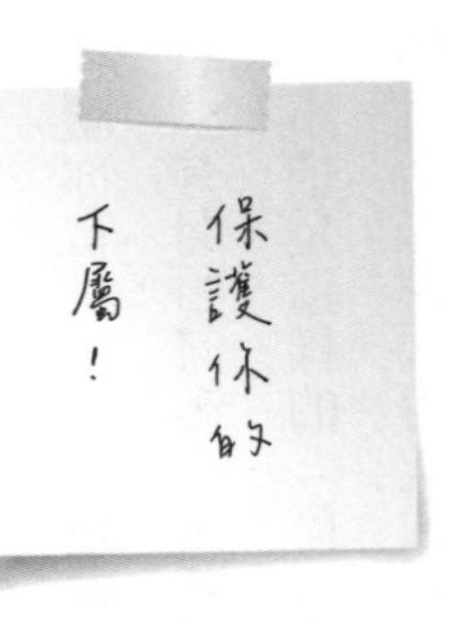

與老闆進行眼神交流，並以平靜、專注的語氣提出你想要改變的事項、以及如何改變。然後安靜下來，**我說眞的，閉嘴。停止說話，讓你的老闆對問題進行處理，並做出回應。**這時可能會出現尷尬的沉默，盡可能保持目光接觸，不要逃避，即便可能會有抗拒性或防禦性出現。你的老闆可能對你的工作表現有疑慮，並接著選擇說出來。請尊重地、不帶感情地傾聽，並說：「感謝你的回饋，我會思考一下，然後回覆你。」也或者你可能覺得，自己已準備好就你和老闆的不同觀點進行更具體的對話。離開之前，先詢問老闆認爲下一步應該怎麼做，把這些都寫下來（絕對不要兩手空空，就跑去跟老闆進行這種深度談話，帶上你的紙和筆，或者筆記APP），然後離開老闆的辦公室。接下來可能什麼都不會發生，但可能會有好事發生，甚至可能會發生奇蹟，也可能情況會變得更糟。這一切都很難說，但你知道自己已經盡了一己之責。

無論這次談話的結果如何，學會與老闆溝通，是一種可以讓你在職涯中受益無窮的技能。

如何與你不可怕但也沒到超讚的老闆打交道

好吧，假設你的老闆並不是很爛，但也不是很好。一個不會當瘋狂直升機、只是有點蠢或沒有動力的老闆，老實說並沒有那麼糟糕；就如同一個常常缺席或基本上不存在的老闆也差不多是如此。就我個人而言，我有點喜歡這種類型的老闆。當然能遇到高度敬業的老師型老闆最好，但這樣的人在職場中並不多，可遇不可求，如果你堅持只爲偉大的老闆工作，你的職涯選擇將會受到限制（悲傷但眞實）。一個有點無能的老闆爲你提供變得聰明的好機會。我很喜歡我老闆被其他事情分散注意力，或者不特別關注我正在做的事情，因爲這給了我奔跑的空間，並讓我有機會承擔很多我本來不會承擔的責任。然而若想要成功應對這種老闆，你就需要成爲一個良好的溝通者，並能夠建立信任。能否專注在執行面和溝通面上取決於你。

如果你的老闆不怎麼樣，那就試著找比你資深的人作爲學習對象。你必須保持靈活與流暢，並對於宇宙帶到你面前的所有角色都抱持開放的態度。這個學習對象不需要是正式的職場導師（mentor）。只要心胸開放並充分意識到學習機會，就可以從那些甚至不知道你存在的人身上，學到很多東西。不要在冗長的會議中走神或一邊做別的事，請專注於講話的人，並眞正張開耳朵傾聽他們在說什麼。你可以從觀察的過程（看到好的和壞的範例）、人們的行爲和說話方式中，學到很多東西。離開會議時，你肯定會比之前獲得更多的見解，並且很可能將這些收穫應用到未來的場景中。

也許你在工作中能有機會與技能上讓你欽佩的人共事，或藉由投入或參與專案合作來與這些人接觸。這也是認識其他部門員工的絕佳機會——簡而言之，踏出這一步可以拓展你的人脈，增加在職場上願意支持你的人，並擴大你的影響力。工作的偉大之處就在於，總是有事情要完成；而有些情境你需要仔細考慮選擇與什麼樣的人共事，請選擇爲你提供最多學習點的人。學習的好處是你可以藉此去做更多的事情，這會給你更多的想法和觀點，你甚至可以回頭與你的老闆分享。

我喜歡這點，因爲這不僅對你有用，也同時對你的老闆有價值，到最後，這能使老闆認爲你有價值、有行動力，因爲你能幫助他們在職場上顯得更出色。是的，我知道這很沒意思，但這是現實，也是雙贏。

把自己做到最好，就是幫老闆做到最好

如果你想盡可能與老闆建立好的關係，就需要清楚地了解老闆的目標和優先事項。如果你無法一〇〇%了解老闆的情況，就應該詢問老闆，把事情弄明白。請記住，這些目標和優先事項可

能會發生變化，因此必須每隔幾個月回顧一次，以確認你走在正確的軌道上。

如果你不清楚別人對你的期望，而他們也不清楚你對他們的希望或期望是什麼，那麼就只會讓彼此失望而已。在職場中請持續、一致、誠實地傳達期望。最好的領導者和公司都能清楚的列出自己的標準、價值觀和期望。看看史蒂夫·賈伯斯和蘋果，他對自己的願景堅持不懈，並瘋狂地追求它；他推動他的團隊追求成功，並重新定義消費電子產品；他對細節的關注一絲不苟，也用同樣標準要求他人對細節的關注。賈伯斯是個天才、也很可能是個非常討人厭的混蛋，但某種角度來說，這是值得的。你的老闆可能與史蒂夫·賈伯斯相差甚遠，但我想她（他）也會有自己的標準和期望，或者也有自己的天才之處，或至少足夠聰明的部分，足以彌補他們混蛋的地方。

想要爲自己的成功打好基礎，就不要迴避談論期望，並能在腦海中時時概述它們。如果你沒達到期望（無論是你的期望還是老闆的期望），請試著找出原因：可能是優先事項發生了變化、老闆發生變化、或公司發生變化。改變往往是好的，雖然它第一時間給人的感覺未必如此。在改變中唯一糟糕的情況是，對改變毫無頭緒和毫無準備；而期望的糟糕之處，則在於無法理解或滿足期望所帶來的挫折感。達不到別人的期望，是最容易自我感覺差勁、感到辜負自己的事情之一。

你的優先事項和期望應該始終指向你的願景——你想要實現什麼，最初引導你從事這份工作的價值主張，以及你希望創造或建立什麼。因此當你專注於處理老闆的願景時，同時也需要專注地處理你自己的願景，否則就容易陷入困境並失去動力，或者甚至會迷失方向。儘管與老闆直球對決看起來很可怕，但你會希望盡快解決緊張局勢。大多數人並不想時時成爲箭靶，也不想讓有權力者失望，而關鍵在於讓你自己和你老闆的目標一致。

當你和老闆不一致時，會發生什麼事？

不論你有什麼樣的老闆，工作中都會有這樣的時刻：你和老闆的願景可能不一致，或意見不一致，因而導致工作上的分歧。

你需要確定的第一件事是：**這是種什麼樣的分歧？**這是暫時的爭吵，還是更重要的事情，例如願景衝突或是期望不一致？

所謂「不一致」有可能是接受一份工作或一個專案時，希望或期待某些事情，但卻發現實際上是另一回事；或者是某個想法遇到了很多阻力；或者想要做出改變卻不受歡迎；或說了一些話但是被誤會並被拒絕。這些事在職場上，天天發生。

有時公司的計畫會發生變化，害你陷入困境：你在某種情況下被聘用，但之後卻被迫執行另一項任務。有時你的老闆是個混蛋，或不是你想要與之共事、或爲之工作的人；有時本應存在的預算會消失。而有時，你想與之共事或爲之工作的人會離開。有時與你一起工作的團隊很糟糕，而有時糟糕的是你。有時人們會陷入辦公室政治的泥沼。有時你會有一個瘋狂的想法，但沒人準備好接招。有時你開始著手做某件事，但中途突然意識到自己不應該這樣做。也許你會遇到僵化或愚蠢的一道牆。**事實上，也許你的老闆對你的期望，根本不是你實際上想做的事情**。

這種期望落差（Misalignment）的現象在職場中是家常便飯，很容易發生，但解決卻往往很困難。處理這種期望落差的現象會占用很多工作的時間，而這些日子往往會很難熬。但這個過程很重要，因為它能夠教導你如何擁抱並解決衝突，也可以迫使你改變自己的行為、思考模式或世界觀。雖然期望落差可能會令人煩惱，但你從中學到的東西是有價值的，並且會一直在職涯中伴隨著你。

職場中大大小小的期望落差，往往有相同的根本原因和（或）問題。當你的期望與他人無法達成一致時，最好的方法就是大聲說出來。不要讓工作中的不良情緒和糟糕情況持續發酵，這只會滋生負面情緒，並導致工作癌症。期望落差潰爛之後會鈣化，變得根深蒂固，而且幾乎不可能改變。這就如同我們之前曾說，工作環境是無情的。

無論分歧的規模及其所圍繞的問題是什麼，最終都可以歸結為溝通問題。總會到了某一個點，你會發現自己與老闆意見不合，並成為老闆的靶子。這很糟糕，但你無法避免，所以最好積極地去處理。而且老實說，這種情況也會發生在非工作的生活中，所以總的來說，學會更好地處理衝突是明智的。

若想要解決衝突，請試著弄清楚你的老闆的想法來自哪裡，並設身處地爲老闆著想。老闆說了什麼，他的言外之意又是什麼？他可能面臨哪些你不理解或不知情的壓力？爲了幫助你跳脫自己的觀點，請詢問自己以下的問題：

．我的老闆想要什麼？
．我的老闆需要什麼？
．他們爲什麼需要這些東西？
．此時此刻，我可能不知道或不明白哪些事情？
．在這種情況下，我能做出什麼最有幫助的貢獻？

然後詢問自己：

．我想要什麼？
．我需要什麼？
．此時此刻，我的老闆對我有什麼理解？
．此時此刻，我的老闆對我有什麼不理解的地方？
．在這種情況下，我的老闆可以做什麼，對會我最有幫助？

把期望落差的問題放上檯面時，要清晰、直接，並做到公正、實事求是。不要當個混蛋，不要情緒激動，也不要誇大其詞。請跳過那些瑣碎的事情，專注於眼前更大的問題。直接指出問題的核心（通常是缺乏共同期望、缺乏透明度、或對眾人試圖實現的目標及其原因缺乏共識）。

我有一個朋友最近也經歷過這樣的事。在一堆個人問題和健康問題影響了她的工作表現之後，她發現自己在辦公室裡成爲箭靶，這段經歷讓她感到很不舒服，也許有點生氣，而且高度敏感。她曾是公司裡的頂尖員工，但在她缺席的期間，她的老闆和同事當然會介入填補空缺。也許這些人樂於接手她的專案，並想收割成果；也許他們怨恨她就這樣離開，留下了爛攤子；也許她在過去成功時超出他人太多，因此他們希望趁她之危時占了她便宜；也或許她後來的工作表現眞的有問題。答案可能取決於你從哪裡獲得資訊。無論如何，這是一個需要處理的情況，儘管她非常希望這種氛圍能夠結束，但它並不會憑空消失。事實上，情況變得更糟。她不斷地在工作中感到他媽的憤怒（且大聲地說了出來），並且無法停止(1)哭泣，(2)花時間處理人際關係，而非手頭上更大的問題（例如她的工作、她在公司的地位、她的職責，以及公司對她的期望，而忽略她對公司的期望）。這是很自然的事情，讓我們面對現實，這種情況會發生在所有人身上。但問題是，這是一張通往火山爆發的單程票，很可能不會有好結果。

如果資深同事或高階主管能夠觀察到期望落差，並著手進行處理，這是最理想的情況，但可悲的是，大多數高階主管和資深人員往往有些膽怯，不敢面對反彈，或不想冒不受歡迎的風險，也不想扛起管理衝突的任務（而以上這些都是處理期望落差所必需的）。我認爲這是懦弱且適得其反的行爲，但事情就是如此。就她的案例而言，如果她的老闆或她老闆的老闆能打個電話給她，並問一問「嘿，發生了什麼事？」或者說「有個問題我需要處理一下」，這會是最理想的做法。但他們沒這麼做。而就你的狀況而言，你的老闆也可能不會願意這麼做。所以解決期望落差的工作可能就落在你身上，而這是一件好事，因爲就像你想要對自己的選擇、自己的成功和自己的職業負責一樣，你也應該要對自己的問題負責。

準備好，上緊發條，闡明問題，釐清差異，**不要去扯爲何、是誰、如何讓你落得這般境地**。讓你的論述內容清晰、扼要、眞實。只提出少數幾個關鍵問題，並避免提出「陷阱問題」。即使你很想，也不要對他人或其他事情做微妙的挖苦。成熟一點，體貼一點，將你的問題寫下來：「以下是三個似乎有所衝突的領域」，或者「這是我想討論的兩件事」。不要以負面的方式談論這些事（你會因爲受傷和生氣而想要這樣做），而是將討論的出發點轉變爲正面的論述。不要說「我想談談隔壁團隊中的白痴喬如何複製我的工作成果或破壞我的努力」，而是要嘗試說「如何藉由減少重複和冗餘、提升速度和自主性，以使我和團隊的（某某）目標得以成功實現，我希望能聽聽您的看法。」你掌握到重點了吧。如果你的問題會引起不適也沒關係（問題本來就會引起不適），但要讓不適感集中在正確的事情上（組織結構、責任分配），而非錯誤的事情上（爲什麼你討厭白痴喬）。

有時需要你自己來處理這些問題，有時則需要由你的老闆甚至你老闆的老闆來出面解決。這都沒有關係。請以每個人都能理解的方式，將情況攤在陽光下，並本著想要得到合乎邏輯答案的精神，在更高的商業脈絡進行討論。做一個最成熟、最主動、最理性的自己，可以幫助事情以最快的速度解決。也許結果會如你所願，也許不會。而無論如何，你都能夠昂首闊步地面對結局。就像你的職涯和你的成功一樣，你如何解決衝突也關乎著你的人生旅程，你的為人處事，你學到的事物，以及你一路上的貢獻。

我希望你與老闆的談話能對你們雙方都有好處。**切記！老闆也是人，甚至也可能是狡猾的人物——他們有可能會避免進行困難的對話、迴避關鍵問題，並答非所問**，就像你我一樣。有時候這需要溫柔但篤定的堅持。你不會想要成為一個混蛋，跑去跟老闆說：「嘿，笨蛋，快點處理這個問題。」但你確實應該多嘗試幾次，以對方可以消化的方式，表達你的想法。我一直喜歡「三」這個數字，如果你反饋三次，但三次都被忽略或迴避，你就知道自己可能不會得到回應。如果你與老闆的期望有落差，就需要弄清楚如何處理：要麼可以避開它、忽略它，繼續與它共處，或者望向他方、換個老闆。

尋找下一個老闆時，該注意什麼

如果你的老闆真的令人難以忍受（不僅僅是無能或混蛋），如果你陷入了期望落差，如果你無法向老闆學習或與老闆共事，無法以任何方式實現你的願景，並且你工作的公司並不是你職涯的最終目標，那也許是時候該準備下莊了。如果你決定和你的老闆分道揚鑣，爲了避免在下一份工作中出現同樣的情況，你需要將注意力集中在你想要尋找（以及你想要避免）的東西上。

雖然你不見得每次都有機會挑老闆，但還是希望能對下一個老闆盡可能深思熟慮、精挑細選。在理想情況下，你會希望能與一個至少比你更好、但也與你有所不同的人共事——當然能比上一個老闆好是最好。這就像球員總是想和更優秀的同伴或教練成爲隊友，因爲這是提升自己能力的好方法。

在評估人、領導者和未來的老闆時，尋找你認爲能幫助你成長的特質。你該怎麼發現這些特質呢？首先，盡可能多閱讀有關你感興趣的個人、團隊或集團的資訊。如果你未來老闆的公開資訊不多，也許可以搜尋未來老闆的老闆的資訊，看看這些人是否做過播客或接受採訪，看看他們在X上都說了些什麼。嘗試運用你的人脈，找到曾爲此人工作過的人，或認識此人下屬的人，並盡可能地問很多問題。也可以看看 Glassdoor[1]（但要注意它也是個人們宣洩不滿的污水坑）。理想情況下，你終究會找到你的伯樂，他會照顧你並讓你成長。找一個看起來不常出現的人也是可以，如果你希望有很多獨立工作機會的話。要了解什麼樣的老闆適合你，就先要弄清楚你需要和想要什麼（**你內心深處的目標——而不只是其他人告訴你、或你認爲你應該想要的東西**），並測試看看新老闆的目標是否和你的願景一致。不要忘記，在面試過程中，你可能的未來老闆在挑員工，而你也在挑老闆。

若想要弄清楚自己的目標和未來老闆的個性、氣質、價值觀和目標是否一致，方法之一是在面試過程中提出很多問題。你可以從他們的願景開始討論，直接詢問：「你對你自己和你的團隊提出的願景是什麼，你對我的願景是什麼？」

做一個嚴格的法官。評判這個人是否清楚、直接地回答了問題？他們的回應是否真誠且充滿信心？他說的是「我」還是「我們」？他聽起來像是個冠軍，還是職場受害者？他是直截了當告訴你，還是喜歡繞圈子？

了解人們如何回答願景類的問題，所揭露出的訊息可能與人們給出的答案本身一樣重要，有時甚至更爲重要。很多時候，人們甚至不願意回答這種問題，因爲他們沒有願景，所以他們會喋喋不休地談論一堆你根本沒有問的東西。

這揭示了此人的心態、取向、偏見、思考模式，也進而讓你深入了解他們的個性。我最近和一個滿腦子都是流行術語的人一起工作，他根本就是是一個活生生的術語機，一開口就是內容商業化、轉換漏斗[2]、跨部門合作、公司策略等等。我並不是說這些詞本身是錯的，而是他過度使

1 編註：美國一個讓用戶參與評論企業的知名網站。

2 譯註：原文為conversion-funnel，是一個行銷術語，指的是客戶從認知產品或服務開始，到最終決定購買的過程。

用這些詞彙，當人們只是提出一個簡單的問題時，他卻硬要在答案中加上一個流行詞，例如「綜效」（synergy）。有哪個自重的人會一天到晚把「綜效」掛在嘴上？不，我一點都不想和你「深入探討」（deep dive）。我們不會「擱置一下」（table this）、也不會「大膽發想（boil the ocean）」或者「回頭再談（circle back）」。

要小心那些在回答時狂繞圈子的人。每當我提問時，我都會瞇著眼睛（瞇眼睛可以幫助我傾聽——很醜但有用），聽聽他們是否回答我所問的問題。而瘋狂的是，大多數人都不直接回答問題。還有一類人是一直繞圈子，或使用一些高大上用語或行銷流行語。這是最糟糕的。

我們可以談談術語狂人嗎？我爸爸曾經是校長，後來成爲督學。我媽媽是老師，在我爸爸負責的區域內工作。我認爲我媽媽是個害羞的人，八〇%的時候遵守規則，但二〇%的時候會做一些出格的事。當我爸爸與所有教師舉行季度會議時，我媽媽會用他使用的教育術語製作賓果卡，然後在房間後面分發。她會在他開會的時候用這個玩賓果遊戲來打發時間。我們應該找個人在職場上做這件事，以便在始終得不到眞正答案的情況下可以打發時間。如果你在面試過程中遇到這樣的人，快逃！或者玩場賓果吧！

向可能成爲未來老闆提出的問題：

- 請描述一個會爲你工作、並在你的團隊中茁壯成長的人。你在他的成功中扮演了什麼樣的角色？這個人現在在做什麼？
- 你可能會花多少時間與這個職務的人共處？你會想如何運用這段時間？
- 你如何處理衝突？當工作上出現問題時，你會怎麼處理？可以給我一個例子嗎？
- 你職涯中最好與最糟的老闆是分別是什麼樣的？
- 這個團隊是否會有很大的改變或發展？與六個月之前相比，你現在做的事情有哪些不同？有哪些事情是你想要改變但尚未實現的？
- 你和你老闆的關係如何？
- 哪些類型的人不適合你的團隊？這些人有什麼共同特徵嗎？
- 身爲主管，你的逆鱗或地雷是什麼？
- 你最喜歡的溝通方式是什麼？
- 你認爲你的團隊現在需要和重視的是什麼？未來呢？有沒有哪些技能，是你的團隊需要，但現在尚未擁有的？
- 你現在致力於什麼樣的工作，你的願景是什麼？

請注意，你必須提前做功課，了解這些問題的正確（和錯誤）答案，這樣就不會在面試過程中感到困惑和混亂。當你迫切地想要某樣東西（例如一份新工作）時，很容易忽略重要的線索。雖然抱持懷疑態度感覺會帶來一些反效果，但這可以幫助你做出更好的長期選擇。

如果可能的未來老闆回答問題時令人反感、表現出不屑一顧的態度或含糊其辭，或者他的答案與你的願景不相符（記住提前爲自己做好規劃），那麼這個人可能並不是最適合你的老闆，這份工作也可能不是最適合你的工作。恭喜你，**知道某件事不適合自己（適合的選擇總會出現的），比兩次掉在同一個坑裡要好**。

12 別做職場混蛋

Don't Be an Asshole at Work

讓我們打開天窗說亮話：每個人在工作中都是混蛋，而你的目標是盡可能減少當個混蛋。

職場環境創造了很多很容易讓人成爲混蛋的時刻。也許你想追求權力，也許工作以外的事情惹惱了你，也許你壓力很大，也許你感覺受到威脅，也許你的不安全感正四處蔓延，也許什麼事出了問題，也許你只是感到無聊並想尋求回應——各種狀況不勝枚舉。不幸的是，職場創造了一些情境，讓我們無法總是展現最好的自己，並很容易沉迷於受害者的角色——這可以使人暫時滿足，但通常也伴隨著一些反饋（這會讓你持續陷入扮演受害者並試圖獲得反饋的迴圈）。愚蠢的、惱人的、錯誤的、無能的、令人失望的以及各種其他爛事，在職場裡時時刻刻都在發生。大家不會記得這些事情的細節，他們記得的是人們對事件的反應。所以如果你選擇當一個混蛋，人們就會以這種方式記住你。

感到被輕視、不安全、惱怒，或升起防禦機制，可能是人們在工作中成爲混蛋的首要原因；其次是無聊。第一項原因不言而喻，所以此處讓我們來談談「無聊」如何打造出職場混蛋。在工作中感到無聊是非常危險的，因爲無聊可能會轉變爲破壞性。無聊令人感覺缺乏參與和支持，並同時讓人有足夠的時間去思考和干涉他人的事情。而這些舉動可能會讓你表現得像個混蛋，或者做個惹人厭的事後諸葛——或甚至更糟，讓你變成一個全天候的抱怨者。**我看過很多人因爲在工作之餘有足夠空閒時間，就把抱怨當成全職工作。這些人很糟糕。**

雖然我們不太可能永遠不抱怨工作，但人們往往忘記，**越是去抱怨別人，就會有越多的人抱怨你**。同樣地，你的老闆和同事不會記得你抱怨什麼，但他們肯定會記得你是一個抱怨鬼。在工作中抱怨只是浪費時間，想像一下，在人們心目中你只是一直在說負面廢話而已，超煩人的！

這些混蛋行爲不僅會影響你在目前工作中的形象，還會影響你到下一份工作。我最近面試了一位吧台體育高階職位的候選人，她在與我的第一次和第二次會面中表現得很好，回答了對的內容，引用了對的經歷，問了很好的問題等等。我一開始很喜歡她，但當她與我們團隊的其他人見面之後，我再次與她面談，然後便對這個人失去了興趣。因爲她對所遇到的人的反饋是刻薄、負面和輕蔑的。老實說這很奇怪，但我認爲她沒有聽到自己在說什麼、或意識到自己聽起來這麼刻薄。我於是問了一些關於她前同事和前老闆的問題，而她的反應非常相似。很明顯，她的基本本性是去貶低他人、冷嘲熱諷，且不吝於批評他人。職場學裡很可能有出一個專業術語來形容這種人，但我當下唯一想做的事，就是逃走並且把門鎖上。

我喜歡具有批判性思考能力的人，然而「對人提出批判性思維」與「批評他人」之間有很大的差別。對人提出批判性思維是職場的必需品，批判性思維的目的是追求進步，如果你不想處於這樣的環境中，你就永遠無法在職場上發揮潛力。但只喜歡批評他人的人或公司文化根本就不在乎工作，也不關心進步。這兩者恰恰相反。

面試結束後，我諮詢了一些認識她的人和曾經與她共事過的人，以了解這些人對於她作爲我們公司高階主管候選人和潛在領導者的看法。一位願意提供意見的人說：（停頓）她很好（停頓），但也建議我們檢視她做爲高階主管的的成熟度（停頓）。所謂要看看「高階主管成熟度」的意思，就是她是個不成熟的混蛋。

當你打聽某人的風評時，對方答案之前的停頓足以說明一切。

如果你在工作上是個混蛋，或你喜歡玩辦公室政治遊戲，那麼這種風評就會一直跟著你。人們可能不會直接攻擊你，但他們肯定會在稱讚你之前停頓很久。

你是個職場混蛋嗎？

在討論職場混蛋時，有件事情很有趣：**人們很少認爲自己是個混蛋，但他們確實是**，而且原因並不複雜。我想出一個測驗來快速評估你的混蛋程度，這個測驗就叫做「你是職場混蛋嗎？」（看看我怎麼做到的？別客氣！）

1. 你每週花多少時間，當面或透過簡訊向別人抱怨糟糕的事情？
2. 你會進行「男性說教」[1]（Mansplain）嗎？順便一提，不一定要是男人才會進行男性說教。
3. 你多常將自己與他人進行比較？
4. 你多常批評別人？
5. 你會希望他人失敗嗎？
6. 你心胸狹窄嗎？
7. 你是否會故意隱瞞資訊、做事的門路或知識，以導致他人失敗？
8. 你是否會花時間試圖獲得榮譽，而不是執行實際工作？
9. 如果你設身處地成爲你正在抱怨的那個人，你會覺得很受傷嗎？
10. 你花多少時間思考你自己、你的需要、你的觀點、你的願望、你的問題和你的一切？

好吧，只是開個玩笑，你不需要測驗，因爲老實說，如果你必須思考自己是否是個混蛋，那麼你八成是個混蛋。

做出強硬決定和做個混蛋之間的差別

每項工作中都會遇到需要做出艱難決定的時刻；每項工作中都會遇到人們不快樂的狀況；每項工作都有正面和負面的影響。而在處理這些事情時，在商業環境中做出常態性的艱難決策並不是混蛋行爲，而是身爲領導者必須負的責任。

當個混蛋的意思是敷衍了事，以自己最低的標準、而非最高的標準行事；進行偷雞摸狗的行爲、選擇簡單的捷徑；把力氣花在惡意挑撥，刻意地心胸狹窄，以不良的動機行事。職場混蛋們喜歡玩弄辦公室政治，把時間浪費在八卦上，對一切都馬馬虎虎，不願意幫助他人取得成功，並會暗暗希望他人失敗，以藉此自我感覺優越（但不是眞的優越）。

混蛋的行爲會體現在時間（你如何使用時間，積極還是消極）、意圖（你眞正想做的是什麼——協助他人和推動業務、還是貶損他人）和語氣之上（你能不能更愼重、更友善、更具建設性、更有同理心）。

1 譯註：男性說教指的是男性以居高臨下的說教姿態，向女性解釋事物。

想想你如何度過工作的時間。有多少時間花費在無所事事、無效率或敷衍了事的狀態上？在你每天發送的所有訊息中，有多少是實質性的、能創造進步或帶來正面影響，或者讓其他人的工作流程更順利，而不是向任何願意傾聽的人，滔滔不絕地大吹牛皮？

做出艱難的決定會帶給你壓力，會影響到人們，也會讓人們憤怒。通常艱難的抉擇會使某些人得意、使某些人受損，而這會讓你陷入兩難的困境。也就是說，如果你在做決定的過程中，充分進行自我學習、深思熟慮、從各個方面審視情況，並考慮決定可能產生的各種後果之後，依然願意做出抉擇，那你將被視爲一個能夠公正做出艱難決定的領導者。你可能會對這個決定感到難過，或者對於隨之而來的問題或負面反應感到失望，但這就是工作（和生活）。作爲一個領導者，甚至是一個嚴格的領導者，也不等同於作爲一個混蛋。

職場上最棒的事情之一，就是工作不斷提供我們做事的機會。你可以做對的事，也可以做錯的事；你可以精力充沛、目標明確地去完成你該做的事，也可以帶著怨恨和打混的心態來苟且度日。如果你發現自己養成了壞習慣，或者花太多時間與其他混蛋在一起（近墨者黑會讓你總有一天變成混蛋，我發誓），那就找一個新的團體，換一個新的視角，並忙碌於一些讓你自豪的事。大多數有遠見的人都有動力，因此他們的時間和精力往往會花在推動自己和他們關心的人，而這些人通常都不是職場混蛋。試著想想你能做出什麼貢獻，以及你希望人們如何記住你：請尋找職場上的良師益友，盡力把事情做好，抱持良好的態度，並追求遠大的願景。讓自己成爲一個不斷向上提升的良好環境的一份子，而不是一個不斷消磨他人的環境。

如何避免成為職場混蛋

人們會希望其他人失敗，而可悲的是，這就是我們的DNA，是人性的一部分，訣竅在於試著打敗這種壞習慣。花時間抱怨別人就像吃速食一樣，入口前五分鐘感覺良好，但吃多了容易讓人有體味，而吃完之後的幾個小時你會感覺很糟糕。這是種不健康的生活方式，而且唯一會顯得糟糕的人是你自己。

請讓自己練習克制，即使這他媽的有夠困難。少即是多，即便你「可以」這麼做，但這並不意味著你「應該」這麼做（請隨意將你喜歡的保險桿貼紙金句添加進來）。

盡量抑制住說垃圾話的衝動。當我們湧出想要攻擊某人的衝動時，需要能夠從內心認識到這一點，並反問自己，爲什麼會有這種瘋狂的衝動想要毀了這個人。這是一種情緒反應，還是一種理性的思維（注意：這當然不是理性的，我只是把這個選項放在那裡，讓你感覺好一點）。你必須接受事實：你內心深處的某些東西正在咕嘟冒泡，導致你焦躁和惱怒，而你正試圖將這種情緒發洩到別人身上。這是成人版本的霸凌行爲，就像小時候的霸凌行爲一樣可悲。

那麼究竟是什麼力量，在推動這種攻擊行爲呢？請花一些時間來解決自己的不安全感、挫折感、嫉妒感、無聊感、怨恨感（或其他任何敏感的負面感覺）和恐懼，找出是什麼導致你成爲別人的噩夢。**想要避免成爲職場混蛋，就要抵制自己做出反應的衝動**。一直做出反應對你和其他人來說都是很累人的。如果你讓腦海中的負面聲音爲所欲爲，長時間無所事事，就有可能會持續很長一段時間被內心有毒、混亂的因子所推動。起初這可能會對其他人、你不喜歡的人、你發怒的受害者產生負面影響，但隨著時間的推移，負面結果最終會回到你自己身上。

爲了對抗這種預設反應，請積極投入工作。如果你沒有足夠的工作要做，那就去找一些有幫助的、能創造附加價值、耗時但具有建設性的事情來做。這是一個選擇，它需要紀律和承諾（還記得我們講願景的那章嗎？這就是願景可以激勵你，並爲你提供幫助的地方）。請讓自己專注於重要的事情，而不是無關緊要的事情，這最終會讓你感到更充實、更滿足，更接近自己的願景，而不是浪費時間試圖在別人的願景道路上設置障礙。

如果你需要其他方法來消除內心的毒性，請嘗試發洩自己的情緒，但一定要謹愼爲之。釋放情緒可以緩解你內心的壓力，如果不這麼做，這些壓力爆炸時將會造成很大的傷害。這麼做是健康的，你可以向值得信賴的人（不是你的老闆，也不是爲你工作的人）傾訴，並進行有建設性的情緒發洩療程；避免進行垃圾話八卦討論，因爲這最終只會轉變爲對他人的惡意和傷害。你很可能會發現，你所談論的人其實並沒有那麼糟，而是你和他們的關係很糟糕。請花一點時間，嘗試消化這些資訊。有效的情緒發洩可以爲帶來你一些不同的觀點，讓你可以嘗試改善令人沮喪的情況，請找出自己在其中的責任，並自問該如何著手改進：爲什麼這個問題會發生？我該如何做出貢獻？我該如何解決這個問題？

情緒發洩的目的應該是讓事情變得更好，而不是要毀了別人。當你忍不住咆哮時，試著記住，你面前的是一個人，他們也有自己的旅程和願景，他們的出發點可能跟你的出發點一樣，脆弱且卑微。

當你向某人發洩情緒、或說某人是個徹頭徹尾的白痴時，記得不要以書面形式進行。因爲這個紀錄會永遠存在，並且可能會回過頭來不斷困擾你。嗯，就是這樣。

拉長大腦和嘴巴之間的距離

讓我們面對現實吧，當有人惹惱你、侵犯你的地盤，或以其他方式激怒、威脅、阻止或妨礙（或你認爲他們妨礙）你的工作時，很難忍住不抱怨，一直如此。

當工作中某人或某事惹惱我時，我可能會爲此崩潰數小時、數天、甚至數週。我會花無數的時間在腦海中運作各種場景、對話然後試圖反駁。我不知道這些時間從何而來，但我確實知道我的心神百分之一千被它占據。這不是個好習慣，也不是種好特質，但說實話，在工作中出現這種情況是很自然、很正常的。但假如你大腦和嘴巴之間的距離太短（我想人們好像稱這塊區域爲鼻寶），事情可能就會變得有點棘手。

無論如何，當你大腦裡頭打轉的東西開始不停地從你的嘴巴裡流淌出來時，就會為你的人際關係帶來問題。我在感到沮喪、惱怒和激動時，嘴裡說出來的話可能不是特別專業，也不是特別連貫，絕對沒有建設性，而且絕對沒有凝聚力。我在其他人身上也看到了這一點。曾經有一個為我工作的人，他的職務角色發生了變化，但一開始並沒有劃定明確的範圍（這是我的錯）。這裡有趣的不是某人的工作內容不斷變化（這種情況在職場上經常發生），也不是這種變化有時會踩到別人的「地盤」（這種情況也經常發生）；有趣的是這種變化對人們的影響有多麼瘋狂，以及人們如何對它的談論有多誇張。

口無遮攔絕對不是什麼好事，尤其在工作上更不該這麼做。當你感到沮喪時，你的大腦可能會陷入一種不可自拔的機制，你可能沒有意識到這一點，但會開始在所有不同的地方訴說同樣的事情。在我舉的這個案例中，有人對另一位同事感到惱火——這個同事的角色是什麼，她的責任範圍從哪裡開始、到哪裡結束，以及她可以要求其他人做什麼。這沒什麼大不了的，所有的事情都不是不能解決的問題。但事實上發生的情況是，這個話題不斷出現，每五條訊息中就有一條是關於這個人和她負責的事情，每一次一對一談話最終都會回到這個主題。而這還只是跟我的對話而已，我可以想像身邊還有數十個類似的對話不停滾動、公司內可能有數百條訊息在談論這件事。

故事的最後，問題解決了，這個人的工作角色明確了，踩到腳的狀況也停止了，一切繼續上路。但沒有辦法解決的是人們的反應所帶來的持久性感受，最終那些做出反應的人，身上沾惹到的污點比他抱怨的案件對象還要多。有時如果只說一次自己的想法然後就讓它去，反而能獲得更大的影響力和更好的結果。

回應，而不要反應

我們對某事的「反應」通常會是一種情緒化的回應，既直覺又任性。當你腦袋發熱時，總會忍不住說出腦海中出現的第一個反應，好讓自己能**被聽到**。

而眞正的「回應」其實是花時間考慮陳述或請求，並執行我們之前討論過的所有事情——認眞思考面前的這個人、這個情況等等。與其原地爆炸，不如給自己五分鐘（或是二十四小時更好），放下你即時的負面反應，冷靜下來，並著手思考最好、最有效的應對方式。當你收到一封讓你生氣的電子郵件時，請暫緩一下，不要對此做出「反應」。相反的，想辦法自我控制，以更成熟的方式去面對。

當你工作表現不佳時，通常是因爲失控造成的。你越能做出「回應」而不是「反應」，就越能掌控一切。如果你覺得需要大聲把情緒吼出來（舉手），請在淋浴時這麼做。如果你必須寫下一些負面內容，請把這封電子郵件保留在草稿夾中。我有一大堆因爲當下「反應」而寫出的電子郵件草稿。是的，當我火大、惱怒、生氣時，寫出的郵件內容比我最終發送的版本好四十億倍，但它們也更加不成熟，並且充滿了一堆不必要的「幹你媽」、「去你的」。而在現實世界中，「幹你媽」和「去你的」這兩件事並不會在工作中發生（我希望啦），因此這種反應雖然直率，但也是沒有建設性的。所以就把這些留給自己吧。

職場混蛋該如何改過自新

承認自己有弱點是一種力量，尤其是在表現得像個混蛋之後。

如果想要前進邁進，最快的方法就是扭轉局面，停止做個職場混蛋。在做出混蛋行爲不久之後就承認自己是混蛋，可能是繼續前進的最佳方式。很多時候，人們（包括我自己）會對無辜者做出混蛋的行爲，因爲事發當下的負面反應、壓力、情境和原因可能完全來自其他地方。無論如何，承認你所做或所說的一切，接受自己犯錯的事實，並盡可能快速地、充分地作出補償，這是擺脫混蛋身分的好方法。

一敗塗地時，記得保持幽默感

當事情變得困難時，當你覺得自己變成了職場混蛋時，可以做兩件事：在當下情境中找到一點幽默、諷刺或荒謬，或趕緊閃人吧（下一部分將詳細介紹這點）。

我在微軟的老闆蓋兒（Gayle）說過一句話：大笑或者快跑！蓋爾有一頭漂亮的捲髮，能喝烈酒，想出的行銷點子比任何人都好。她從來不會眞的宿醉，這很討厭。我從她身上學到了很多，她在許多不同的地方既堅強又溫柔，熱情又努力，同時也充滿樂趣。她有一種諷刺的幽默感，她很成熟，也很有趣。當事情搞砸時，試著笑一笑，如果事情眞的糟糕透頂，那就閃人吧，這是看待事物的好方法。因爲工作中會發生許多糟糕、煩人、乏味、令人沮喪的事情，當你面臨這種情況時，你要麼作個職場混蛋，要麼一笑置之，或者幽它一默、或找出這件事的笑點。而當你再也無法這麼做時，離開的時候到了。但在那之前，請試試。

發笑是一種應對事情的好方法，可以讓你在困境中找到輕鬆和幽默的地方，否則這些問題可能會讓你崩潰，或讓你變成一個混蛋。如果你可以幽自己一默，並在這種情況下找到幽默感，就可以讓糟糕的事得以忍受，有時甚至能讓衆人都覺得事無大礙。讓我們面對現實吧，工作中有很多情況會迫使你成爲混蛋，或讓你想轉身逃跑，而大多數時候這兩者都不是好選項。對此開懷大笑可能是保持理智、消除緊張情緒的好方法。

如果你能在面對困難時保有幽默感，就很有可能以一種不那麼好鬥、更輕鬆、也通常更有成效的方式，找到問題的解決辦法。請在眼前的狀況中，找出一些有趣的事情並笑一笑，而不是發脾氣或表現得像個混蛋；這代表你可以用誠實、明晰和輕鬆的方式看待自己和事情的發展。這麼做也會進一步吸引其他人接受你的思考方式。

事情肯定會在某些時候一敗塗地。這是職涯中不可避免要遇到的。接受它，接受屬於你的責任。在你有能力的時候，嘗試化解問題；若事情眞的超越了你的掌控，也請採取正道處理。而當一切嘗試都失敗時，請選擇大笑，或者走人。

13

亂七八糟的鳥事：身為人類、醉酒、情慾，以及職場中的各種災難

The Messy Stuff: Being Human, Getting Drunk, Sex, and Other Disaster Scenarios at Work

你是人，與你一起工作的每個人也是人（至少目前為止）。因此你會想要被愛、被尊重、被原諒，以及像混蛋一樣擁有胡搞的權利。就其本身而言，這沒有問題，問題在於你如何善後。

人際關係讓工作變得有趣，也是能讓我們完成工作的關鍵。由於我們在辦公室裡度過很多時光，因此工作上的人際關係可能會演變成友誼。職場的朋友可以成爲慰藉、忠誠的源泉，也是發洩情緒的健康管道，我們都需要這樣的友誼。有時工作上的好朋友會變成生活中的好朋友；有時你的職場朋友就是你的室友；而有時甚至可以進一步發展。

雖然在工作中擁有要好的朋友，可以帶來很多美好的事情，但這些關係卻也可能會妨礙你充

分發揮自己眞正的潛力。爲了避免這種情況，請試著爲自己和他人設定合理的界線（順帶一提，大多數人往往會超越這些界線），並嘗試了解工作中的友誼能走多遠，然後不要跨過那條線。

職場友誼的缺點之一，是你會不自覺地二十四小時不停閒聊工作上的事、抱怨工作、或談論職場八卦，而這會讓工作感覺無所不在。對於你工作以外的人際關係來說，這種現象是不健康且無趣的，因此你最終可能會被孤立，或只能花時間與工作上的朋友相處。另一個缺點則是他人會更將你視爲某個職場團體的一部分，而不是具有自己優點的個體。人們組織聯盟和拉幫結派都是自然的現象，但這卻會模糊了職場與非職場之間的界線。屬於某個職場派系可能會讓你感覺良好或認爲自己很酷，但這也可能會限制別人對你的看法和想法，甚至也可能會產生不信任。

就像大多數事情一樣，適度的職場友誼是健康的。然而當你的職場友誼成爲你唯一的友誼，或者是你在辦公室外大部分時間裡，一起出去玩的人都是同事時，這就是一個危險信號，你該試著去建立一點不同的友誼。

培養工作之外的友誼，有助於增進健康的人生觀，並創造出與工作中完全不同的身分。我一直喜歡在辦公室外能有一群朋友，他們不太關心我賴以謀生的工作；而同時我也喜歡和那些並不關心我的生活的人一起工作。這讓你能逃離一個世界、並在另一個世界得到放鬆。當生活變得緊張時，你可以在工作中得到緩解；而當工作變得瘋狂時，工作以外的生活能讓你恢復活力。

依賴工作來同時維持收入和友誼是種危險的做法，而且可能會加劇兩者帶來的挑戰。每週下班後與同事出去一、兩次可以嗎？絕對沒問題。但當職場友誼開始滲透到你的大多數夜晚甚至每晚時，你的工作朋友就變成了你眞正的朋友，於是整個世界都圍繞著你的工作打轉。讓工作成爲你的社交安全區，就等於把自己暴露在人際風險中。如果你失業了，你的社群網絡、你的收入、你的日常聯繫都會瞬間消失，此時你該怎麼辦？

過分投入職場友誼，可能影響你面對離職或換工作時的判斷。也許你會讓下一個機會溜走，或在該換工作時消極以對，因爲換工作意味著拋下所有的朋友。更糟的是，如果你被解僱了怎麼辦？這對你的傷害會更深，你會變得更孤立，因爲你被迫斷絕曾經建立、並深度依賴的人際網絡。

職場友誼——就像所有的友誼一樣，應該是健康、快樂和完整的，並且有自己的界線。過度依賴工作來交友，會讓你的人際狀況變得不平衡、不健康，也可能會讓人們（你的同事和老闆）對你感到不安。

知道何時該從職場友誼中抽身

有時你必須檢視自己，看看職場上的友誼如何影響你的工作和生活。這裡有一個快速的方法來進行自我檢查，看看你的人際網絡是否不平衡：

- 盤點一週內你聯絡過的所有人。其中有多少人與你一起工作？
- 你有事時第一個聯絡的人是誰？這個人是你的同事嗎？
- 你有多少認眞的談話，是在工作之外進行的？
- 週六晚上，你是否 (1) 與同事一起出去並且 (2) 仍在與同事談論上週三發生的事情？
- 你每週有多少個晚上，與工作上的人或工作以外的人出去？
- 星期六下午，你通常與什麼樣的人一起打發時間？工作上認識的人還是工作以外的人？

不要與他人組成「職場夫妻檔」

儘管有些人可能覺得職場夫妻檔[1]很可愛，或者他們可能在動機上或精神上是誠懇而眞實的，但我認爲職場夫妻並不是種好的人際關係。工作上當然很容易形成職場夫妻，因爲你大部分時候只會與一小部分人、甚至另一個人共事，而你可能會因此與某人產生很好的默契。這是自然的現象，但在工作中使用婚姻角色，卻會創造出一種令人不舒服的人際關係結構，並會因此帶入你可能不想要的含沙射影與性別角色暗示。

這種氛圍很過時且不合時宜，而這種角色扮演對工作來說也是不合適的，更不用說可能造成的其他複雜問題和灰色地帶了（我們稍後會進一步討論）。爲什麼你要被標籤爲別人的職場另一半？你遠比這個身分更大、更好。如果你在團隊中可以被另一個人取代，那麼你作爲個人的意義何在？在某個時間點，你會想要獨立行動，並因你作爲個人所取得的成就而被認可。攪和進職場夫妻關係只會使這一切變得更加複雜，削弱你努力的成果，甚至可能讓你的表現蒙上陰影。

職場曖昧

工作中的友誼，有時會演變成肉體關係或浪漫關係。這一直都會發生，誰也沒有辦法阻止。當公司試圖對工作關係進行監督或制定規定時，我總是會一笑置之。無論你的老闆、同事或管理階層有多麼希望你不要在職場上與人交往，但大多數人都會這麼做。職場曖昧能帶給你一時的滿足感與興奮感？很可能是。這種關係不健康嗎？很可能是。

如果你二十多歲，你可能正處於勾搭異性的階段，或是迫切希望自己能這麼做。你會成功的，但理想情況下，這應該要發生在工作之外。如此一來，工作就只是工作，你就可以沒有負擔且清楚地去分析你的感情生活，誰對誰做了什麼、何時、爲什麼、怎麼做以及對方是否喜歡。但你很

1 譯註：在美國職場中，有許多人會有職場丈夫、職場妻子，指的是在工作上契合度非常高、有特殊情感連結、並能相互照顧的異性類伴侶關係。

可能沒有那麼聰明或沒有那麼幸運。不過沒關係，工作是混亂的，就如同生活也是混亂的一樣，因爲說到底，我們人都是混亂的。

就像對待其他所有事物一樣，如果你想在工作中與人交往，就要願意負責任，意識到這段關係的意義，並且願意花心思。我並不是叫你花心思去勾引那個工程部門的小鮮肉。我的意思是，對你正在做的事情負責、意識到你正在做這件事，並接受它。如果你在乎工作中別人對你的評價，那麼與辦公室裡的許多人曖昧不清，似乎不是一個好主意。搭訕是辦公室八卦的主要起源之一，和許多不同的同事上床絕對會讓你出名，使得人們相較下忽略你的工作表現。如果你想成爲辦公室蕩婦或種馬，那好吧，但如果這不是你的目標，而你仍然想要認識異性，卻在辦公室之外找不到人交往，那麼在與同事拍拖時要深思熟慮，或者至少要謹慎行事。無論你怎麼選擇，都要預先了解所有可能發生的情況。保持自信（即使你做了錯誤的決定——理解爲什麼它是個錯誤的決定，以及你將如何處理它並避免重蹈覆轍）。

二〇一六年底二〇一七年初，吧台體育開始招募越來越多的女性員工。雖然這是一件很棒的事情，但隨之而來的是許多職場曖昧。我並不太在意這些舉動，但後續的劇情眞的讓我很火大。由於我們的辦公室和團隊很小，所以一切行爲都相當明顯，這些眉來眼去很容易讓人分心，害大家很難完成工作，因爲有人總是對他人生氣或懷恨在心（通常是因爲與工作完全無關的事情），這最終讓管理團隊感到煩惱不已，因此我決定寄一封內部公開信來談這件事。

來自：艾瑞卡・納迪尼

日期：二〇一七年五月十八日星期四下午五點四十三分

致：吧台體育全體員工

主旨：情侶這檔事

大家好：

首先，感謝大家辛勤的工作。你的付出使公司得以順利運行，戴夫和我對此非常感激。這個禮拜我們和彼得・切寧見了面，他也分享了他對吧台體育感到自豪。

其次，我們的團隊充滿熱情，動力十足。我們部落格正在成長，臉書粉絲頁和Instagram也在蓬勃發展，我們受到許多媒體和廣告商的關注，收入呈倍數成長。吧台體育即將與大型廣告商、分銷商進行合作，並簽訂各種合作夥伴和人才交易。

第三，我想加強對公司、對我們團隊的營運和管理：

吧台體育不會自己長大，也沒有人會向吧台體育伸出援手——事實上，情況恰恰相反。如果我們（以及你）想變得偉大，就必須將份內的工作做好。我知道這是一份二十四小時不間斷、每週七天的演出，這並不是一份正常的工作。但這也意味著，當你在辦公室時，請進入工作模式並展現出專業人士的樣子。十二個人像倉鼠一樣湊在公司沙發上聊天，這可以剪兩分鐘進我們的《吧台場景》（StoolScenes）節目，但整體而言，這對吧台體育和對其他同事來說並不太好。如果你不知道該如何利用多餘的時間，或者想不出可以做什麼，請詢問我或戴夫，我們有很多事情要做。

接下來我要談辦公室間約會。你們在一間很熱門的公司工作，一個個都是網路猛男。紐約大約有兩百五十萬人年齡在三十歲以下，請出去約會，我相信紐約人會愛死你們。我的工作並不是介入你的個人生活，而是努力讓吧台體育成爲一個專業的工作場所。當你的個人生活和你在吧台體育的工作生活合而爲一時，事情可能會變得一團糟。請盡量避免讓這種情況發生。總體來說，我們擴張得太快，因此有太多事情要做，無法騰出時間或耐心，來處理職場情侶完事後的戲碼。

如果你有下屬（包括實習生），且試圖與他們約會或建立親密關係，這等於是將你自己和吧台體育置於危險之中，請不要這樣做。

謝謝你。如果你有任何疑問，請讓我知道。

艾瑞卡

無論如何，你懂我的意思。世界上有很多人可以交往。職場上碰到的人的確與你有共同的經歷，這是一個很容易愛上或迷戀某人的場景，但盡量不要這麼做。你的同事們每天都在你附近晃來晃去，你天天看著他們，有很多進行目光接觸、調情、一起吃午餐的機會，但請試著把你的目光和慾望放在別處。工作壓力已經夠大了，若要再加上男女關係，你肯定會在工作上搞砸，平添很多壓力和擔憂。如果你不想與人資部門談論你的性生活，那就請讓你的性生活遠離工作。你支付房租的能力取決於你的工作，如果你要為此再加上社交和浪漫的焦慮的話，情況就會變得難以控制。我並不是說不要這樣做，要禁止辦公室關係是不現實的。我說的是你必須願意承擔，如果你不想承擔，就不要去做。

職場戀愛

雖然職場戀愛是不可避免的，但它可能會很複雜，有時甚至很醜陋。可悲的是，大多數工作中的戀愛關係（就像生活中的戀愛一樣）很少能走得長久。所以如果你在工作中與某人建立了一段認真的感情關係，**你必須坦誠地詢問自己：「這值得嗎？」**你當然會說「是」，但讓我們面對現實吧，你已經深陷其中，沒有什麼可以讓你放棄。也就是說，要放聰明一點，想清楚如果這段感情沒有結果，事情會怎麼運作，以及當發生這種情況時，你預計要如何應對。「但我愛這個人！」你會這麼說：「我永遠無法對他（她）生氣。」你知道你有多渴望去工作，以便能見到對方嗎？那麼想像一下，若這段感情變質時，你會多麼迫切地想要逃避工作，以避免見到對方。到那時你會怎麼做？

首先，也是最重要的，你需要在工作上設定一些界線。你會想要保有獨立性，你會想要展現專業能力，你會想要讓自己值得信賴（人們會猶豫是否告訴你事情，因爲他們認爲你會與對方分享你所知道的一切）。另一件事是，你應該假設其他人都認爲你處於戀愛關係中。是的，你可以嘗試隱藏這段關係，但現實是，當你每週與某人一起上下班高達四次時，大家一定會把你們湊成一對。職場就像一個培養皿，裡面裝滿了人，除了打報表和八卦之外，大家沒有什麼更好的事情可做。戀愛關係並不可恥，但你必須敏感地意識到，這段戀情將如何影響你與他人的關係、以及你與工作的關係。設身處地爲與你共事的人著想，想想如果這段感情不成功，你將會成爲什麼樣的人。如果你能接受自己決定的後果，那就沒有問題。

我在吧台體育有一位女同事，她當時正在與公司裡某人約會。若你走過她的辦公桌前，會看到她桌上有一個牌子，上面寫著「我愛某某人」。好吧。每次經過時，我都會感到不自在，因爲雖然這可能是她的眞實感受（她顯然想在屋頂上大喊我愛你），但這麼做卻削弱了她在工作中的角色、她的潛力和她的貢獻。這位同事在職場上的表現非常出色，她與公司裡的某人戀愛其實應該是一件小事，並且與她的專業能力無關。請讓人們記住你的能力，而不是你的約會對象。不要把自己簡化爲某人的另一半。

最後一點，大多數職場戀愛都無法修成正果。分手可能會是一項艱難的任務，不僅對這段關係中的雙方而言，對周圍團隊中的所有人都是如此。有時你甚至很難在分手後，還留在原本的職位上。你將如何度過每天與這個人一起工作的時光？如果你在工作中看到對方愛上別人，那該怎麼辦？如果你們因爲一些與工作相關的事情，不得不採取對立，該怎麼辦？以上這些場景都會爲職場帶來許多不必要的八點檔，甚至更糟的是，會爲你的頭腦帶來很多不必要的內心戲。

公司和人力資源部門往往對職場戀愛感到奇怪與不舒服。業界並沒有通用的職場約會政策，一切都因公司而異。如果你的公司有職場戀愛政策，那麼通常在你到職的第一天，就會在員工手冊裡看到。但你可能從來沒有去閱讀，或者卽使你讀過，也終究會忘記。你有責任去閱讀公司對於職場戀愛和不當性行爲的規章，就像你仔細閱讀股權歸屬、股票選擇權和 401k 退休福利計畫相關規定一樣。公司制定了你在工作場所可以做什麼和不能做什麼的規則，例如公司可能會要求你向人力資源部門報告你在職場中的私人關係，雖然我覺得這很令人毛骨悚然，但這就是某些公司的規則。你很可能會因爲你沒有揭露某些公司要求你揭露的資訊而遭到解僱，這種事常常發生，且往往發生在人們最意想不到的時候。不要自己挖坑給自己跳，還把鏟子交到老闆手裡。無論你做什麼，就算你與某人處於最熱戀的狀態時，都請記住你與一家公司簽訂了合約。他們付錢給你做某件事（而不是與某人約會）並遵守某些規則。人際關係通常沒有規則，但當它們發生在職場上時，規則就會突然之間出現。卽使這會讓你感到不舒服，你也必須意識到這些規則存在，凡是有規則的事情，如果你違反了這些規則，也會招致後果。

社群網站：你的未來老闆會怎麼想

想想你的貼文。尤其是那些喝得爛醉、辣得要命、除了一小片泳褲或所謂的裙子之外，大部分都赤身裸體的照片。如果你的個人頁面是公開的，你的老闆或你未來的面試官將藉此蒐集資料並評斷你。我喜歡網路和社群媒體，我認爲這個平台非常精彩且迷人，但我也知道它有多危險。你也知道這一點，所以不要忽視這種感覺。你當下發布的任何內容都可以被他人儲存、記錄和分享。一旦你發布「貼文」，就不再對這些內容有任何控制權，這些影像會繼續在其他人的社交媒體中流竄。如果你貼了老二照片、胸部照片或各種舌頭處於奇怪位置的照片，就等於是將這些內容交到未知的人手中，而這些人可以任意擺布你的影像。如果你在 Snapchat 上貼了數百張裸照，而這些照片被駭客拿走，那麼這數百張照片將在網路上大肆傳播，而你對此幾乎束手無策。相信我，我踩過雷。

這並不是叫你不要做自己——網路是表達怪誕、有創意、美麗、原創、奇妙的你的好地方。但你要能意識到這點，意識到你分享的內容以及與誰分享，因爲這些內容將一輩子跟隨你。我最近處理過一件事：一名前同事的個人帳戶被駭客入侵，她的裸照和其他所有照片現在遍布 Reddit，天知道網路上還有哪些地方貼了這些影像。這實在是太慘了。眞正可怕的是，她對此一點辦法也沒有。沒有任何社群平台會撤下你的裸照，也沒有律師會因爲有人分享你的隱私，而發出存證信函。

在二〇二二年某個網路熱潮中，一些與我共事的女性在OnlyFans上貼出自己的照片（有些很煽情，有些則比較正常）來賺錢（其中一個人用自己的照片賺了大約三萬美元）。我對這件事和上面裸照的例子的感覺是，如果你願意承擔後果，那就放手去做吧。但如果你不願意，那就最好不要做，因爲永遠會有人因爲這種事情來評斷你。請平衡自己的短期目標、對按讚數和影響力的渴望，以及你的長期願景、和你希望如何被看待和評判。重點是，你在乎嗎？你是否在乎這些內容未來會影響你的職業前途？如果答案是否定的，那就繼續去做，並且要做的出類拔萃。如果答案是肯定的，就請往後退一步，不要把照片貼出去。

另一件需要注意的事情是，你想在網路上分享多少政治和社會觀點，讓現在或未來的老闆看到？我喜歡對各種事物充滿熱情、有不同立場和觀點的人。我眞的不在乎你是什麼樣的怪人，也不在乎你的政治傾向——我很高興能夠認識你。我不相信審查制度或群體思維。我一直喜歡吧台體育的原因之一，就是因爲它是一個匯集許多不同思維方式和觀點的地方。然而我們所處的時代有其詭異之處：大多數公司並不這樣想，大多數企業都像個人一樣，存在著身分政治問題，人資經理和老闆也是如此，因此你必須學會閱讀氣氛。所以，如果你並不介意因爲支持特定的候選人、或因爲支持某項權利而在職場上受挫，那麼就大膽發表政治言論吧。如果你確實在乎這個後果，或不希望自己的職涯選擇受限，那就請三思你在社群媒體上發布的東西，尤其是與性別、種族、宗教、政治和性有關的內容。我再說一次，如果你只想在一個與你一致、和你想法一樣的地方工作，那就不用多費心思了。但如果你不確定，或者如果你不希望你的週末派對或政治傾向影響你的職涯，那麼你就應該要謹慎對待私人內容和職場的交叉點，也就是你的社群平台。

上路囉！

出差時可能會發生很多愚蠢的事情，就像我在本章前面介紹的內容一樣。一般來說，旅行是有壓力的，因爲(1)你可能要面對新的、陌生的、或未知的狀況；(2)很多事情會超出你的控制；(3)旅行會讓你離開舒適圈。出差是一種獨特的工作事件，別讓它絆倒你了。

我常常出差，至少每隔一週出差一次，這樣的頻率大概維持了十五年。這眞是一段艱苦卓絕的日子，出差確實帶來了很多美好的事情，但也同時需要很多犧牲，包括我的健康、人際關係和幸福，因爲出差有時是很令人崩潰和消耗心力的。它是將生活和工作融合在一起的領域，可能充滿各種陷阱和鳥事。

我有一位微軟的同事，曾爲自己制定了一條出差守則，我在此借用他的想法：他會盡可能使會議時數與飛行時數相同。舉例來說，如果飛行時間爲二．五小時，他會確保在落地後有二～三小時的會議時間；因此跨國出差也會需要開更多的會。我很喜歡這個想法，因爲這樣可以很輕易地計算一趟差旅是否值得。這條守則有助於評估你的時間和精力支出，能讓你不僅要思考你要飛去哪裡，還要考慮願意付出多少時間、以及希望得到什麼成果。

你現在並不能完全決定自己是否要出差（也不能決定是否要開會），在某些情況下，當人家打電話來要求你出席的時候，無論會議長短你都最好要出現；但在其他情況下，精彩的會議可能很短，但需要付出很多努力。我曾經飛往美國明尼亞波利斯，在機場餐廳與一位潛在的合作夥伴會面。這場會議只持續了約三十五分鐘，之後我們倆都坐上了返回各自國家的航班，而一項偉大的產品（粉紅惠特尼 Pink Whitney，世界三大調味伏特加）自此誕生。

與喬安·布拉福德一起旅行十二年，教會了我很多事，但最重要的是讓我學會提高效率和不斷前進的價值。任何和喬安一起旅行過的人都知道，這位女士從不託運行李。從不！無論旅行時間多長、行程多遠、轉機多少次、有多少不同的場合或活動，她都只帶一個登機箱。這是與喬安一起工作時，不言而喻的規則（還有手邊一定要有一杯健怡可樂，以及永遠不要有目光接觸——我一直很喜歡這點）。如果你是像我一樣的小人物，而且有膽子在出差時攜帶托運行李，喬安往往不會等你。

所以如果你想跟上喬安的腳步，就必須學會輕裝上陣。我不是一個輕裝旅行的人，我會帶上很多東西，因爲我非常怕冷，而且喜歡有備無患，我常常帶了太多飾品，而且我沒有滾輪包，因爲我太喜歡我的超大號 LL Bean 手提包了。簡而言之，出差對我來說就是災難。但我想跟上喬安的腳步，所以我學會如何提高效率，而這是一個遠遠超越出差範圍的課程。這份經驗讓我學會計畫。我買了旅行收納包（效果很棒）；我會提前幾天擬定旅行計畫。旅行計畫會迫使我思考我眞正想做什麼、要去哪裡、需要展現什麼樣貌、想完成什麼任務；旅行計畫也讓我能在舒適和個人風格間取得平衡，並讓我能夠檢視可用的選項並懂得應變。深思熟慮和提高效率是你在工作和生活中，所必須具備的良好特質，而商務差旅是學習這兩項特質的好方法。

現在每當我旅行時，一回到家就會打開行李並將所有東西丟進洗衣機中，一分鐘都不耽擱。我希望盡快把東西洗乾淨，並恢復正常生活。我喜歡旅行，但我也很喜歡回家的感覺，把一切放回原處的儀式可以幫助我快速適應「現在我回家了」的轉換。當你到達酒店後，打開行李、將個人物品在房間中放好也是一種儀式，但如果我說我經常在旅行時這樣做，那就是在撒謊。我比較像是在房間裡進行草坪舊貨拍賣的人，得不斷地從袋子裡掏出東西。

我提出這個議題的原因是希望你爲自己的差旅制定相同的準則。整理好你的收據，在你回來的那一週處理好你的旅行費用，不要讓這些東西拖延你或困擾你。你很可能會漏掉一些東西，或者忘記去處理，這可能會花掉你自己的錢，並會導致其他人的煩惱。嚴格控制從旅行到返回工作的過渡，迅速將物品整理好並放回抽屜歸位。

我總是對離開辦公室或「放下工作」非常沒有安全感。如果正常工作日從九點開始，但我的會議要到十一點才開始，這會給我一種ＦＯＭＯ的感覺，或者感覺像在偷懶。這是種不合理且瘋狂的想法，但我認爲很多人確實有這樣的感覺。我試著告訴自己：當你出差工作時，你的工作時間和工作性質與平常不同，往往在工作之外，還有更多的事情要做（商務午餐、晚餐等），因此你會「工作」得晚一些。你可以利用出差空閒時間，來做一些對自己有意義的事，（我對此一直很不擅長），例如去旅館健身房，或者在你所在的城鎮、城市、地區到處走走。不過我常常躲在房間裡，回信、做簡報或者其他工作。你在出差時當然需要做一些這樣的事情，但這不應該是全部。出差是一個拓展視野和獲得經驗的機會——在空閒時多出門走走，了解自己所在的地方，這是享受出差體驗的一部分，不要對此感到害怕或不安。

14

夜間應酬小心踩雷

Nothing Good Ever Happens After ~~11:00 p.m.~~ 10:00 p.m.

想要喝酒、耍蠢，身邊有的是機會，但沒必要找發薪資給你的人。

如果你需要進辦公室工作，那麼你很可能會在下班後、會議期間或出差期間受邀出去喝酒。誰下班後不愛喝酒？能夠認識同事們私下的一面是件好事，跟同事出去辦公室以外的地方走走也很棒，有時這些私下的連結會對你的職場人際關係有好處。

不過如果你曾經滑過雪，就會知道撞樹通常是在滑最後一次的時候發生。去酒吧喝酒也是如此，當你喝得飄飄欲仙時，時間通常已經很晚，你很疲倦，而且「肯定」已經喝太多了，因此你的判斷力會消失。而在這個臨界點之後，一切都不再受約束，你開始好壞不分。所以如果你不想和那個會計部門的白痴搞在一起、洩漏你不應該說的資訊、或者做你通常不會做的事情，那就管好自己。更好的方法是，早點回家，這樣就可以避免第二天要面對一系列尷尬的談話。

下班後酒會規則

如果你參加工作相關的社交活動，請遵守這套簡單的規則，以避免讓自己在職場上出醜：

- 活動開始時，找個時間向你的所有主管打招呼。
- 最多喝兩杯。
- 不要嗑藥。
- 不要反覆告訴所有人你愛他們（這蠻難的）。
- 盡可能早點離開。
- 不要太「激動」，或是成爲全場的那個焦點人物。
- 請選擇可以在週三上午十一點穿出門不會顯得尷尬的衣服。

我第一次和老闆一起喝醉，是在一九九九年的夏天，但我至今記憶猶新。我當時在波士頓的富達公司工作，非常開心終於能參與公司的晚間活動，我們一群人與業務代表一起在下班後前往附近的酒吧（業務代表是灌酒專家，這是他們最好的特質之一）。一陣混亂中，我在沒吃午飯的情況下，就喝了太多杯劣質夏多內葡萄酒。由於我喝得酩酊大醉，我的嗓門變得太大，一直說重複的話，顯得過度興奮，忍不住把同一個故事講了三十遍。我是一個快樂的醉鬼，但我也是一個煩人的醉鬼。第二天當我拖著沉重的腳步走進辦公室，感謝老闆，她斥責了我然後也取笑了我。她這樣做是對的，要是我在那次之後馬上知道分寸就好了（唉）。你通常會需要一段時間，才能弄清楚職場酒國守則。你可以表現得奇怪和愚蠢，但最好把這些部分留在工作外，而不是與你一同工作的同事共享。

自毀前途的舉動

我們來談談節日派對吧。節日派對是一個最容易讓你在同事和老闆面前搞砸並出醜的場合。因此你在辦公室節日派對上的目標是：⑴不要成爲假日聚會後所有人八卦的主題；⑵不需要在聚會結束後去人力資源部門報到。每年我都會在節日派對前夕，向吧台體育的員工們發送相同的電子郵件，試圖簡單地制定一些基本規則，防止大家在職場出醜，但毫無疑問，有人就是不聽勸。這大概就是公司節日派對的樂趣所在吧。

因此，在你開心地接過侍者端上來的招牌雞尾酒之前，請先閱讀以下內容：

- **不要放縱**。不要酗酒、不要吸毒、破壞東西、不尊重餐廳、酒吧的員工或財產。在辦公室節日派對上放縱等於壞行爲。

- **避免醉酒曖昧**。喝了幾杯酒後，你內心的小惡魔就會被釋放出來，讓你突然間和一個對你不感興趣的同事勾搭起來。停下來。
- **別穿裸露的精靈洋裝**。我知道人們喜歡慶祝，雖然我自己不會這樣做，但我理解大家下班後回家梳妝打扮，準備參加節日派對的興奮感。但在選擇服裝時，請克制住穿上自己衣櫃裡最短、最緊、最暴露的衣服的衝動。⑴這穿起來很不舒服；⑵你必須擔心彎腰時屁股會不小心彈出來；⑶這是沒有必要的，而且它會引來各種不必要的關注和焦點——也就是噁心人士的凝視和謾罵（這種人應該去了解何謂心胸開放，但他們絕對不會為此花時間）。
- **盡量不要到處發送訊息**。這條原則並不只在職場節日派對適用（請見下一章）。當你醉醺醺地到處發簡訊、slacks、電子郵件時，無論內容是什麼，它們往往是不穩定、胡言亂語、憤怒或悲傷的——甚至以上皆是。我常常在醉酒後發給別人多愁善感的電子郵件，這實在很糟。雖然這些訊息的動機是良好的，但想像一下這些醉酒電子郵件用可怕的方式呈現（我收到過相當多的這樣的郵件）。如果你喝得太多，除了該提早離開之外，請記得一定要放下手機。
- **別再說話了**。對於某些人來說，「在聚會上放鬆一下」等同於公開邀請他們噴出一整年來一直想對某人訴說關於某某人的長篇廢話。這些人過度分享資訊，並提供了太多私人的意見……我最近詢問了一個曾經為我們工作的人，有人告訴我，這個人去了一家公司，一個月後就被解僱了，因爲他在一個產業聚會上向董事會成員說公司壞話。天啊。這種慘劇將永遠持續上演，尤其是如果有人還全身酒氣做這樣的事，那就更慘了。

酒臭味眞的超級噁心。而有時候我紅酒喝多了，會把我的門牙都染成紫色，這才是最慘的。

無論如何，這些人不是你的朋友或家人，他們肯定也沒有你喝得那麼醉，搞不清這點是菜鳥的行爲。這些人是與你一起工作的人、或是你的老闆，也可能是你未來希望與之工作、爲之工作的人。平息一下你的社交渴望。如果你想放縱一下、大出洋相、勾三搭四，請在自己私人的時間裡去找陌生人吧。

15 把事情搞定

Get Shit Done

如果你沒有其他才能，那麼至少做一個能在職場上把事情搞定的人。

聽著，有些日子裡，工作關乎生存。但在工作上的大部分時間裡，你應該讓自己做好四件事：學習、思考、執行和聯繫。

學習

我的父母都是老師，這可能讓我有點偏見，**但我確實相信學習就是一切**。我在第一部分中花了很多篇幅談論學習，但我想再次強調，你可以透過各種方式學習——做中學、研究、對話、觀察、實踐——沒有所謂「正確」的學習方法。無論採取何種形式，你都需要督促自己繼續學習，即使學習並不是一件完全舒適的事，尤其是當學習內容對你來說並不容易時。主動性很重要，這是將學習潛能最大化的最佳方式。如果一位主管或同事說：「她願意主動進取」，這將是對你、對你的（成長）心態和工作成果的極大認可。主動性也可以有多種不同的形式和規模。也許你想更了解你部門以外的業務內容，也許你想了解工作中某些事情究竟是如何完成的。事情在別處如何運作？階層結構如何發揮作用？爲什麼事情會這樣運作呢？他們曾經嘗試過不同的工作方式嗎？誰負責這個專案？他們是如何得到這個機會的？如果你對一個問題感到好奇，並且全神貫注地尋找答案，就一定能夠成功。找到願意（甚至喜歡）向你解釋事情的人並不這麼難。如果你找不到可以請益的人，請嘗試使用Google、Reddit或抖音。學習不只是保持好奇心而已，還要有足夠的耐心去發現問題。

我最近參加了女兒的家長會，整個過程很暖心。在老師講過了「你女兒很棒，她很令人喜歡，我很高興有她在我們班上」之類的客套話之後，我向老師詢問我女兒可以做得更多、做出改變或做得更好的事情。自然科老師說，我女兒經常尋求他人的幫助，而不是試圖自己解決問題。我認爲這是一個很棒的洞察，並且適用於所有人。試著先把事情弄清楚，然後再尋求他人的協助，而不是試都不試，就直接向他人求助。習得性無助（Learned helplessness）只會在往後求學的日子裡成爲你的阻礙，也會讓你在職場上無法走得很遠。

你可能還不是爲人父母或執行長，但在兩種類型的會面中，任何人都可以、且應該像執行長一樣做事：一是家長會，二是去看醫生。在兩種情境中，你的工作就是盡可能地學習、盡可能去了解你的身體、你的健康狀況、你的血壓或你孩子未來的方向，並以負責任、行動導向態度推動事情發展。

思考

有時我會忍不住先行動、後思考。我想要努力做到的一個目標，是每天爲自己騰出時間思考。我很容易跳起來行動，所以我只要腦袋裡一有想法，就會非常興奮地想要立即付諸實施。有時這是一種優勢，但很多時候這是一種弱點。我正在努力放慢速度，更深思熟慮、反覆權衡自己的行爲。我認爲隨著年齡的增長，這會更容易做到，但從年輕時就開始培養思考的能力，也是一個很好的做法。

花時間思考關於工作、想要完成的任務，以及周圍發生的事情，可以讓你獲得正確的觀點，並幫助你處理想要做的事情。很多時候，**人們在面對事情時容易站在事情中，而不是站在事情上**。所謂站在事情中就是埋頭苦幹——讓事情發生，不斷去行動和反應。而站在事情上則是能以批判性思考你手上的業務——一切進展順利嗎？什麼事情進展得不順利？哪些系統性問題影響了你的業務？身爲領導者，你的表現如何？身爲一個實做者，你做得怎麼樣？哪些地方可以改進？你應該或可以採取什麼不同的做法，來達成不同的結果？你周圍的世界發生了什麼樣的變化？

起初很長一段時間裡，吧台體育一切的努力都是爲了跟上同行，大家每天只是埋頭做、做、做。吧台體育的人非常非常擅長把事情做好，但我們的計畫能力較弱，思考能力也不夠好。隨著吧台體育的成長和變化，我們的業務的也經歷了成長和變化，因此管理上更需要思考，也必須對正在做的事情進行籌劃（而不是僅僅把事情做完而已）。我們被迫進化。而一旦公司眞正開始改變，那些擅長早期階段執行任務的人，並不總是最善於進行批判性思考，也無法從執行業務內部的事情，退一步去思考公司外部的事情，以幫助或改變業務方向。從做開始比較容易，實踐可以幫助你獲得經驗並創造動力。但要開始思考是比較困難的，因爲思考是緩慢的、深思熟慮的、安靜的、具有批判性的，並且必須去觸碰你可能原先想要避免的話題（也就是必須面對不知道該怎麼做的狀況）。堅持下去，你越嘗試思考（尤其是批判性思考），就越能找到做事的方向。

思考的重點，是給自己時間考慮以下事項：

- 我在這是要做什麼？
- 我周圍的事情有改變嗎？如果有，是哪些事情改變了？

・我爲什麼要這樣做？
・我做得怎麼樣？
・我可以在哪些方面做得更好？
・我的弱點是什麼？
・我希望從中得到什麼？
・我在實現這個目標上，有哪些優勢？
・我在實現這個目標上，有哪些劣勢？
・我的道路上有哪些障礙？
・我面臨的問題是什麼？
・我該如何解決這個問題？
・誰能幫助我做這件事？
・我的團隊表現如何？
・我如何能與他人相處得更好？
・他人如何能與我相處得更好？

現在請把以上問題中的「我」，換成「我的團隊」、「我的產品」或「我的公司」，進行相同的練習。試著將這種批判性思考放在你職場思維的最前線。

在你的行事曆上，每週或每天分配一個固定時間來學習；如果你可以在此基礎上再花費更多時間，那就增加思考的時間。也許改變一下環境、出去散步會有幫助；也許你喜歡在晚上思考——那就與自己約個時間，去執行這件事；也許你最好的思考方式，是把事情寫下來，休息一下，然後回來閱讀並反思你寫下的內容。找出最適合你的方法，並允許自己在頭腦中徘徊和思考。沒有人會幫你減輕負擔，好讓你騰出時間來思考，只有你自己才能擠出並保護好進行思考的時間。花時間思考不會帶給你外在的肯定，但會帶來最好的長期回報。

執行

讓我們實話實說：你在工作中最重視的人，通常是那些能把事情做好的人，以及那些毫無怨言地工作、不會在前進道路上一旦遇到阻礙就變成受害者的人，還有那些能在所有事情上幫你一把的人。讓自己成爲這種人吧！

行動的第一步是，把你需要做什麼、想要做什麼的事情組織清楚。我喜歡列一個清單，因爲清單可以讓你站穩腳步、集中精神並專注於任務。我不是清單的奴隸，但我可以在任何東西上寫清單（餐巾紙、紙張、碎紙、筆記本，凡是你能想到的任何東西），然後當上面的事項完成後就拋出腦後。人們有各種各樣列清單的方法，甚至某些「教你每週只工作兩小時」的商業類書籍，可能會教你要以某種方式開清單。這些都是廢話。我開清單，只是因爲把東西寫下來可以幫助我記憶，而檢視清單則可以幫助我確定自己是否取得進展、並且不會漏掉事情。

而有了清單之後接下來又該怎麼辦呢？有些人喜歡全心投入，強迫自己先完成最困難的任務，這樣煩惱可以少一點。我則喜歡從一項與我的願景相關、並且令我興奮的任務開始。我曾經讀到，比利時設計師黛安．馮．芙絲汀寶（Diane Von Furstenberg）每天早上都會向她關心的人發送三封訊息（電子郵件、簡訊等等）。我把這件事也放進了我的清單裡。我嘗試從清單上挑選一些能讓自己和他人感覺良好的事，來開始我的一天，然後再逐步接觸更難的事情。我和自己達成協議，在我完成清單上想逃避的事情之前，我不準離開工作、或處理另一項專案、或做任何有趣的事情。這就像強迫自己吃青菜一樣——是的，你應該先吃自己討厭的東西，只要吃進去之後，其他順序就無關緊要了，重要的是你要把青菜吃完。有時我也得賄賂自己，讓自己能及時完成清單上的任務，並在任務完成時，給自己一個小小的獎勵（記得吧，我說過爲自己設計一個遊戲，來完成那些無聊或痛苦的事情）。老實說，只要你能把事情做好——無論是好事情、簡單的事情、還是困難的事情，只要不忘記事情、不搞砸事情，你的清單就是個好清單。

而工作中許多「執行」其實應該被稱爲「寄送」（電子郵件、短訊、Slack）或「開會」。也就是說，這兩者都在職場中被過度使用。當你需要快速處理一堆行事曆邀請、或寄送一堆 Slack

訊息時，試著問問自己：我眞的需要這樣做嗎？這是最好的方法嗎？是否有一種更有組織、更有效率的工具可以管理這個問題？通常會發現其實確實有更好的做法。

記得，你發出去的電子郵件越多，收到的電子郵件就越多。電子郵件要麼是你爲自己找事做（需要跟進的事項等），要麼是別人爲你找事做，或者你爲其他人找事做。你寄出去越多電子郵件，最終要注意的細節就越多；你在一封電子郵件中邀請的人越多，其中任何一個人完成某件事的可能性就越小。我花了很長很長的時間才學會這一點。

在我職涯的大部分時間裡，我一直努力改掉過度發送電子郵件、簡訊、Slack 的壞習慣。我們很難不成爲電子郵件的奴隸，或透過不斷寄出去的電子郵件奴役其他人。緊急的事情並不總是重要的事情，淹沒在電子郵件、Slack 或簡訊中，就等於淹沒在別人的清單裡，而不一定有時間執行你自己的議程。吧台體育裡所有人都知道，每次我坐飛機去出差時，他們都需要做好準備，躲開「霰彈槍艾瑞卡」。大家給我這個綽號，是因爲當我被困在空中的幾個小時裡，我的思緒會開始飛速運轉，並且手指會快樂地飛速扣動扳機。我開始打字，提出問題、指示、想法、提案，凡是你能想到的任何東西。此時我的腦海中會出現大量天馬行空的想法。這是一個優點，因爲我可以在短時間內完成很多工作；但這同時是一個更大的缺點，因爲我不斷從指尖發出大量的資訊，這對我自己來說很嗨，但對其他人來說卻帶來了壓力和挫折感。這麼做可能會導致混亂和需要立即做出反應的壓力，從而打斷他人原本正在進行的工作，並占用更重要或更緊迫事情的時間。雖然我認爲將各種想法從自己的大腦發送到每個人的收件匣中，可能對我來說很有幫助，但事實並非如此。我需要以一種更好、更認眞、更有針對性的方式來做這件事，或者更好的是，我應該徹底改掉這個壞習慣。

霰彈郵件對我的同事造成困擾，而他們反應的方式之一是在X上罵我。在大多數公司裡，你可能會因此被解僱。雖然這麼說很尷尬（呃），但這是我最喜歡吧台體育的地方之一：人們可以用有趣的方式評論日常事物（同時也表達了觀點）。他們的反饋讓我意識到自己在做什麼，以及我的行爲本質上給其他人帶來了不健康的壓力和工作流程，這讓我有機會嘗試以不同的方式做事。

檢視你的工作任務，試著找出哪些是高效率且健康的，哪些是低效率但健康的，哪些是高效率但不健康的，而哪些又是低效率且不健康的。保留高效率且健康的東西，拋棄那些低效率且不健康的東西，並修正那些其餘的。如果你能像這樣安排你要執行的事、你的時間和你的溝通方式，就能會一眼看出自己想要多做、少做和進行改變的事情。

我需要抱怨一下電子郵件這個東西。電子郵件是最懶惰的推卸責任方式。被動的電子郵件回覆既不能回答問題、也無法推動任務、不願意做出承諾，只希望維持現狀。我正在回你郵件，但什麼也沒說，這樣你就可以看到我已經回覆你啦，這種做法實在令人發狂，最後的成果只是另一封需要閱讀的狗屁電子郵件。如果你正在做這種事，請去洗個冷水澡，讓自己清醒一下；如果你在職場上遇到這種人，請別再忍受了。

另外我想告訴你，請**不要用大量的電子郵件或簡訊淹死你周圍的人**，這樣很煩。請嘗試縮小你寄送的電子郵件的對象和內容範圍，只討論眞正重要的事情。

最惹人厭的電子郵件行爲如下：

1. 廣撒武林帖：你收件人放的人越多，完成的事情就越少。吧台體育有一位業務人員想以吧台體育的風格，重現「納森吃熱狗大賽」[1]。他把這個想法帶給了人力資源部門、製作部門、財務部門以及所有願意傾聽的人。這個提議很棒，但帶給大家的體驗卻很糟，整個討論變成了一條蜿蜒的二十多人電子郵件鏈，沒有人做出任何決定，大家就只是來回發送電子郵件。這很煩人而且浪費時間。我最終放棄了這個想法，主要是因爲我發現這個過程太惱人了。你給越多的人寄電子郵件，就越不可能有人站出來做事情。如果你想做到某件事，就去找眞正有權力決定事情的源頭，或只與少數決策者對話並推動他們做出結論。到處亂噴電子郵件並祈禱有人站出來回覆，只是在浪費所有人的時間。

2. 譁衆取寵：沒有人會喜歡一封不誠懇、不有趣或不眞實的炫耀式電子郵件。這種電子郵件只會讓人覺得尷尬且太過積極。如果你非常需要得到他人的認同，請相信我，還有其他更好的方法可以嘗試。你可以分別向每個人寄送一些個人化的文字、甚至手寫的便條，這兩種方法都會讓你顯得不那麼自我中心和空洞。雖然這麼做是不公開的（這意味著你可能無法得到你想要的榮譽），但相對之下更有意義；如果你想眞誠地說謝謝，那很好，但如果你想要表現得很投入工作，那這麼做就不太管用了（我這是在諷刺）。重點：眞誠地表達你的感激之情，盡量不要去譁衆取寵，或至少理解人們討厭這種虛僞的炫耀。

3. 在毀掉自己之前先反思一下自己：在開始打一封電子郵件之前（這也適用於簡訊和Slack），請花三秒鐘思考，我爲什麼要發送這封電子郵件？眞的有必要嗎？我只是想耍嘴皮，還是我的想法確實有道理？會不會打電話比較好，還是甚至見面談更好？（是的，人們仍然這樣做——親自見面或透過電話交談，你應該嘗試一下。）

4. 回覆、回覆、回覆所有人。請放過我的收件匣吧。當有人做出了很棒的成果時，恭喜恭喜。我喜歡看到人們有所成就，我熱愛它並願意全力支持它。但我一點也不想在收件匣裡看到三十五封同樣內容的祝賀郵件，感謝上帝，有種東西叫對話串（Thread）。我發現這種情況尤其容易出現在女性之間，就好像如果你沒有回覆所有群組電子郵件來祝賀其他女性，那麼你就不夠支持女性。天啊！如果你眞的想祝賀這個人的成就、或祝他或她一切順利、或分享你的感受，請謹愼地以一對一的方式、或至少以個人化和眞誠的方式表達出來。「恭喜某某人驚嘆號」其實並不算數。⑴說實話，這有點敷衍和懶惰（與發送眞誠的訊息或更直接的

1 譯註：納森吃熱狗大賽是舉辦於紐約布魯克林的年度熱狗大胃王競賽，在十分鐘內吃下最多熱狗的參賽者獲勝。

訊息相比）；⑵這麼做更多的是爲了融入群體，而不是眞正與你要恭喜的人交談。

關於溝通的最後一件事：我想我之前說過這一點，但請注意你所傳達的內容。當你一時衝動準備發送大量的郵件、短信、Slack等等，在點擊寄出之前，請記住你的公司擁有你的這些想法（是的，我知道這聽起來很糟糕），並且只要他們想，就可以隨時深掘它們。想想看那會如何。這在吧台體育發生過幾次：想像一下你有個新老闆，而你不喜歡她，因此對她有些嘲諷和貶低，而你選擇在公司的Slack上發送這些訊息。在這種情況下，你一直不停地批評她有多爛，我有多慘，公司有多爛，這裡的每個人有多爛，公司要完蛋了等等。這些都是相當正常的話，我們都曾經說過同事、老闆、公司、母公司、下屬等人的壞話。誠然，這並不是我們表現最好的那一面，但無論如何，我們都會經歷這樣的情況。問題在於，若你的老闆、老闆的老闆或人力資源部有機會閱讀你那些惡毒的想法；或者當哪個狡猾的同事截圖你的簡訊、Slack或郵件，並寄給你從未打算傳達這些消息的人，就可能會造成傷害和侮辱。這種情況時常發生。

少發電子郵件，少重複別人的話，少尋求大家的認同，你會過得更好，你的收件匣也會少受點苦。另外，記得不要在醉酒後發電子郵件。我以爲我不需要告訴你這一點，但我還是說一下吧，記得不要在幾杯黃湯下肚後，寄一堆酒後吐眞言的苦澀電子郵件出去。

讓我們假設，你在公司任職期間，公司對某事進行了調查（這乍聽起來有些牽強，但比你想像的更常發生），或者你的老闆要求查看你的郵件或Slack，以確保在你離職時，能完全掌握某些專案的進展。讓我提醒一下，你的公司（不是你）擁有你的Slack、你的信箱，甚至可能是你的簡訊。哎唷天哪！我的朋友金（Kim）有兩支手機和兩個iCloud帳戶，就是爲了這個原因。她希望她的是她的，而公司的是公司的。她瘋狂地偏執，但也非常謹愼和明確。請向金學習。

如前例所述，你的想法透過電子郵件、Slack，甚至簡訊傳達了出去——是的，不管好的、壞的，甚至一切醜陋的想法都會落入別人手中。在這種情況下，你的新老闆非常火，氣到冒煙。她可能直到今天仍然很憤怒，而我也眞的不能說她不對。我想也因爲如此，至今每當有人問起這個人時，她都會毫不猶豫地痛批此人，不是小罵兩句而已。這對那個人來說絕對不是好事，對她來說則可能非常令人滿意，因此總而言之，不要以書面方式攻擊與你一起工作的人，否則你就有可能自食苦果。

「執行」還有另一個範疇，那就是「開會」。

我曾經參加過一個每週強制性的視訊會議，每次大約有十二～十五個與會者。我們會在Zoom上逐一分享每週初彼此曾透過電子郵件發送的內容。唯一的區別在於，這些內容現在會被大聲地朗讀出來。這種會議並不是討論，因爲過程中既沒有辯論，也沒有脆弱的時刻或對話的可能性，因此實際上它就成了長達一個小時的郵件朗讀會。我識字，大多數與會者也是如此。所以，如果我們能閱讀，爲什麼要開這種會來討論它呢？開會可以很棒，也可以很無聊，甚至也可以是種折磨。

會議疲勞是眞實存在的，尤其當你去上班等於要去開連續八個小時的Zoom會議時。召開會議通常需要充分的理由——會議是確認工作責任的一種方式，可以讓人們保持步調，建立對話與聯繫；會議應該讓人們對任務達成共識，或者公開就策略和想法進行討論或辯論。如果你有權限召開會議，請自己負責，檢查一下你的會議目的是否包含以上三點之一。問問自己：「欸！我到底爲什麼要開這個會？」

- 這個會非開不可嗎？
- 爲什麼有需要開會而不是發一封郵件？
- 我們試圖實現什麼目標？
- 哪些人絕對需要參加這次會議，哪些人是有參加也很好？（刪除有也很好的部分）
- 這次會議有何價值，值得大家參與？
- 我希望從這次會議中得到什麼？
- 參加會議的人需要從這次會議中得到什麼？
- 我們可以把這次會議縮得多短？

・在這次會議之前，我需要做什麼準備？

在我看來，無論是誰召開會議，都應該負責領導和闡明會議的目標，並明確指出本次討論的目標。要清楚地表達你希望從人們那裡得到什麼資訊，以及你準備提供什麼資訊作爲回報。如果你能在會議中帶來活力、正面性和一些幽默感，那會對討論很有幫助。我討厭無謂的閒聊，這讓我感到不舒服，但我喜歡稍微破個冰，問問某個人的近況問題，以此作爲會議的暖場（盡量避免跟那些整場該死的會議中都在不停說話的人閒聊，反正你稍後會從他們那裡聽到足夠的訊息）。

如果你想從會議中獲得最大的收益，讓安靜的人也感到舒適並有機會貢獻就很重要。我們很容易忘記，不是每個人都以同樣的音量或速度說話，或者以相同的方式思考和處理事情。在這種情況下，會議可能會成爲一場噩夢，因爲愛說話的人一直說話，愛思考的人卻沒有足夠的時間思考，而其他人則默不吭聲。一場好的會議能平衡那些有很多東西要分享的人、和那些有很棒的想法但可能不太願意表達的人，並能夠避免人們默不參與。說起來容易做起來難，但你若參加過一場好會議，就會感受到好會議的力量，這會是在工作中很有價值的半個小時。

我在吧台體育養成了一個非常糟糕的習慣，任何想讓我參加會議的人，只需向我的助理提出請求，她就會從我的行事曆中發送邀請。因此每週我都會「主持」超過三十場會議。太瘋狂了，而且徹頭徹尾的愚蠢。老實說，我一開始眞的沒有注意到這個問題（我喜歡行事曆上放滿會議，這是我喜歡「站在事情中」而非「站在事情上」的壞習慣），但隨著時間的推移，我開始意識到每場會議都要花費我很大的力氣，啟動會議、推動議程，並分配後續行動，這一切都因爲這是「我的」會議，來自我的行事曆。我後來才明白爲什麼會這樣：從我的行事曆中發送邀請，可以讓人們積極參加會議（這是一個聰明的技巧，但是錯誤的方式），但它也削弱了最初想要召開會議的人的角色、能見度和責任感。當你召開一場會議時，要考慮一下適合自己的會議類型。我喜歡有很多參與和來回討論的會議；喜歡帶有熱情和衝突的觀點；喜歡全面性的腦力激盪，讓人們互相交流；也喜歡大家有迥異但堅定的觀點；我喜歡簡明扼要的主題，和清晰而牢靠的結論。我不喜歡漫長而迂迴的會議，或是無實質內容的討論。切入正題，這更有效率，也更容易理解，並且可以將更多時間花在結論或所需的行動上。最棒的是，這樣的會議可以讓你你快速回到手邊的工作。

有些人討厭我這種會議風格，喜歡更平靜、更有組織、更有指導性、資訊更詳細和具有探索性的會議，這也可以是一種好的會議模式。你最終會（也應該要）擁有自己的會議風格。如果這是屬於你的會議，要讓它以適合你的方式進行，但也記得要讓它成爲人們想參加的會議。

如果可以的話，我想再繼續講一下我對於會議的抱怨。我不喜歡人們在會議中必須一直從簡報上讀東西，或者拿出一大堆坐在會議室後方的人根本看不清楚的數據和表格。

當財務人員開始滔滔不絕地念出一串數字，而你根本看不清楚圖表上的哪一行哪一列，或者行銷人員開始使用一堆術語，其他人卻不明白它們的含義時，人們的注意力就會開始渙散。這種大家各說各話的狀況令人抓狂。如果你要在一個房間裡，與其他人共度一小時，請努力找到一種共同的語言，建立一個共同的目標。這需要一些紀律和努力，以及相當多的修正，但絕對是可行的。請不要害怕提問：「這是什麼意思？」你可能覺得這讓你自己聽起來很蠢，但實際上很可能每個人都在想同樣的問題。

我不喜歡的其他會議行爲包括：我不喜歡會議室裡坐滿了與會者，而會議主講人卻在家用 Zoom 進行簡報。我認爲這樣行不通。如果你有機會在現場進行發言，就應該去現場。而在面對面的會議中，我一向都關閉我的電腦以及我的手機。放下一切，只專注於面前這場會議。我並不是在所有會議中都能這樣做，尤其是長時間的會議，但我很不喜歡人們一邊開會、一邊在做其他工作，或坐在一旁放空、幾乎不參與討論，這種會議文化非常不好。在可行的狀況下，請盡量全心參與自己領導的會議，並勉勵所有與會者都盡力投入。那種要參加不參加的半吊子態度，本身就是一種疏離與不尊重的表現。

我們能不能稍微討論一下在會議中簡報的規則？⑴除非在物理上不可能做到，否則請與參加會議的大多數人處在同一個房間。⑵除非你有一個夠好的理由不去見任何人（比如腿斷了），否則不要成爲那種在自己辦公桌用連線方式參與的混蛋。⑶在會議中進行簡報之前，閱讀你想要展示的內容，問問自己：「我的簡報是否合乎邏輯、具有可理解、是否有意義？」只要人們願意這樣做，世界上會有十億個更好的會議。⑷不要讓東西變得難以辨讀。在簡報裡放上一個沒人能讀懂的表格是毫無用處的。(5)不要一直在簡報頁面之間跳來跳去，停留在一張簡報上，解釋它，然後再轉到下一張。(6)不要拖泥帶水。知道你要說的是什麼，把該說的說完就好。(7)在其他人講話時，即使你很想做其他的事情，也請停下你正在滑手機的手指頭，專注地聆聽。

在參與任何會議之前，都必須做好準備，把你的家當布置好。我非常討厭有人召開一場會議，但卻沒有準備好簡報、沒把需要的網頁資料打開，也沒有測試好網路、投影機、線上參與功能。這是草率行事和對在場者的不尊重，無法把這些事情處理好，會讓你立即失去人們的尊敬和信譽。我以前曾去過幾次沃爾瑪開會，在沃爾瑪，他們對會議非常重視，這是正確的態度。試想有多少人想要去沃爾瑪的會議上推銷東西？成千上萬。如果你足夠幸運能得到一個機會，就會有最多四十五分鐘的時間進行會議簡報，其中包括五分鐘的準備時間、五分鐘整理時間和三十五分鐘的演示時間。你必須非常敏銳，並懂得隨機應變！你必須了解簡報設備的運作方式，能夠分享你的螢幕；你的電腦必須充飽電（帶著未充飽電的電腦去簡報，是有史以來最愚蠢的行為之一）；你必須懂得掌握時間。**請以沃爾瑪的方式進行你的會議**。掌握時間、掌握內容、掌握技術，並準備好讓會議成功所需的一切。有的時候，你必須準備好一些隨時可以拿出來的資訊；而另一些時候，則是要與會者中的一、兩個人預先通話，為你將要提及的內容打好基礎，獲得他們的意見和支持；

還有其他時候，你可能必須分享一則個人故事、創造驚喜或提出團結人心的方案；有時候，一切只在於清晰直接的溝通。最棒的事情是，這一切都取決於你，由你來定義。

如果你沒有召開會議的職權，而是被要求參加會議，你依然可以扮演好自己的角色：出席、做好準備、準備好一個與你相關的問題（不要爲了發言而發言）、注意每個人的時間；發言時讓你的問題明確，答案簡潔。你也需要事先了解會議的地點（聽起來非常愚蠢，但因爲不知道房間在哪裡、或者如何登錄 Microsoft Teams——順帶一提，這是地球上最糟糕的視訊會議軟體——而遲到，是粗心和草率的表現），記下會議資訊的存放位置（Google Drive、安全服務等）；確保你能夠獲得查看這些資料的權限，並且提前完成必要的準備工作（或者至少做了足夠的功課）。也許你想在會議開始前十五分鐘準備好，也許你想在簡報之前與ＩＴ部門討論技術問題，也許你想使用計時器來提醒自己何時應該結束，或者使用倒數時鐘來幫助你掌握剩餘的時間……現在有各種各樣的工具可以幫助你。

恕我直言，每個會議都應該有明確的目的，並應該盡可能短暫。我的意思是三十分鐘或更短。同樣的，開會時間過長、參加人數過多、進程方向不明的會議，會導致人們的參與度下降和停滯不前。一場成功會議的定義，是能夠實現其目的——向人們介紹一些事情，分享最新動態並進一步發展，讓大家找到共識，解決重大問題或開放式問題，或者推動團隊做出決定。若一場會議是爲了解決或應對一個問題而召開，那麼其成功與否的評斷標準，就在於解決困難問題本身以及喚起對問題的意識，而不一定是會議後所產生的結果。

另一個需要思考的，是你在會議中的表現。無論你是會議發起人還是旁聽者，或是介於兩者之間的角色，在會議中的表現會定義你是什麼樣的人。舉例來說，你在Zoom會議中是否習慣關閉鏡頭？試著打開它。關閉鏡頭意味著你沒有全神貫注在會議中。我們最近與愛迪達的行銷代理進行了一次Zoom會議，參加會議的有十四名買家、市場規劃人員、行銷人員，以及兩名吧台體育的成員。我們的團隊很高興能做這次簡報，也爲這次會談做了充足準備，並希望能充分利用機會，但我們從未成功地向愛迪達推銷過自己。愛迪達是人們喜歡和尊敬的品牌，也是我們很樂意合作的伙伴。而猜猜有多少愛迪達的人打開了鏡頭？零。眞的，我們加入了視訊，但螢幕上卻是十四個黑方塊，大多數人都選擇靜音。我覺得這很無禮。更不用說這是對愛迪達企業文化的一次負面反映，也浪費了一個小時的時間。我明白人們不能、也不應該一直都處在鏡頭前，但如果你不願意開鏡頭，要意識到這是一種表態，會讓人感到冷淡且不受歡迎。我很高興我們後來跟Nike完成交易。

另一件需要考慮的事情是你的臉與螢幕的關係。這聽起來很基本，但實際上並不是。如果你離螢幕太遠，可能會顯得很渺小；但如果離得太近，又可能讓你顯得很霸道。你說話時是否對著螢幕揮手？這容易讓人感覺受到討伐。這些事情看似明顯，但你可能會對這些細節能產生多大的影響感到驚訝。我們曾經有一位非常有才華的女性員工遠端工作，當她出現在視訊上時，總是離螢幕很遠，看起來很小，她的聲音也比較輕。在會議中，她總是（眞的總是）被人忽視，被忽略，或者人們會挪用了她給出的資訊，但卻完全忽略她的存在。

你的出現方式影響重大，每一次很重要。你不可能一直都保持在最佳狀態，這是一個不可能的任務，但如果你花一點時間思考自己的形象和想要展現的風格，就能讓參與會議替你加分。聽過這句老話吧：「只要出現，就成功了一半」。

在會議中你坐在哪裡（顯然是中間），你和誰眼神交流（每個人），你能否傾聽（是的），你是選擇性地爭論還是一味地反對他人（希望不要）？如果你能在時間上把握效率，並且以發揮影響力的姿態出現，就可以花更短的時間在會議中，你會更快地完成工作，大家也能更快地回到自己的工作中。

好好利用會議

先不要翻白眼。我相信你有能力更充分地利用會議的時間，我是認眞的。除非有人明確地掌控會議的方向，否則會議就會像擁有自己的生命一樣，變成一淌不知所謂的大渾水，然後你，就像一隻迷路的羔羊一樣，每週都去參加這淌不知所謂的大渾水，然後什麼收穫也沒有。

在我某份工作中，每週有一場銷售會議。會議的目標起初是讓銷售人員吸收新資訊、進行公司內部教育和激勵他們；這場會議同時也是公司分享產品和服務資訊的論壇，以幫助業務人員在市場上銷售這些產品和服務。一年之後，這場會議的參加人數增加到五十多人（其中有三分之二不是業務人員），並且沒有眞正的議程，也沒有眞正能帶走的收穫。這場會議後來變成銷售支援團隊的主場，圍繞著支援團隊想要實現的目標和需求，而不是把銷售人員放在第一位，針對他們的需求作討論。簡而言之，這場會議只是在浪費時間，所有人都在查看自己的郵件和Slack。我有一次聽人談起一個每週例行的管理會議，參加者多達七十一人，七十一！在三十分鐘內，要與七十一個人有效地進行對話或完成事情，簡直是不可能的任務！

舉辦一場好會議有幾個要點：

1. **說你該說的話**。沒人在乎你是如何來到這裡，或是你創造要分享內容的過程是什麼，你就分享大家需要的資訊就好了。當人們談論著所有事情，卻偏偏不談論主題時，眞的會讓我抓狂。吧台體育是一家內容公司，因此當人們在會議中不展示內容（音樂、影片、社群媒體），而是放出一些沒有意義的簡報時，我感到非常震驚。把東西秀出來吧！如果你要討論產品，就在會議中使用該產品或展示產品。這難道不是一件很直觀的事嗎？但人們往沒有意識到這點，而若能這樣做將會帶來很大的改變。

2. 不要忘記會議的意圖和目標。如果一場會議的目的，是與公司內的特定群體交流，那麼請確保你做到這一點。大型會議的問題之一是資訊分散，你可能會忘記你應該要與誰溝通，以及爲什麼。會議也經常面臨被劫持的風險，記得要清楚你召開會議的意圖和目標，並根據目的制定議程，以避免這種情況。

3. 不要拐彎抹角。有時候人們在會議中躁動不安，因爲他們不喜歡直面事實或眞相。能夠越早、越有目的性、越直接地提出事實，就能越快推動事情發生，也越有可能讓人們願意加入你的行列。就我舉例的這個銷售會議而言，業務主管並不想在其他部門的人面前點名表現不佳的人，我認爲這是狗屁。業績就是表現。世界上最好的業務團隊必然是高度激勵和高度競爭的團隊。如果你不想處於競爭激烈的環境中，那就不要去當業務；而如果你想要做業務，就要接受這是一場你會得到（希望是豐厚的）報酬的激烈考驗。

4. 對參加會議的人數要嚴格控制。人們喜歡開會，這讓我感到不可思議。爲什麼你會需要四位財務人員參加一場會議？不能讓一位財務人員參加，然後向其他三個人匯報嗎？爲什麼不能這樣做呢？這是有史以來最大的謎團之一。如果你是會議的召集者，不要讓所有人都能輕易參加。大多數人都不會想參加會議，除非會議中眞的會有重要的事情發生。一般來說，我認爲生活中很多東西都可以減少三〇%，並且完全不會令人想念：所說的話、衣櫃裡的衣服、會議中的參與者，試試看吧。

好的，你現在正在閱讀這段文字，一邊在想，**沒錯，沒錯，這聽起來都很棒，但我實際上不是召集會議或掌握會議的人，是我的笨蛋老闆在做，那我怎麼發揮影響力？**很簡單。請展現一些主動權，嘗試對老闆說：「嘿，我對於如何使這次會議有影響力有一些想法。如果我們可以嘗試……（說出你能讓會議具有影響力的優秀建議）。」你老闆可能會說不，但也可能會說：「好啊，讓我們試試看吧。」關心你們共同努力想要達成的目標，這種態度會讓你脫穎而出。

另一個觀念是確保你在會議中的表現要夠精彩。你可能負責定價更新或營運報告，但無論你負責什麼，都要投入時間去準備，確保你的簡報能夠做到「大型會議」的水準：簡潔有力、令人信服、引人入勝。專注製作你打算分享的所有內容，使其能傳達給受眾。保持好的精神和關懷的氛圍。我敢保證，如果你能做到以上這些要點，就會有更多機會主持更大的會議，這是件好事。

聯繫

現在的職場與五年前或十年前大不相同。大多數人不會在同一份工作上待十年以上，工作的地點和方式都與以往非常不同。工作現在是一件更加廣闊的事，而我喜歡這一點，它太令人興奮了。職涯發展也有更多元的機會，不再只是困在工業園區裡或辦公桌前，或者爭奪位於角落裡的辦公室。人們不再會一輩子做同樣的工作，也不再會是因爲父親做過某項工作，孩子就必須繼承。

職場的演變眞是一件了不起的事情。

工作的核心始終是與其他人聯繫，以完成創造價值的任務。就是這麼簡單。知道如何與其他人建立聯繫、並願意嘗試與其他人建立聯繫，是在工作中表現出色的關鍵——而最重要的是，也是在工作中學習的關鍵。保持開放的態度並嘗試建立聯繫，只要試試就好。我知道這很難，當你認爲職場裡的每個人都是傻瓜時，要建立聯繫眞的很難，但如果你願意把偏見放在一邊，接受事情的本來面目，可能就會驚訝地發現⑴你與其他人能相處得多好，⑵其他人能與你相處得多好。

疫情造成了工作方式和職場人際連結的重大轉折。不論你原本是每週五天進辦公室、偶爾進辦公室還是全職在家工作，疫情期間影響了許多層面，包括所有與你共事的人（或你希望與之共事的人），能與你聯繫的地點、方式和時間都發生了變化。

請停止抱怨回到辦公室工作的現象。每個人都知道「政府紓困支票、在邁阿密工作、不必支付紐約市的租金、在家開視訊會議、懶洋洋的生活、去海灘」很美好。是的，回到辦公室工作會限制你的生活方式，但這對你的工作、對你的公司，最終對你自己都是好事。如果你渴望成爲不同的人或更好的人，或者想要有不同和更好的選擇，那就接受現實、閉上嘴巴，回去工作吧。再說，現在也沒有人會要求每週五天強制在辦公室工作，所以你還是可以維持喜歡的生活方式。

現在工作中很多內容都在線上進行，這可能會讓你感到失去聯繫、覺得職場關係變得沒人情味。這使得表現自己和被注意到變得困難；也使得躲藏摸魚變得容易、而發現問題和領導變革變得困難。在家裡工作也很容易讓你感覺自己一直在工作，而這並不是一件好事。現今工作型態的好處，是你可以在任何地方工作：如果你在家裡工作覺得不適應，那可以去咖啡店；如果你不喜歡咖啡店，試試圖書館；或者租一個共享空間；也可以試試飯店大廳。你擁有無限的選擇。

在家工作的好處很多——通勤很煩人，煩透了！將工作和個人生活融合在一起很好，因爲你的沙發比辦公室的小隔間舒服多了，你的狗比同事更好相處，而且你可以在輕鬆一些的環境中，得到同樣的報酬，無需受到嚴格的監督。遠距工作爲各式各樣的人，在各式各樣的地方創造了各種可能性。

> 在家工作也有很多壞處——你永遠無法停下來，工作隨時隨地都能找到你。當你的工作文化就是自己一個人待在家裡時，你會開始感覺與職場的價值觀和文化脫節。獨處會讓你感到焦慮和不安，讓你陷入懷疑的漩渦，擔心自己做得不夠，所以你會忍不住做更多。你可能會失去對事情的全局觀。你也可能會感到孤獨，因爲你確實孤獨。

我收到了很多關於通勤的問題，其中大多數以不想通勤爲開頭。我大部分的職業生涯中都在通勤，現在我的通勤時間大約是來回各九十分鐘。我早上七點五十分上火車，九點二十分到辦公室。是的，你會想避免坐在有洗手間的車廂；是的，座位讓你不舒服，而且你旁邊的人也是。但除非你想住在離工作地點非常近的地方，否則通勤是必須的。而且通勤也可能是一件好事，可以預先爲一天做好準備，可以在你和工作之間保持一小段距離（物理），可以完成一些任務，可以趁機會追劇，也是從家到工作、從工作到家轉換模式的機會。總而言之，通勤並不完全是件壞事，我不會因爲通勤時間長，就放棄面前的夢想工作。唯有強者才能生存，忍著點，你能夠應付通勤的。本書最後也附上了我的歌曲播放清單：「工作是一種態度（Work Is an Attitude）」，如果你有需要的話。

現在假設你至少有五〇％的時間在遠端工作。而你希望能與其他人建立聯繫，其中一部分可能是面對面進行，而更多的則是透過視訊會議。在任何一種情況下，建立聯繫最好的方法是分享你的願景、價值觀和期望。請努力地闡明它們，讓其他人理解。也許這聽起來有點俗氣，或者有點多餘，也許你覺得沒人會想要聽，但事實是，當你與你共事的人相距遙遠時，就需要額外努力讓自己被理解，並維持緊密的聯繫。所以即使現今的工作方式已經發生了不可思議而且非常棒的改變，但沒有改變的是必須建立與人的關係、以及相互理解的需求。這聽起來簡單，對吧？錯了。這將是你在工作中面臨最困難的挑戰：展開合作、互相欣賞，並分享理解、共同點、使命感，以及共同走向未來的動力。

這全部加起來會變成一項非常非常艱巨的任務。你有這個能力做到這一點，甚至做得更好，但你需要始終保持投入、並且有意識地去努力。這意味要抽出時間進行交流，關心情況，進行更多的溝通，並盡量配合人們的時間進行會面，而不是在你想見面的時候才會面。

如果你想在沒有工作場所共處的情況下建立與人的聯繫，以上是你必須做到的最低限度。因爲每個人都是瘋狂和怪異的，並有各式各樣與你無關的問題和障礙。如果你想要建立聯繫，並同時在工作中表現出色，那就必須超越各種障礙，努力去達成目標。

虛擬世界的人際關係有其獨特的強度，不一定不如面對面的關係堅固。只要你謹慎地注意自己的言行，就可以在虛擬世界中，與人建立非常深厚的關係。

文字通訊的匿名性讓人更容易敞開心扉，或者在表達上過於坦率或過度親密，這是在面對面交流時不太可能發生的。如果你是遠端工作，或者你需要和遠端工作者合作，那麼要善用視訊、文字、Slack 等工具。請記住，在虛擬世界中通訊與在現實生活中一樣……只是可能會有一點點不受控，對話可能會發生得很快，也可能會讓你說得太多。你要有所規範、保持專注、堅守原則、維持專業。

總而言之，讓事情越簡單越好，如果可能的話，請採取老派的方法。**我不得不強調，打電話有多麼的重要**。請嘗試打個電話給對方，特別是如果你人不在辦公室與同事一起工作。如果你需要什麼或者想要什麼，請直接聯絡負責的人並提出要求。很多時候，人們會迴避問題，或者將太多人牽涉進來，主要是因爲他們不敢開口要求。如果有什麼不對勁的事情，不要選擇被動的溝通方式，或者「全部回覆」。請直接打電話溝通。

理想情況下，你應該經常直接聯絡與你一起工作的人。但很多時候人們會變得被動，並且在這方面覺得自己是個受害者。**我和某些人有定期的一對一會議，但他（她）總是缺席或取消**。我知道這很煩人，但換個角度思考。不要只是聳聳肩，然後覺得省下你的三十分鐘，要問問自己：爲什麼這個人總是放棄和你開會？跟你談話沒有價值嗎（顯然不是）？你是否沒有好好利用他們的時間？直接打電話給他們而非透過視訊是否能改變狀況（深吸一口氣）？如果你需要與某人建立聯繫，以使工作順利進行，那就努力建立起這種關係。半途而廢不會成功，老感覺自己是受害者也不會有用，工作取決於你的態度。利用所有你可用的工具，從最新到非常老式的方式都行。你總是可以與人聯繫的——唯一的問題在於你想聯繫的程度以及聯繫的方式。

16 反饋是一份禮物

Feedback Is a Gift

喬安・布拉福德是我在多家公司工作過的老闆，她給了我人生很多東西，其中最好的是讓我知道：無論想要與否，我都會得到反饋，而反饋是一份禮物。她通常在對我進行批評之前都會這樣說。如果你想在職場上變得更好，就要找到你的喬安。

無論你的老闆是好是壞，還是不好不壞，你都必須要忍受、應對與老闆打交道，並且在某種程度的韌性下，從老闆身上得到反饋並藉此受益。反饋進行的方式可以有很多種，但一般來說，反饋通常會用以下幾種形式呈現：⑴主動提供的反饋——也就是即興的、你並未請求對方給予的反饋，這種反饋可能是由於你所做的事情、或發起的行動而帶來的；⑵你請求的反饋——你根據自己的表現請求反饋，試圖確定自己是否可以做得更好或更有效率；⑶在定期安排的正式場合進行的反饋——例如年度或半年度的績效評估，通常是由公司或人力資源部門要求進行，以追蹤你的進展。只要你願意接受，**以上各種類型的反饋，都有可能幫助你變得更好，但前提是你必須能讓你的自尊心退後一步，閉嘴，傾聽，並思考你老闆（或提供反饋的人）有什麼話要說**。而在聽到反饋的當下，你的自尊心可能會忍不住跳出來攪局，導致你產生敵意或防禦反應——在這種情況下，你需要重新控制自己。

當你得到反饋時，可能會感到刺痛，但痛苦消失後，你將會知道裡頭有一些道理，如果你願意運用它，你就有機會能做得更好、或改善修正一些地方。你會想要針對反饋進行批判性思考，同時將反饋的來源考慮進去，但只要其中有一絲眞實性，那麼是否要著手處理問題就取決於你。你可以做到，而最棒的是，你將確實因此而變得更好。

我知道，沒有人願意聽到自己在某些方面不擅長、沒有做好工作、可能應該以不同的方式處理事情等等。一般來說，聽到自己不太優秀並不會感到愉快，而當你無法改變或收回一開始的行爲時，感覺就更糟了，因此我們往往會盡一切可能避免這類對話。但拒絕反饋而唯一遭受損失的人只會是你自己。

我在職涯初期犯的一個錯誤，是力求讓自己的績效評估簡潔、無痛並且盡快結束。我應該更有意識地尋求反饋，更認眞地傾聽和探究，至少我應該多問一些問題。這會使我更強大，也可能避免我日後犯下一大堆錯誤。

有些職場工作者不想要聽到任何反饋，眞的是一點反饋都不願意。他們覺得批評他們是種冒犯的行爲，而我對此感到難以置信，我希望這些人能花二十四小時，爲戴夫・波特諾伊拍攝和編輯一部披薩食評影片，他們可能連一奈秒都撐不下去。

戴夫・波特諾伊是一位優秀的老師。有幸存活於戴夫輻射範圍內的人，都經歷過一場硬仗。戴夫是一個完美主義者，他想要的方式就是他想要的方式，他不會害怕反覆要求員工，直到做對爲止。與戴夫最密切合作、負責他的創意產品的團隊，是我們擁有訓練最好的、最具適應性、最勤奮和合格的人才。是的，這是因爲他們聰明且有才華，但也因爲他們受到了戴夫的訓練，並得到了戴夫著名的反饋禮物。

不要對老闆的反饋升起防衛心。防衛是一種情緒反應，只會讓你和你的老闆都陷入僵局，無法推動事情向前發展。防衛只會雪上加霜，你應該專注於面對實際的情況或回饋意見，而不是讓自己對回饋的反應成爲問題的一部分。這不是個好現象。

最好的反饋是具有批判性，但並不是批評。如果你身處要負管理責任或有權力的位置，卻不能提出批判性的看法，就永遠不會找到優秀的人爲你工作，也永遠無法做出優秀的工作。而如果你不能接受嚴厲或直言不諱的反饋，或是忍受被批評，就無法走得很遠。這會讓你一直停留在舒適區，並失去在外面生存的機會。事實上，如果你能夠開放心胸接受反饋，你可以更快地變得更好；反饋會帶來痛苦，也會讓你變得更堅強。

大多數人會參與年度績效評估，因爲基本上他們不得不參加。可是這些人並不會尋求定期的即時反饋和外部觀點，然而他們應該這樣做。反饋能給你更多的時間去改變或修正事情的進展。如果你只是等待反饋或完全避免它，將永遠沒有機會去行動和適應。這會進一步使獲得反饋的感覺更糟，因爲那時你眞的已經無法做出任何改變，只能感到挫折與沮喪。

我記得在雅虎工作時，有一次我和執行長討論了年度和半年度績效評估的問題。她說：「你應該每天進行績效評估。」她的哲學是，人們應該不斷給予彼此反饋，而且反饋應該要能夠幫助彼此改善，並應該自由、即時地給予。我在職場中遇到的大部分問題，其實都可以透過事前一些坦誠的反饋來預防。

如何在獲得反饋時控制情緒

因此儘管反饋可能會刺痛你，並引起尷尬和煩惱，但我依舊必須強調，反饋是一項非常珍貴的禮物，無論是每天獲得、還是一年一次。若想要在工作中取得成功，反饋眞的是最重要的因素之一。如果你能對負面批評（無論是否有建設性）做出更正向主動的反應，就表示你具備將事情往前推進的必要素質，並且能夠將負面的事情轉化爲潛在的正面機會。

反饋，特別是未經請求就獲得的自發型反饋，可能會使你措手不及。它可以隨時隨地從任何地方打擊你，但也因此可能是最眞實的反饋，因爲有人強烈地感到有必要告訴你這些事。這可能讓你的一天、一週或一個月變得更好，或可能是一個巨大的警鐘，也可能對你來說是一記重擊。我傾向於提供大量的自發型反饋，無論好壞，因爲我希望人們和事情能夠得到改善。如果有人不希望你變得更好，如果他們不想要面對你強自壓抑的脾氣，或者如果他們不打算再回頭與你合作，就不會花時間給你反饋。在你被某人嚴厲批評或指出錯誤時，請記住這一點。給你反饋的人是在向你展示你如何能變得更好——某些角度似乎是爲了他們自己，但實際上是爲了你。沒有信念或不投入的人很少得到反饋。

有一間公司曾考慮邀請我參加董事會，提名我的人打電話給我說：「你知道我很喜歡你，你知道我認爲你很棒，但是這家公司的創始人不希望你把這裡變得跟吧台體育一樣。」他們假設我只有吧台體育的經驗，並且不了解他們的品牌。當他說出這句話時，我的自然反應是，**這他媽是什麼意思？**我想我當時可能有發出聽得見的咕噥一聲，也可能我眞的有把這句心底話說出來。我眞希望我當時沒有這麼做。

我沒有冷靜地接受資訊，並以更深思熟慮的方式回應，而是變得防禦和充滿敵意，開始滔滔不絕說我擔任了一堆與吧台體育毫無關係的公司董事，而如果他們認爲我只有管理吧台體育的能力，那他們可以去吃屎。在此我只有「反應」，而不是「回應」。

我應該要說：「好的，讓我考慮一下。我不認爲他們有什麼可擔心的，但讓我站在他們的立場思考一下，想想我如何能夠回應這個問題。」我當時對該電話內容感到不滿並且反應過度，我的自尊心一步都不肯後退。在我意識到自己在耍小孩子脾氣後，我給那個人寫信，感謝他的反饋，我認爲我理解了他們的立場，我可以努力向他們解釋。然後我進一步努力研究了該品牌，並就我當時對它的理解，提出了一個能幫助他們發展的藍圖。如果他沒有給我反饋，我就不會做接下來的這些事情，而正是這些努力才能帶來成果。如果我願意接受別人射來的箭，就等於把更多的武器放在我的箭袋裡，而不是別人的箭袋。

關於人們看法的回饋，以及關於哪些事情有用或沒用的反饋，能給你帶來極大的啟發。如果你能根據這些反饋，將你（和團隊）的觀察和認知付諸行動，這將能產生極大的影響力。在我看來，偉大公司和普通公司、以及偉大的人和普通人之間的區別，在於是否有能力看到問題、討論問題、對問題持開放反饋態度，並願意採取行動解決問題。

反饋應該來自四面八方

有些人只想聽取比自己更資深、比自己重要或比自己更有成就的人的意見，而我對此無法忍受。這太虛僞了，那種人通常在現實生活中都是混蛋，肯定很難與其共事，因爲他們唯一的動機就是向上看，讓自己看起來很棒。你應該從四面八方得到反饋——來自最不起眼、最菜的人的反饋也可能是最有啟發性和最重要的。如果你想知道某個人的情況——或你自己的情況，請記得到處詢問。如果你願意深度挖掘一些不太明顯的地方，就會驚訝你可以得到的各類反饋是如此多元。

此外，要小心那些想要利用反饋阻止你、嚇唬你或使你失敗的混蛋。若一項反饋的意圖是斷絕你的機會、使你變得渺小，或以其他方式阻止你，那麼這就是惡性的反饋，不符合進步精神，也不帶有讓你變得更好的意圖。這種反饋的出發點可能是來自於害怕你、對你心存敵意、不喜歡你、感受到你威脅的人。如果有人想打擊你，請去問爲什麼。詢問爲什麼可以引發一場對話：**我聽到了你的反饋，這是相當嚴厲的意見，我想了解你的想法以及你爲什麼這樣認爲**。這將引導出一場健康的對話，並引發對不同意見或方法的討論；或者也可能把他們嚇走。無論哪種情況，對你來說都是好的。

長話短說，請試著保持高尚，成爲一個有批判性思考能力的人，不僅要理解反饋的來源，還要理解如何應用和利用它。請積極尋求反饋，養成不斷向所有人尋求反饋的習慣，並且也要樂於給予別人反饋。

如果反饋式的對話難以調解，你可以先提出你自己認爲可以做得更好的地方，這麼做能打破僵局，使對話變得更容易。要獨自在工作中變得更好，是很困難的事，老實說，幾乎不可能。**要**

在工作中做得卓越，你會需要並想要從其他人那裡得到不請自來的反饋。你的自尊心不希望收到反饋，因爲這可能會令你受傷，並且也等於提醒你的反饋者你並不完美（倒抽一口氣）。但請努力克服你的自尊心，主動要求反饋；反饋可以使你超越完美、更加卓越。

尋求反饋的攻略：請選擇合適的時間和地點——不要在走廊上，也不要在對方匆忙時，明確表明你想要聽到的反饋內容。主動聆聽（做筆記），保持開放的態度，放下你的自我。請對方提出具體的事例。問問看是否有人在某方面做得特別好，可供你學習。然後感謝對方，反思，並行動。重複上述流程。

即時尋求反饋

尋求反饋可以是快速、即時和非正式的。尋求周圍人們當下且即時的觀點，目的是立即變得更好。這可以從兩個問題開始：「我可以做得更好嗎？」以及「有沒有什麼事情，你覺得我可以用不同的方法處理？」或者你可以依據情境設定問題，比如：「你覺得那次會議進展得如何？」或「你對那次簡報有什麼看法？」

如果你的老闆夠有能力，他們會欣賞你尋求反饋的要求，並給予你合適的意見。但要記得，不要給老闆增加工作量。如果你希望老闆花時間幫助你，請記得要先幫助老闆。從你對自己的反饋開始說，老闆就更容易在此基礎上提供他們的意見。

「嘿，這件事我們做得很好，而這是我們冒險嘗試並成功的兩件事，這裡則是我們可以做得更好的三件事，而這是我對自己的評價。」然後列出你對個人表現的自我評估，接著請教老闆：「你認爲呢？」

即使一個專案進展順利，你在其中表現出色，仍然要尋求反饋。因爲你永遠可以變得更好，做得更好，成爲更好的自己。這就是如何使「成功」成爲一位良師的方法。

我在工作中遇到過一個情況：我們試圖安裝一個新的軟體，來追踪我們的廣告業務。這個專案是一個災難，它的進度比計畫慢了數個月，之間存在許多怨懟和顯著的意見不一致。這個專案有三個產品人員和十二個以上的銷售人員，所有人都感到惱火無比。當專案進展順利時，大家都會參與討論；但是當事情出現問題時，討論的密集度會多十倍。在這種情況下，一群人有著共同的目標，但卻有完全不同的角色，並且對於如何達到目標，也有著完全不同的觀點。結果反饋更像是一場大型指責遊戲，而不是任何有建設性的討論。

我的看法是，我們有領導能力問題、協調問題、責任歸屬問題、人員和產品也有問題（開始是好的）。我敦促大家進行事後檢討，並互相分享各自的反饋和觀點，希望能達成某種程度的一致性和共識。事後剖析開始了，但產品人員交出了他個人對整個事件的總結（在會議之前寫的），卻完全忽略了會議中的對話、辯論、討論和異議，這些都沒有在他的總結中被提及。也許他「聽到」了反饋，但他並沒有用心「傾聽」，也沒有內化或認知到這些反饋的意義。於是事後剖析完全失去了意義。

即使你不同意，也要能夠把別人的話聽進去並嘗試理解，這是能透過反饋而變得更好的關鍵。如果你希望人們相信你和你的願景，並信任你這個人，就需要在自己給出的反饋旁邊，也列入別人給你的反饋（尤其是當你不同意這些反饋時）。反饋是微妙的、情緒化的、充滿熱情的，也是人們可以彼此協助進步的最佳方式之一。尋求反饋需要力量、勇氣和謙卑，而接受反饋則需要更多。你接受的反饋越多，別人接受你的反饋就越多。不去認知別人的反饋，比從未尋求反饋更糟糕。最重要的是，收取你的反饋，並付諸行動。沉湎於過去對任何人都沒有好處（尤其對你自己），所以利用從別人身上所學到的東西來評估自己，給自己打一個分數。這是一種清楚地評估自己的方式。

年度績效評估很討厭，但請充分利用它們

年度績效評估無一例外地非常煩人。在公司提供的過時軟體、平台上填寫績效評估很花時間，績效評估表格裡總是有一大堆問題，而且通常必須在一年中最糟糕的時候寫完。儘管如此，年度評估可以幫助你承認你的缺點，找出解決辦法，並在未來著手改進。不要將你的績效評估用來尋

求認同和安慰（別再躲在你的舒適圈了，天哪），而是用它來確定你需要做得更好和需要改變的地方。績效評估的效果取決於你如何看待它，所以把請它視爲一個自我改善的工具，而不是對你的潛在打擊。如果你能理解這一點，就沒有人能在你的評估中傷害到你，因爲你已經贏了。

雖然傳統上績效評估會由你的老闆負責進行評價，但你應該試著爲自己設定框架和議程。你的老闆可能希望避免衝突，因爲她有可能還要處理其他十五個人的績效評估，因此不想涉及不舒服的事情，而且在處理完你的評估之後，可能還安排了其他四個艱難的對話要進行。老闆可能不太願意花費精力討論你如何能夠進步，因此你應該自己扛下這份重擔。你可以簡要地概述你的成就，承認你的不足之處，並提出一些能推動自己、你的專案和你的團隊前進的想法，這麼做能使你的老闆放下戒備，並且顯示出你願意學習和改進——最重要的是，願意貢獻。藉由這些做法，並且保持非防禦性的態度，不要讓你的自尊心攪和進來，基本上就可以讓主動權從老闆轉移到了你自己身上。

同時，請注意使用讓你聽起來理性、掌握情況並表達清晰的語言來溝通。試圖在年度評估會議中，與你的主管達成協議，明確規劃你未來幾個月或幾年的計畫和目標。帶著這種心態去進行年度評估的人，能得到更好的評價，並且在討論中感覺更良好。

- **在進行績效評估之前，請花時間預測一下你將會聽到的好事和壞事**。列出三個你認爲自己做得很好的領域，和三個你可以改進和成長的領域。試著預測你的老闆可能會說什麼。對自己要抱持批判和直率，但不要太嚴厲和打擊自信。重點是，聽到什麼都不要感到意外，任何反饋都可以有改善計畫（提醒自己，計畫還是要付諸執行）。

- **表達感謝是很重要的**。大多數主管都不喜歡做績效評估，所以請記得表達一些感激和感謝，或許他們也會感謝你。
- **將自己的反饋整理成合乎邏輯、有意義的區塊**。不要列出二十個需要改進的地方——試著將這二十件事情濃縮成三個主要的領域。簡化你的評論，不要讓它看起來像是一幅潦草的自我吐槽和上千個改進方法。
- **最好的防守是進攻**。在簡要地提及你在工作中的成就之後（這麼做不是爲了你，記住，除了你以外，沒人眞的在乎你，重點是要看到你能如何幫助公司前進），快速轉移到你的失誤和缺陷：「這是我學到的（我這次做得不太好、但未來會做得更好的地方）；這是我正在改進的事情；以及，這是我對未來感到期待的事情。」
- **主導你的改進計畫**。在績效評估結束的一週後，主動向老闆展示你的改進計畫。請定期更新你的進展，並且在此過程中再次要求反饋。不要在改進計畫裡寫一堆你永遠不會去做的事情（更不要說有進展了）。在制定計畫時，請確保它是可以實行的。選擇改進兩件事情而不是二十件事情，並眞的努力去實踐。

雖然如果你的主管總是常常說「謝謝你，我很激賞你」是件好事，但你不一定能經常聽到這些話，甚至在你的年度評估中也不會。也許你的老闆充滿焦慮，或者只願意將讚美保留給他們認為非凡的事情（這很硬，但眞的有老闆是這樣的）。管他去！同樣的，你的願景不應該是別人給的，你的肯定也不應該是別人給的。如果你在年度績效評估只是希望被順毛或摸頭，那麼你註定失敗了。你把過多的控制權和重要性放在你老闆的手中。眞正應該知道你做得好不好的人是你自己，你不需要其他人來做這件事。你需要的是其他人給你眞誠的見解，幫助你做得更好。這樣就夠了。

17 寫給女孩們：作為一名職場女性

For the Girls: Being a Woman at Work

女性在工作中被騷擾的機率是五十四%。也就是美國每年有四百六十萬名女性受到騷擾。爛透了！

男人也該讀這一章！

作爲一名女性執行長，在一個直到幾年之前都幾乎是由男性主導的行業工作（讓我們面對現實，大多數行業現在依然如此），我想在這本書中特別爲職場女性撰寫一章。我認爲「性別」對於你能夠完成多少、或走出去多遠，或者說對於你在職場上所做、或能做的一切，都不應該有任何影響。然而在很多情況下，女性必須面對比男性更多的困境、更多的歧視，她們被迫在工作和家庭之間，負擔比男人更多的責任，她們的薪水較少，往往處於較弱勢的地位，因此女性能夠完全掌控的時間、場合和情況遠遠少於男性。這非常討厭，也完全不合理。因爲女性可以做到很多事情，並且能以非常優雅的氣質和深不可測的耐心、知識、創意去執行任務，這使女性顯得特別堅韌。

我在本章的標題中指出，這一章是爲了女孩們而寫，因爲「職場女性」這個議題有很多事情不會被討論，但非常需要討論。對我來說，分享我所經歷過的事物、我犯過的錯誤，以及仍然存在的問題，是很重要的一件事，這樣人們就可以有更多的資訊和指引，來處理這些情況。

在工作中，性別
不該成為問題，
但它確實是。

和我認識的大多數女性一樣，我在整個職涯中遇到過許多男性（主要是男性）對我的忽視、貶低、輕視、試圖占便宜，或讓我感到不安全。不要誤會，我生活中也遇到了很多混蛋女性，但我們現在不討論這個。

前幾天，我和亞歷山德拉．庫珀（Alex Cooper）進行了一場關於女權主義的有趣對話。亞歷山德拉是一位明星，也是《叫她爸爸》（*Call Her Daddy*）節目的創作者，她的節目無疑是吧台體育推出最受歡迎的品牌之一，拜她所賜，將該節目提升到了一個全新的高度。好，我要說的是女權主義。當我們剛剛引進《叫她爸爸》時，我花了很多時間試圖說服廣告商贊助這個節目。那時的《叫她爸爸》既粗俗又搞笑，內容腥羶，一般廣告商很難接受。當時錄的節目是〈Gluck Gluck 9000〉。我曾經告訴他們，亞歷山德拉是一位女權主義者，這是一種新時代的女性賦權。爲什麼節目名稱不能叫一個女性爸爸？無論如何，我們的對話讓我想起了過去十年間，我經常思考的一件事：女性有兩種方式來改變自己的處境，她們可以從一個純粹但由外而內的角度來改變，例如坊間看到很多品牌專注於女性運動，或者很多媒體以更專業、更平等的方式報導更多的女性運動（老實說，這遠不及對男性運動的報導，但我會把被報導視爲一個起點）；或者她們可以從內部推動改變。亞歷山德拉創建了一個女性「更衣室」[1]，讓女性自在地談論性，並在其中表現得像一個雄性領袖[2]，這是在內部來攻擊問題。我也在做一樣的事：作爲一個女性，加入一個表面上爲男性設立的公司，但如何使公司成長與性別沒有什麼太大的關係。很多時候，從外部做這件事的女性會批評從內部做這件事的女性（反之亦然）。我的感覺是，兩者都不容易，但兩者都是必需的。

當涉及到性別歧視時，我希望這種狀況可以隨著時間推移而改變，但我不確定是否如此。也許由於現在許多人遠端工作，所以職場歧視已經相對減少，但我並不真的這麼認爲。很長一段時間，大多數人聲稱我之所以能成爲吧台體育的執行長，只是因爲戴夫需要一條「裙子」，「一個女性代表」，來掩蓋和洗白吧台體育的罪惡。如果我是一個男人，我就不必忍受這一切；但吧台體育也不會這麼成功（我認爲啦）。這不是因爲吧台體育需要一個女性代表，而是因爲他們需要

1 譯註：美國的更衣室文化最早起源於運動賽場上，原本是討論球隊策略的地方，但也可以成為男性討論性或女性的場所。

2 譯註：雄性領袖（alpha male）是一個來自動物行為學的術語，指在一群動物中占據主導地位的雄性。

一個能勝任工作的人。

讓我們先從被看見開始。如果你的老闆是一個男人（很可能是一個白人男性），你們可能沒有共同的興趣。建立一種輕鬆融洽的職場關係，男女確實有所不同。你的老闆可能喜歡高爾夫和運動球隊，而你可能喜歡時尚和泰勒絲。當你被迫要跟老闆閒聊或「交關」（台語）時，很難不感到尷尬，而如果你們確實太過親近，那麼你們可能被（無論是你、你的老闆還是某個湊熱鬧的第三方）謠傳有超越工作的關係。

這種情況在男性老闆和女性下屬之間經常發生，可能會讓雙方都感到不舒服，而對於女性來說，也可能會感到不被重視。對男性來說，與男性相處更容易，他們可以以一種不會讓他們被「封殺」或被解僱的方式談論高爾夫球、啤酒、性。男性與其他男性相處不需要花太多心思，他們可以說「他是個好傢伙（dude）」，我以前的老闆經常這樣說。這到底是什麼意思？你可能會問自己：「我也應該是一個好傢伙嗎？女性能成爲好傢伙嗎？」我不知道這是否是性別歧視，但我確實知道這令人非常沮喪。如果你是一個想要被看到的女性，你有幾種選擇。你可以談論相當中立的話題——音樂、食物、旅行、文化、新聞；你也可以努力培養典型男性的興趣——高爾夫、足球等。你可以選擇忍受黃色笑話而不會躲避或打小報告，你也可以開自己一些下流玩笑。或者你也可以接受與老闆的連繫，比其他男性同事較少。我有一個女性朋友，多年來忍受一位男性高階主管稱呼她爲「婊子臉」，殘酷的是，她甚至對此無動於衷，她知道如果想在那間公司裡取得成功，就絕不能表現出這件事會讓她感到困擾。最後，你還有一個選擇，你可以在工作中表現得非常出色，以至於他們無論如何都必須接受你。

如今二十五～四十歲的女性在職場中的比例，比以往任何時候都高。這實在太棒了！工作場所充滿了男性、女性，以及在你閱讀本文時可能存在的許多性別。人類是奇怪的、不可預測的、易犯錯的，因此職場中會發生一些非常令人驚奇和非常糟糕的事情。大部分在職場中眞正出錯的不當事件都與工作無關（很多地方都是如此），而職場之所以可怕，是因爲這些事情隱藏在非常尖銳的權力動態幕後，悄悄地發生。不管你喜不喜歡，女性必須對此格外小心，並保持警惕。是的，現在很多公司有防止性騷擾培訓；是的，MeToo 運動在某種程度上改變了一切；是的，因爲不當行爲解僱的情況比以往任何時候都多。但你還是有可能在職涯中的某個時間點，會發現自己處於一個尷尬、模糊和曖昧的情況中，這可能會使你易受到傷害或者被占便宜。此時女性主義運動或人力資源團隊可能無法幫助到你，一切需要由你自己應對。

對於閱讀本章的男性，也許你可以多做一點努力，去找到與女性同事的共同興趣，建立與男性和女性同事平等的連結。或者甚至更平等一點，只談論工作。我明白管理女性可能會讓你感到不自在。女性和男性一樣，令人厭煩且容易情緒化，而這可以演變成各種問題。但請坦誠和開放地面對它，詢問你可以提供什麼幫助、或者如何能做得更好，多去尋求反饋。最糟糕的情況，是所有人都盡其所能避諱衝突，大家都感到害怕、惱怒或沮喪而逃開，這對任何人都不好。

當面對模糊或不確定的情況時，最簡單的處理方法就是先弄清楚自己要進入什麼狀況，以及如何脫身，我稱這為「駕馭灰色地帶」。

駕馭灰色地帶是指：評估並不斷重新評估那些模糊或可能有多重含義或解釋的事物。工作本來就是不斷地評估和重新評估自己的處境，走出灰色地帶也是一樣的，你必須對自己的處境保持注意和警覺。駕馭灰色地帶涉及事件內涵、事件背景和對事件的理解，並對持續的建議做出回應。

在決定這一章中的內容時，我思考了很多關於性騷擾、女性可能陷入無法擺脫的陷阱、或可能遭受批評的情況。說到底，作為職場上的女性，我們必須能夠理解和想辦法擺脫種種不舒服、性暗示、緊張不安的情境，並在事情懸而未決的情況下，同時完成工作。我們理所當然的要處於這種困境中嗎？不。但知道如何應對會對你有所幫助嗎（因為我們必須學會應對這種事情）？是的。

這為什麼重要？因為不太會有一個職位比你高、掌握著你升遷、加薪或你想要的下一個工作機會的傢伙，會在公司走廊上挑逗你，或發一條簡訊給你說：「胸部好漂亮」。男人沒那麼笨（好吧，大多數男人沒那麼笨）。實際上會發生的是，那個傢伙會邀請你喝咖啡討論工作，而那杯咖啡會演變成和一群人一起喝酒，但最後卻只有你們倆人去喝酒。這就是灰色地帶。

你會接受這個喝咖啡和喝酒的邀請，是因爲你想要加薪或升遷或得到認可，或你喜歡危險、接近權力、喜歡那個傢伙。我的觀點是，這種情況正在你周圍發生，而且未來將會發生在你身上，所以當這種事發生時，重要的是要能夠識別它，然後決定你想要怎麼做。灰色地帶沒有一定的形狀（請耐心聽我說），因爲在這個空間中存在著種種模糊與可能性。

灰色地帶是當一個人試圖與你創造模糊曖昧的情境（這個人可能是客戶、同事、老闆、工作夥伴），讓你處於被測試的位置（她會上鉤嗎？），你必須決定是否接受，以及如何接受。這可能是一個你眞的想要爭取的機會，因爲你想要向前邁進，或者你想要加薪和升遷，或者你想要成爲出色的人並有機會被認可，即使這個邀約的背後帶有風險。

請知道你不必上鉤，還會有其他很棒的非灰色機會等著你，我保證。

儘管人們可能不會激進或公然地跨越界線進行性騷擾（現在這樣做存在太多的法律責任和風險），但他們會創造一個環境，使事情可以有多種解讀方式，從而導致局面失控。當一個同事在 Instagram 上私訊你並評論你的照片時，那就是灰色地帶。當有人要求你從 Messenger 切換到 Signal 時，也是如此。要注意微妙之處和小細節所暗示的信號，這些都可以是以專業和合規矩的方式參與工作的機會，但同時也具有調情和曖昧的機會。你不必成爲火箭科學家或最警覺的生物，來避免職場性騷擾，你只需要意識到自己正在接受測試，並有信心能夠拒絕——或充分認識說「好」的後果。

我們需要學會識別灰色地帶，也需要提前想好回應和計畫，以便能夠以全盤掌握情況的方式作出反應。請預先知道你的計畫是什麼，以及你將採取什麼行動來保護自己。你可以忽略灰色的邀請，編造一個愚蠢的藉口，拒絕進一步發展；或者如果你確實願意接球，那麼就要知道你不想越過的界線，並堅持守住底線。

很多女性，包括我在內，之所以在有人越過界線或事情失控後沒有挺身而出，部分原因是因爲她們感到羞愧，因爲她們知道自己處於灰色地帶，她們參與了其中、或者認爲自己可以應對，但最後卻難以全身而退。當你深陷其中時，可能會感到迷失，然後就很難知道如何回頭和該走哪條路。這可能會讓你變得脆弱。

如果事情眞的發生了，請不要忽視它，或壓在枕頭下藏起來，也不要合理化它或逃避它（我曾這樣做）。請談論它——找到一個你信任的人，把一切都說淸楚，不要讓羞愧或懷疑蔓延。你可以並能夠擺脫灰色地帶，你會沒事的。

若你正處於灰色地帶，你打算怎麼做呢？

在處理灰色地帶的過程中，並沒有唯一正確的答案或解決方案。這主要取決於你對情況的處理意願，以及你想在事前、事中和事後讓事情進展到什麼程度。把一切寫下來可能是個好主意，這樣你就可以確保對自己的情況進行清晰而批判性的思考。灰色地帶的問題在於它會持續存在，可能需要不止一次（實際上可能需要很多次）的行動才能眞正走出來。

若你已經確定了這種情況的存在（做得好，這是最難的一部分），你可以選擇退出，不接受這份工作或專案，不參加晚宴、不出差或回覆私訊（千萬不要回覆私訊）。不接受這個機會的缺點是，這會限制你的發展，然後你就會因爲別人補位進來，而失去了原本的前進速度。但好處是，拒絕會完全將你從曖昧情況中解救出來，而且你的職涯中肯定還會有其他出差和其他晚餐。或者你可以找到一個値得信任、原本就要參與活動的人陪你，或者說服某人陪你出席。如果你願意，可以稱此人爲你工作上的女性護花使者。

你也可以選擇接受灰色邀請，並且說「**我知道，不過……他很令人毛骨悚然，且對我充滿興趣，但他可以幫助我的事業**」。如果這是你選擇的路徑，沒問題，只是要知道你接下來該如何應對進退。

在我的職業生涯中，我不只一次這樣做過。我會踏進一些圈套，然後想說我到時候就會弄清楚怎麼脫身。但這是代價高昂且耗費精力的，並會導致我犯下錯誤。如果你決定要玩這個遊戲，請確保自己有辦法安全下莊，你要有獨立處理的能力。當你與這個人在一起時，找一個可靠的人陪伴你，不要留到晚上九點之後，不要喝酒，不斷強調工作重點。並且，如果你有職場導師、顧問、好朋友（或者網路大神），請問問他們會怎麼做。無論你做什麼，都要謹慎行事。

總之，女性在職場上有自己獨特的處境，就如同男性在職場上、黑人在職場上、或身障人士在職場上一樣。我無法談論其他困難的處境，但我身爲職場女性有豐富的經驗。當你遇到棘手的情況時，一定要保護自己。要聰明一點，辨認自己所面臨的情況，並對自己誠實，了解它有多危險，以及事情升級的速度可能有多快。絕對不要因爲做出錯誤的選擇，或是低估某人或某種情況，而將自己置於困境之中。不要因爲以爲自己足夠聰明、強壯或精明，可以游刃有餘，卻不小心把自己賠了進去。如果你想在工作中尋找危險、樂趣和刺激，絕對都能找到，但麻煩也是如此。這兩者都可能讓你付出高昂的代價，消耗你的心神，並產生後續的影響，其影響能遠遠超出你在 LinkedIn 上的個人履歷。

這裡有一些新的女性工作守則。

我討厭規則，但你知道我的意思。

- 你可以做自己並且取得成功，你不必按照別人所判定的方式來打扮、說話或行動。

‧我喜歡說髒話，女性說「他媽的」是很有力量的，這表示她們找到了自己的聲音。

‧你值得擁有權力。當你擁有權力時，要思慮周到，並且保持優雅。

‧不要逃避爭執。

‧不要隱藏懷孕的事實。如果人們因爲你懷孕而看低你，那就辭職，找一個更好的工作環境。

‧但也不要一天到晚只關注你的孕期，沒有人需要或想要聽到你懷孕的每個細節。同樣，也沒有人需要或想聽你的約會生活或上週末參加的橄欖球比賽。

‧當別人打斷你時，不要害怕說「讓我講完」。

‧當你處於巔峰狀態時，他們（男人和女人）會試圖把你拉下來。他們會把針對你個人，而這會讓你受傷。不要讓他們擊敗你，也不要停止攀登巔峰。

‧不要害怕失敗。女性應該完美無缺的這種觀念（通常是自我決定的）令人氣憤。不要相信這種觀念。

‧不要擔心其他人的自負問題，擔心你自己的。

‧你不必準備得這麼充分。有時候，只要隨機應變卽可。

‧幽默是一種值得認識和應用的優良特質。

‧如果你的行爲有毒，請停下來。如果有人對你放毒，請制止他們。

‧不要在職場中分享你的日記，除非你願意，否則你的生活不關別人的事。

・現在的職場性別歧視比較不明顯，但有更微妙的性暗示。兩者都是問題。
・小心謹慎地應對你的職場環境。
・盡可能多幫助其他女性走向成功。
・當你不願意的時候，你不必忍受被人搭訕。

成爲老闆，而不只是女老闆

好吧，女老闆。

我非常討厭「女老闆」（girl boss）這個詞（儘管我不認爲蘇菲亞・阿莫羅索（Sophia Amoroso）[1]應該因此受到那麼多批評）。當老闆就是當老闆，與男女無關。的確，女性思考方式與男性不同（感謝上帝），同樣的，女性具有與男性不同的優勢和處事方式（再次感謝上帝）。我曾想過寫一本書，書名爲《男人是新女性》，也許我眞的會這麼做。也就是說，我不認爲女性應該立志成爲新的男性。如果你也討厭你的男老闆因爲你不打高爾夫球、或每個週末不喝三百杯手工啤酒而排斥你（我也有過這種經歷），那麼就不要同樣用女性專屬的事情來排斥你的男同事與男老闆。我認爲最重要的是做自己，專注於工作，讓一切都圍繞著工作展開。成爲一個老闆以及女老闆意味著，你有機會展現自己所有的才能與抱負，可以作爲一個領導者、教練、推動進步的人，並且激勵一群人，在持續的一段時間內，去完成想要實現的目標。

老闆應該要有遠見，也應該擁有高期望；老闆應該公平，做事應該果斷且明確，並建立合適的獎懲機制；老闆應該要有同理心，同時應該是人性化、會犯錯的，就像你一樣。作爲一個女性，你將會有自己的氣質，就如同作爲一個個人，你也會有自己的風格和觀點一樣。你並不會因爲是女性，而成爲一個更糟糕或更出色的老闆，你會因爲做自己，而成爲一個出色的老闆。

我認爲職場女性有時會不夠自信，對於自己是否能表現出色、或成爲一個好的老闆感到困擾。

電影《芭比》上映時我去看了，這部電影眞的打中了我。我們全家一起去的，電影開始二十分鐘之後，我女兒忍不住對所有甜膩膩的粉紅色東西流口水，我兒子在搓酸甜棒棒糖的包裝紙，發出沙沙的聲音（我愛我兒子，但我無法忍受人們看電影時發出的包裝紙沙沙聲。題外話，把垃圾留在電影院的人眞糟糕，我堅持看完電影後要把所有垃圾撿起來丟掉）。電影進行了大約三分之一，當芭比意識到，眞正感到悲傷和迷失的是眞實生活中的媽媽，而不是十幾歲的女兒時，我開始掉眼淚。當媽媽和女兒回到芭比王國，然後又回到現實世界時，我已經完全崩潰了，整個人跟我的大腿上那桶兩磅重的奶油爆米花一起不停顫抖。我想我把我的家人嚇壞了，至少肯定嚇到了孩子們，因爲離開電影院時我還在哭，然後回家的路上和回到家之後還繼續哭下去。我傳了條簡訊給我的朋友凱蒂（一個經歷過許多糟糕事情的資深律師），她也說她哭了，然後給我傳了演

1 譯註：蘇菲亞・阿莫羅索是一位年輕的美國企業家，其白手起家的故事出版為自傳 *Girlboss*，中譯本《正妹CEO》。

員艾美莉卡・弗瑞娜（America Ferreira）在電影中的演講，告訴人們當女人是多麼辛苦、試圖做到一切有多難。

「你必須苗條，但不能太瘦……你必須當老闆，但不能太刻薄……事實證明，你做的每件事都是錯的，而且每件事情都是你的錯……我只是厭倦了看著我和每一個其他女性，都爲了讓人喜歡我們，而將自己弄得心力交瘁。」

這確實很難。當你想在工作中表現出色，但又覺得自己應該要在穿比基尼時看起來很性感時，情況就會變得很艱難。我希望我能告訴你我沒這種感覺，但我確實有，你可能也有同樣的感受。儘管如此，我依然確信，如果你努力工作，忠於自己和對他人的期望，堅持相信你的願景，並找到那些願意愛你所有你覺得不可愛之處的人，那麼一切都會好起來，甚至可能會變得很棒。

在工作期間懷孕生子

懷孕這件事沒有什麼模糊點。當你懷孕了，你就懷孕了。孩子既美妙又可怕，他們會以你無法想像或理解的方式，永遠改變你。生孩子就像是讓你的心在高速公路上自由奔跑。懷孕和生孩子需要投入大量的愛、喜悅、恐懼、不確定性以及能量。儘管如此，這確實會對你的工作產生影響，因此值得討論。讓我們從頭說起：宣布你懷孕了。我認爲懷孕會讓女性更加努力地思考自己是誰，以及她們在工作中的形象是什麼。我花了很長時間才成功懷孕，並且在途中經歷了許多次流產和許多痛苦。對我來說，懷孕和生孩子是一場災難。長話短說，我在懷孕八週時接了一份新工作，但沒有告訴任何人懷孕的事情，一來是因爲我不確定這次受孕是否會成功，二是因爲我眞的不想讓任何人知道。直到我懷孕七個月時，我才告訴別人我懷孕了，這實在很荒謬又不實際。

我當時擔心公司會減少給我的機會，對我有不同的看法，或者將我定義爲我不喜歡的樣子。我不想被定義爲一個媽媽或準媽媽，我想被定義爲一個在工作中表現出色的人，就這樣。現在有時候當人們稱我爲某某媽媽時，我腦海中會有一個奇怪的聲音說：**我是一個愛著自己的孩子、並撫養他們的女人，但我不是一個「媽媽」**。這麼想眞的很蠢，而且也很奇怪，但我還是會這樣說。

我告訴你這些是因爲無論在職業婦女的內心中、或者職場裡，都存在著許多關於成爲母親的偏見。這不對，但卻是眞實存在的。我現在經常被問及這個問題：你如何告訴公司你要生孩子了？生完孩子之後，該如何重新回到軌道？該怎麼應對人們的評論？當你必須使用哺乳室、必須到處拖著嬰兒用品時，該如何看待自己？

總之，這裡是我的一點建議：

(1) 除非你自己想要，否則你的生活不關任何人的事。

(2) 如果你想要生孩子，這是一件很棒的事，它會把你帶到你從未經歷過的地方，因此你會需要告訴某人這件事，並著手準備。

(3)至於你想要有多投入、是否沉浸其中、是否以懷孕爲生活的中心，這取決於你。我覺得各有優缺。我自己則是一點也不想沉浸其中，一想到有個孩子的想法眞是太嚇人啦！

我曾見過許多女性喜歡在孕期中在職場上備受關注，因爲懷孕是個充滿感情、令人興奮與幻想的過程。就我所知，職場孕婦基本上有兩種：有些孕婦會執著地追蹤胎兒這一週的大小（現在長到跟金桔一樣大了耶！），而有些孕婦則不知道金桔是什麼，也不知道自己現在多少週，因爲她們的注意力完全在工作上。那些喜歡炫耀「我的孩子現在像一顆冰珠一樣大」的人，會在職場上比較不受重視。如果你想在工作中被認眞對待，請把胚胎尺寸這種事留給你和媽媽、阿姨的聊天群組。

我記得當我懷孕時，在紐約市的各個會議之間奔波，我的同事夏瑪說：「哇，你快生了還能做這些事，太不可思議了，肯定很不舒服吧。」我想我當時可能瞪了她一眼（我討厭任何人提到我懷孕了），然後說了類似「是很討厭，但無所謂」之類的話。我們現在把這句話當作困難時期的口頭禪。

我的建議是，請專注於自己需要做的事情（首先是你的健康、安全、照顧未來的寶寶）、需要完成的事情（你的工作），以及需要知情的人（你的老闆）。然後繼續工作。你可以一邊懷孕並一邊在工作中表現出色；這跟以往普遍認爲「懷孕就不能表現出色」一樣，都只是信念的問題而已。懷孕絕對不應該影響你的潛力或進步。

你也可以在意識到自己懷孕時，選擇退出工作（精神上），並在寶寶出生後等待適當的時間再退出（實際上）。這也是可以接受的選擇。

如果人們在工作中對你指手畫腳，剝奪你的機會或貶低你，要積極地爭取回來。⑴這是違法的，⑵雖然你體內有一個生命正在成長，但這並不表示你就必須變得柔軟、勉強接受一切。好吧，我們明說吧，育嬰假不是假期，但兩者有一個相似之處，那就是，**你應該好好利用它**。不要請了育嬰假，又試圖跟上工作或半個專案。要麼進，要麼出。在這種情況下，你應該顧好你的新家庭，把工作放手（當你回來時，工作仍然會在那裏等你），半進半出對每個人來說都是雙輸。

有一天有人寫信給我說：「嘿，自從我生了孩子以後，我的同事們就在背後八卦我。我該怎麼辦？」簡單，直球對決吧。發一個十五分鐘的會議到她們的行事曆上（個別談——你不需要同時跟所有人聊。對我來說，我會選擇影響力更大、嘴更賤的那個），然後問他們爲什麼在背後說我壞話？我想了解你的問題在哪裡。成爲一個媽媽或一個有孩子的女人，意味著自此我將爲一個超越自我的目標去努力，工作也是如此。

第三部分

決策的時刻——是留下，還是離開？

DECISION TIME: STAY OR LEAVE

工作是一片不斷變化的海洋。也許你的老闆會離職，被新老闆取代；也許你所在的行業正處於動蕩之中；也許一項新法律帶來了變革；也許臉書改變了演算法；也許產業大量的成長，也或許是收縮，甚至是衰退，或者是新的競爭對手加入。也許有比你更好的人進入公司，給你帶來競爭。無論是在公司的宏觀層面、還是在個人層面上，卽使是正面的變化，也依然可能令人不安。

變化是不可避免的，無論是由內部還是外部動力驅動。我知道你不想聽這個，但大多數變化都將超出你的控制範圍。我認爲大多數人犯錯的原因在於，他們希望或試圖假裝變化沒有發生。人們都喜歡以前習慣的樣子，不想要做出改變——卽使改變也可能讓事情變得更好。我想這好像是正常的，但這同時也很糟糕。你無法阻止世界變化，無法阻止你的工作變化，也不應該阻止自己變化。雖然人們很容易陷入這種狀態，但這種態度可能會使你在工作中變得消極，遠離從前快樂、積極和滿足的狀態。因爲你無論如何都無法阻止變化發生，所以卽使你希望事情不要改變，或者你希望能恢復到以前的狀態，這都不可能發生。若你不行動或不適應周圍的變化，就會停滯不前。**在周圍一切和每個人都在變動的情況下停滯不前，才是眞正可怕的事情**。

每個來到吧台體育的人都會注意到，這裡大多數人的熱情和動力非常強勁，人們非常在乎、非常努力工作、非常願意承擔風險，對願景和品牌願意付出心血來貢獻。這是很特別的。壓力造就了鑽石，我對我們創造的成果和參與其中的人感到非常自豪。我也知道，持續的壓力使我們付出了高昂的代價，我們的成功是許多試錯、羞辱和許多次失敗的結果。想要成功，就必須應對一切壓力和困難，讓團隊中所有人聚精會神，團結一心。無論是受到幸運之神眷顧時（像波士頓的體育隊贏得比賽，我們也跟著水漲船高），還是遇到逆境時（內容標題引起爭議，或交易破裂），我們都一樣堅持不懈。正是以正面的態度應對挑戰，解決失敗，並嘗試一切，才使吧台體育的DNA如此無畏和堅強。如果我們想成功，無論難關是什麼，唯一的辦法就是努力度過。實際上，沒有停滯不前或退避三舍的選擇；你要麼全心全意，要麼乾脆放棄。隨著吧台體育的規模擴大，招募新人的時候，我發現公司的DNA在轉變。人們的確認識到了公司的精神和熱情，並且想成爲其中的一部分；但當事情變得不順利或走下坡路時（事情總是會走下坡路），他們會感到不舒服，並且選擇退縮。當這種情況發生時，會產生一種不確定或半推半就的感覺，最終這無法爲他們或公司帶來勝利。你對變化的態度是一種選擇。

所以，我想在這本書的最後一個部分，討論對自己和現狀進行評估，了解你想要什麼，以及如何最好地達成目標。你將不得不進行深入的自我挖掘——到底有多深取決於你自己，並決定你願意承受多少壓力，這也由你自己決定。我的信念很簡單：你挖得越深，你投入得越多，就越能讓自己從容地面對不適；你能夠承受的壓力越大，能夠取得的成就就越多，成長也就越快、越高。工作是在別人的環境中、花別人的錢來實現這一切的機會。在你進行這個過程時，請牢記：

工作和生活必然不斷變化。而事實是：你唯一可以控制的，就是你對變化的反應。它會在你最不希望、最不期待的時間和地點發生，不要試圖控制它。我爸爸總是說，最好的控制就是不控制。當我對超出我的能力範圍的事情感到焦慮和不安時，我會試著回想這一點。請接受你不是宇宙的主人——甚至不是自己小角落的主人，這並不容易，但若能放下這種執著，接受你能控制的只有自己內心的世界，就可以感覺更正面、更平靜，也更能夠應對變化。

即使你的工作很糟糕，也可以從中學到東西。世界不可能一直很美好，所有人也不可能一直保持完美（尤其是你）。但這都沒有關係。你不會永遠喜歡你的工作，就像你不會永遠喜歡自己一樣。你想要專注的不是你討厭的部分、或讓你感到不安或難受的事情，而是你最初爲什麼選擇接受這份工作的原因。你想從中獲得什麼？以及你需要做什麼才能得到滿意感和成就感，然後繼續前進？你不能每次都因爲有事情不順心或不如你意，就想要放棄。相信我，我曾經想過並嘗試過放棄。是的，你可以對事情感到火大，你可能會想對發生在你身上的各種鳥事發脾氣，但最終堅持下去是有價值的，這樣你才能學習、成長，並實現你爲自己設定的願景。我知道這樣講聽起來很討厭，但做你不想做的事情也會帶來真正的價值。最終是各種鳥事（而不是容易且有趣的事情）讓你變得更強大。只有當工作不能讓你放手做事、學到東西、進行嘗試或進步成長時，才值得你放棄。被限制或被束縛是不可接受的，但一份糟糕的工作可以。

最糟糕的選項，就是在生活和工作中停滯不前。如果你不前進，就會忘記如何奔跑、移動、跳躍。你的活動能力會減弱，你甚至還會認爲，因爲自己停下來了，所以其他人也會隨之停下。你可能會和其他心懷不滿、停滯不前的人聚在一起，這會強化你放棄的傾向。但問題是，並不是每個人都在放慢腳步或放棄；當你的消極情緒發酵、反應變慢時，別人正在成長。逆水行舟，不進則退。

擁抱困難。你在生活和職涯中，都會遇到許多十字路口。你將有機會去冒險、去失敗，還會遇到其他使你想發笑或想逃跑的情況。最重要的是，你將有機會去奮鬥。奮鬥是種奢侈的機會，因爲它是人生中最偉大的老師。奮鬥能讓你透過失敗找到解決方法，這既能塑造你的性格，也能鍛鍊你的態度。擁抱困難是一種態度，可以讓你應對人生中各種起起落落。

改變要麼來自你自己，要麼來自其他地方。你是否想要、或喜歡改變都不重要，重要的是你能利用改變的機會，來達成什麼目標。你是堅強而聰明的，只要願意適應，自我檢視並勤於學習，你就能成功。而如果你能奮鬥、願意努力工作，適時主動尋求幫助，將會更快獲得成功。

18 選擇自己的職場探險

Choose Your Own Work Adventure

你想要的一切都是有可能的，但你不能只是口頭說說，要真的去付諸行動。這是你的人生，你的職涯，你的機會。別浪費它並賤賣了自己的未來。

如果你可以……

- 不要畫地自限，讓內心唱衰的聲音閉嘴。
- 不要因爲別人希望你做而做事情。
- 接受這項事實：讓你顯得格外愚蠢的特質，往往也是你成功的關鍵。
- 自動自發地學習。

・擁有願景。
・眞正努力工作。
・克服你的自我和自負。
・對他人友善，並因此感到愉快。

那麼你就可以成爲比你自己更宏大的事情的一部分，這意味著你可以幾乎做到任何事。如果你能堅持下去，並在有所不足時給自己多一些耐心（我們都有不足之處），你將能夠從容地面對不舒服的感覺。而這將幫助你累積經驗，承擔風險，學會相信直覺，並有更大、更顯著的機會在職場上成長。

你有著非凡的成長潛力。我期許你爲了成長而工作，而不僅是爲了賺更多的錢，或負擔得起週末的消費、好在 Instagram 上吸引眼球。金錢很棒，Instagram 也還可以，但成長將永遠與你同在。這才是眞正能讓你變得富有的東西。

適應並克服。

成長會在無人關注的微小時刻中發生——大多數失敗也是如此，而兩者都是禮物。在職涯中，有時你會停下來看看這段成長、付出和學習的過程（這會發生很多次），然後說：「我已經做到了想做的事情，我可以離開了，我需要進行下一步。」也許你感到缺乏動力，也許你的內在或外在有所變化；也許你對事情的感覺改變了；也許你只是完成了任務，而現在是時候開始新的旅程。無論出於何種原因，實現成長唯一的途徑是走向未來，而不是忽視眼前的狀況或將其合理化。

本章將幫助你評估當下所處的情況，以及你想要採取的行動。我的目標是讓你能夠與自己進行誠實的對話：對你來說什麼是對的，以及你想下一步要做什麼。這可能很困難，因爲讓我們面對現實吧，發呆走神比進行一場關於「你是誰？你在哪裡？你想成爲什麼樣的人？」的自我對話還簡單多了。你內心知道自己想要或者需要做什麼，但你可能會害怕，或者還沒準備好，也或者你腦海中那個唱衰自己的聲音依然太過嘈雜。本章將幫助你戰勝原地踏步的自己。當然，你讀完之後可能依舊決定維持現狀，或者你也可能決定努力前進。

這可能會是一個棘手、敏感或者感傷的階段。「**我是誰、我想做什麼**」是種非常複雜、微妙、也令人不安的問題。我不確定你是否和我一樣，但我自己通常會想要逃避這種對話，特別是如果我知道答案可能會令我不太舒服，或者我可以預見必須做出大量的努力或改變時。

要找出「我是誰，我想做什麼」是一個混亂而不斷進步的過程，很多時候可能會讓人不知所措、感到困惑。換工作或離職可能會引起許多情緒和不安全感，但也可能帶來新的渴望和目標。你是這些情感和渴望的總和，因此必須認識它們、試著理解它們，並嘗試實施新計畫，看看你是否能實現它們，這是很重要的。也許你現在還沒有準備好，也許你的願景方向不完全正確，也許你會把事情弄錯，但也許你會第一次嘗試就成功。誰知道呢？我只知道，你不想要生活陷入這樣的迴圈：一邊逃避眞正需要做的事情，一邊在舒適圈裡混水摸魚，反覆犯同樣的錯誤，採取同樣的行動，加深同樣的習慣，逃避同樣的問題。請尋找讓你感到恐懼、挑戰、刺激，並爲你提供學習和失敗機會的環境，這是最能滿足你的環境，也將使你成爲最快樂、最充實的自己。關鍵的挑戰在於克服自己去實現這個目標。

變化即將來臨，請坦然面對

變化正在發生，且永遠不會停止。如果你需要安靜一下或恐慌一下，好吧，給你三秒鐘，接下來可以繼續往前走啦！這就是生活，這就是工作。你必須試著預見變化的到來，避免對變化感到恐懼，然後創造改變，最終讓變化爲你所用。你無法把自己包裹在氣泡裡，免受變化的影響。在你閱讀這些文字的同時，你正在變化，你的世界和你周圍的世界也在變化。而你最大的優點是，雖然無法控制變化，但你可以控制你對待變化的態度以及行爲。雖然起初你可能會陷入恐慌並使情況變得更糟，但你越訓練和調整自己去擁抱你不知道和無法控制的事情，就越能成功地應對變化、解決問題，而不需經歷那麼多的掙扎。

工作中的變化來自兩方面：你自己或其他人。聽起來並不複雜，對吧？工作中的變化有兩種方式：⑴你做了或沒做的事情，這將導致一項後果或行動；⑵你的公司、團隊或部門做了或沒做的事情，這也將導致一項後果或行動。你可以舉手發言、要求更多的責任、學習，並改進做事情的方式，來推動工作中的變革；或者你也可以擺爛、停滯不前、找藉口或自行邊緣化。顯然，前者的結果會比後者有更正面的結果。對你的公司來說，也是同樣的道理。

企業可以藉由推出成功的產品，聘用積極進取、渴望實現目標的主管與員工，以及努力實現一系列具體的目標，來創造行動或推動變革。但企業也可以選擇停滯不前，不停做一堆沒有意義的簡報，裁員或預算削減，隱瞞事實或掩蓋問題。無論是遇到哪種狀況，你都會發現自己面臨抉擇的十字路口，是要躲藏、維持現狀，還是選擇轉換到另一個方向。我唯一反對的是躲藏，因為躲藏一點幫助都沒有，最終會有人找到你，或者你會因為終於受夠了默默隱忍，而在沒有任何計畫的情況下自行退出。這好像在玩捉迷藏，等待被發現，但這是種折磨，主動尋求出路要好得多了。堅持現狀並知道自己正在堅持現狀是一個完全可行的選擇，但在這種情況下，請清楚地知道你為什麼選擇這條路，想從中得到什麼，以及看到什麼跡象時需要選擇離開。

在開始制定改變的計畫之前，試著將注意力從大腦的恐慌區域移開。改變並不壞——只是可能會讓人感覺很糟。我會試著將自己的思維從一〇〇%的恐慌和焦慮，轉移成八〇%的恐慌和焦慮、加上二〇%的思考行動和解決方案，然後一步步調整到七比三、六比四等。要讓憂慮和恐懼完全消失是不可能的，但可以讓它少占據一點大腦的空間。事實上，花在擔心無法控制的事情上的時間和感情越多，可以用來準備和激勵自己應對變化、克服變化，並在變化中茁壯的時間就越少。

創造變化

改變源自於你願意要求更多，並因此獲得更多——請將自己投入其中，讓自己處於前沿，並且嘗試新事物。在這種情況下，你需要準備好樂於嘗試並接受失敗，這麼樣的變化是正面的。你會說，好吧，我承擔了更多的責任，有更多人盯著我看，風險也會更大——我到底該怎麼辦啊？然後接著你就會繼續著手進行（回想本書的第一部分）。如果你需要提醒：克服自己的自尊問題，叫內心唱衰的聲音閉嘴，爲自己打造下一個願景，然後去付諸實行。

如果你選擇躺平、讓自己被邊緣化、變得消極或停滯不前，也可能會帶來變化。這種變化來自你的冷漠，或來自於你的放棄。這可能被視爲負面的變化，但說實話，不全然是。你不用驚訝，如果你選擇退出，你至少應該有足夠的自覺，能意識到其他人會注意到你的躺平。我不希望一家公司接受沒有做到最好的我，或者滿足於我的次級狀態；我認爲你也不應該這樣。而這件事未必負面的理由是，若你選擇躺平，顯然你所處的情況起初就有些負面，或者至少並不是一個能讓你發揮最佳水準的良好情況。是的，雖然被降職、被解僱或被裁員這樣的變化，短期來說會給你造成困難、打擊你的自尊心，但它同時也會迫使你走上一條或許能實踐自我的道路。這眞的是一件好事。

你無法控制的改變

你可以做好充分的準備，應對那些無法掌控的變化，並在情況惡化時從容應對。不要讓這些影響你的心態。保持堅強、冷靜，專注於重要的事情（並放下不重要的事情），這麼做能幫助你保持理智、充滿力量、專心致志，爲接下來可能發生的一切做好準備。

爲了做好準備，首先必須察覺到改變的來臨。請眼觀四面、耳聽八方，參加公司會議時，要注意氣場與氛圍，觀察財報數字是正的還負的，圖表走勢是向上還是向下。記錄管理階層分享的主要方向——這些將成爲未來景況的指南。就像本書先前提到的一樣，請閱讀公司的財報，注意新聞——如果前景黯淡，你或周圍的人可能會受到影響。重大變化通常不會一夜之間發生，但會隨著時間推移而進展，掌握到變化的軌跡是做好準備的關鍵。

第二件準備事項，是在腦海中對工作中可能發生的情況進行推演。你可能會說：「好吧，財報數字不漂亮，公司表現不如預期，目標未能達到；或是沒人說什麼，但人們不斷被解僱。那麼我認爲會發生什麼事？」請試著找出所有的可能性——你可以徵求其他人的意見，並列出一系列假設。也許你的公司會被出售，也許會有預算削減，也許會與另一家公司合併，也許會進行裁員，也許會關閉整個部門。把所有的可能性找出來，可以讓你對未來的選項有一個概念。你不可能對所有或大部分的問題都預測正確，但這會給你一個足夠準確的感覺，了解可能會發生什麼事。這麼做能帶給你力量，並減少你的恐懼。我們最害怕的是未知，而這些準備有助於讓未知事情變得較爲明朗，至少有被思考過。

當你有了一份公司未來可能選項的列表之後，請將其與你在公司中扮演的角色進行比對。如果未來公司要合併，你認為會發生什麼？哪些團隊會受到保護和重視，哪些團隊可能是多餘的或重複的？你所在的團隊是哪一種？這對你來說可能代表什麼？你一樣不可能完全預言準確，但大概會落在不遠的範圍內，說實話，你至少比大多數笨蛋同事提前思考了這個問題。請盡可能去思考所有可能性，盡可能以樂觀但現實的態度，去思考這件事對你工作的影響。裁員是令人沮喪的，這無可避免，但裁員可能也會為你爭取到更多的責任，並給你一些著陸的時間，讓你弄清楚情況。合併可能既複雜又艱難，但也可能是一個巨大的機會，能讓你學到比你現在更大、更廣的東西。盡量讓自己對可能發生的事情有一些概念，這將有助於為你在工作中設定好應對變化的框架，也將為你得到的企業資訊提供背景脈絡。這兩者可以讓你變得更聰明、更了解情況，並為接下來的任何變化做好充分準備。

歸根究柢，無論改變是否發生，你唯一能控制的就是自己的應對方式。事情就是這樣。你無法控制你的老闆、無法控制那個討厭的同事、也無法控制那個拿不出策略的愚蠢執行長。你無法控制經濟景氣、無法控制財務部門和預算、也無法控制股票價格。你無法控制錘子何時落下、或誰會受到影響，其中包括你自己。因此請放下對事物變化的恐懼和焦慮。我試圖寫下兩組清單，來幫助我減輕恐懼和焦慮。⑴我的優先事項——對我來說真正重要、因此必須優先考慮和（或）保留的是什麼？⑵我的恐懼清單——我害怕什麼？明確列出害怕的事情，能幫助我制定解決方案來解決這些恐懼，並實現我的優先事項。你對正在發生的事情越敏銳，對自己所在的處境越誠實，越積極主動，你就會處得越好，因為你已做好準備。

碰到裁員怎麼辦

裁員絕對是一件糟糕的事情。即使你不是被裁員的人，它也會耗盡你在職場上的所有動力、精力和樂趣。儘管在媒體上看起來，裁員好像是一夜之間發生的，但事實並非如此。裁員之前會有各種各樣的預兆，你會聽到管理團隊的風聲，甚至可能會有新聞報導預警即將到來的裁員。如果你在一家大公司工作，並且即將發生大規模的裁員，那麼法律對於如何提前通知員工有許多規定，也有很多正式的程序要走——總之，裁員的風聲一定會在實際發生之前流傳。

我不明白，爲什麼人們在被裁員時會感到驚訝。我想有部分的人內心深處都認爲手上這份工作屬於自己，因此當它被拿走時，都會因此感到困惑。儘管你非常熱愛你的工作，並且非常擅長它，但請不要忘記，這份工作並不屬於你（不像你從中獲得的知識與經驗，那是永遠屬於你的）。

當你開始聽到裁員的風聲時，請多加留意。你可能會認爲自己被裁員的可能性爲零，但事實是……你永遠不知道。當然，你可以詢問你的主管你是否安全，但其實你的主管可能也不安全，而如果主管自己都不安全，就更不可能知道你是否安全。老實說，我會避免去問這個問題，因爲這只會讓你顯得焦慮不安，而且你獲得可靠資訊的機會也很小。

裁員往往是由少數人做出決定，而且會盡可能地保密，因爲這個問題非常敏感，高度情緒性，有法律和財務上的後果，並且是件非常不愉快的事。無論你是勞方還是資方，裁員都可能讓你筋疲力盡。

務實一點吧，在公司存放越少的私人物品，離開時要收拾和運送的東西就越少。在吧台體育於二〇二三年進行裁員之前，我習慣性地把所有鞋子都帶回家，這是因爲我在其他公司裁員時也會這麼做。無論你最後是否被裁員，提前把辦公桌整理好，把重要的東西提前收回來，這都不會對你造成什麼損失。

確保人力資源部擁有你最新的手機號碼和個人信箱。這聽起來很蠢，但被裁員最令人震驚的事情之一是，你的公司信箱、電腦等權限會被切斷，而這可能會造成困擾，至少會令人感到不安。如果公司沒有你最新手機號碼和個人信箱，人資將無法與你聯繫，提供你可能需要的資訊。在這種情況下，人資就像法律一樣，你不能不甩它。

確認你已經把支出憑證都交給財務部，並計算你還有多少天的假期。如果公司選擇將你未使用的假期折現，你會想知道自己可以拿到多少錢（請誠實地說出天數）。高額費用申報也是一樣，雖然公司有責任支付你工作上產生的費用，但如果你被裁員，你最不想擔心的事情，就是你的前公司是否會支付你最後一次酒酣耳熱的客戶晚餐費用。另外，請清除你工作電腦上的個人資料。技術部門照理講要把電腦清乾淨，但你永遠不知道誰會窺探你的東西。你的稅務資料也許在裡面，或者是你前任的履歷，也或許是一些個人健康資訊——把屬於你的東西刪除，不要留給你的同事。

如果你接到通知說你可能會被裁員，請嘗試對傳遞消息的人保持友善。作爲一名被裁員的人，我可以告訴你，你可能會充滿負面能量——震驚、憤怒、恐懼、羞恥（不理性但眞實）、受傷、尷尬、怨恨、挫敗……這些情緒會在你心中翻滾。儘管如此，請盡量保持友善。你可以說：「聽到這個消息太難受了，我感到非常失望」，但或許還可以補充一下，說出你有多喜歡你的工作或你學到了多少東西，或者對於裁員這個艱難的決定可以理解或同情。我之所以這麼說，並不是爲了讓你顯得成熟或寬容，而是因爲這會影響到接下來發生的事情。

在吧台體育時，我們曾經在某個星期四裁減了一百人。星期五，美國國家冰球聯盟的行銷長私訊我，問我應該聘請哪些人；一些數位媒體公司的負責人也打來了電話，還有一些媒體經紀人。這種情況在我們公司內部隨處可見，許多同業在這個時候會找過來——⑴因爲很少人會離開吧台體育，我們聘請了優秀的人並且提供了良好的訓練；⑵因爲其他人想要複製吧台體育的成功。我的重點是，當機會來臨時，我腦海浮現的人、最有動力去幫助的人，是那些友善的人。如果你在被裁員當下，立即表現出強烈的怨恨、憤怒和冷漠，人們不會太願意幫助你。我不是叫你不要去感受這些負面情緒；我是說，不要向你曾經共事過的人說出這些情緒，因爲正是這些人可能會是你的伯樂，能幫你找到下一份工作。

最後一件事：如果你不幸被裁員，你可以掉眼淚，一點也沒有關係。別相信那些說不能這樣的說法。

好，假設現在情況反轉，你是可以留下來的幸運兒，但你很喜歡的同事卻必須離開。你該怎麼辦？首先，盡量不要驚慌。這種情況容易讓人不知所措，你可能會哭泣，會感覺奇怪、內疚，或因能留下來而如釋重負。此時有各式各樣的情緒是正常的，你可能會因爲老闆們不得不解僱你的朋友而感到生氣；你可能會擔心是否未來還會繼續裁員（絕對要問這個問題，但要知道，無論主管們的答案是什麼，如果公司的情況沒有好轉，某種程度上裁員肯定會繼續下去）；或者憂慮你的日常工作會有什麼改變。在腦海中出現這些想法是很正常的，我的建議是靜觀其變。這很有可能對所有人來說，都是一次糟糕且難以承受的經歷，包括你，但不僅止於你。請關心一下被解僱的人——不要害怕主動進行聯繫，這對他們來說意義重大。如果你眞的關心，就不要只是出席告別酒會，成爲他們未來幾週的支持和力量的來源，主動提供幫助，或讓他們知道你有多喜歡與他們共事，以及表達你對他們的尊重。對於進行裁員的人要表示同情，他們會感激你對他們所面臨的困難，所表示出的同情和關懷。請幫你的同事在 LinkedIn 上寫一些推薦或認可——這只要花你五分鐘，但卻能起到非常長遠的作用。對那些可能也感到驚慌、但缺乏應對能力的人來說，你要成爲他們平靜和力量的來源。

最後一點：如果你是負責進行裁員的人，這將是一個艱難且耗盡心力的過程。這明明是一場充滿情緒的對話，但你卻會需要堅守一套固定的劇本。這可能會讓你感到不舒服，讓你對自己口裡說的話都覺得奇怪。如果需要大規模裁員，你可能某個時間點會開始感到麻木。而這一切沒有人會在意，也沒有人會為你感到難過。你能做的最重要的事情是要善良，表達清晰，並讓裁員這件事情盡量與個人無關。

打造你的救生艇

救生艇是當你需要時可以跳船逃生的安全地方。它可以是一個休息和重新整頓的地方，可以是前去新地方的交通工具，也可以是當你的A計畫出了問題時，備用的B計畫。

以下是我的思考方式。當你在工作時，應該偶爾讓你的思緒想一想：「如果我被解僱了或者突然間不在這裡工作了，該怎麼辦？」我對這個問題一直很執著（爆棚的不安全感），所以我花時間打造了許多救生艇。以我為例，一條救生艇可能是去市場行銷或媒體公司做顧問；這本書在某種程度上也是一條救生艇，它向業界展示了我的想法和觀點，我希望這能為我開闢新的道路；我也參與了一些公司的董事會，在那裡我向經驗比我豐富的人互動並提供建議，我把這些也視為救生艇。是的，這些事情對我現有的工作有幫助，但如果我現有的工作不再存在，它們就會是一種安全網。救生艇也可以很簡單，出於各種好理由，你應該與相同或鄰近產業的人保持聯繫，你也應該與你尊敬的人、或者在你夢想公司工作的人保持聯繫，這不僅能對你有許多幫助，也可以在你必須跳槽的時候，成為你的救生艇。

在我的職涯早期，我試圖與業界同行保持聯繫，以防萬一我哪天需要辭職或者被解僱。救生艇也可能是回到你上一份工作，或找一份與你上一份工作類似的工作。這可能不是最吸引人的事情或理想的情況，但如果你需要收入，這是一個可行的選擇。各種類型的自由工作（與全職工作相比）也是救生艇的好選擇。請思考如何得到一份自由職業工作，並想想如果你有需要，你將如何從事顧問或其他自由職業。詢問你現在認識的自由工作者，了解他們是如何做到的，這樣你就可以評估自己是否也能做到。

我不打算在這邊講述要怎麼儲蓄理財，以對任何事情做好準備（這些是眞實且重要的）。我從來不擅長這個，而我猜你也是如此，但我們都應該做得更好。記得要準備一套你可以做的事情，一組你可以聯繫的人，以及一組你可以接受的工作。列出你的開支——淸楚分析什麼是必須的（暖氣和房租）、什麼不是（奢侈的晩餐和昂貴的鞋子）。了解這些事情可以幫助你掌握自己的選擇，如果在工作中出現不預料或不喜歡的變化，也能夠預先做好準備。

要在一夜之間建立人脈是不可能的，尤其如果你處於失業狀態。如果你從來沒有做過自由職業者，也不太可能在一夕之間，找到可以養活自己的自由職業工作。因此請花時間思考和規劃超出你當前範圍的可能性和機會，以便在有需要時，可以馬上上手。有一句老話說：「當你有份工作時，找工作更容易」，這是眞的。

不要呆滯不前、不要慌不擇路

當事情出岔子時、當你被拋到一邊、被逼到角落，或者不得不面對不想要的後果，並因此需要思考下一步時，很容易做出錯誤的選擇。你的情緒會難以控制，而恐慌使人做出短視的行爲。這是一個非常不利的狀況，因爲恐慌會混淆你的判斷力和理性能力。

盡你可能且如你所希望地考慮周到。想好你如何利用時間；想好你需要什麼、想要什麼；想好你與誰共度時光；想好你的願景和你想要實現它的方式；最後要想好你自己——你是誰、身處何處、想成爲什麼樣的人。

情緒會讓你頭昏腦脹，將事情扭曲得亂七八糟。當你的視野被扭曲、並且思維不清晰時，就可能會對你原本不想妥協的事情妥協，或者以原本不必要的方式行事。我是一個情緒化的人，控制情緒對我來說很困難。當事情變得艱鉅、不順利或不確定時，我尤其容易被感情左右。請趁自己不感到恐慌、情緒不高漲，頭腦不混亂時做好基本功；這樣你在情緒狂飆、頭昏腦脹時，就能更好地掌握情況。

爲自己設定一個「能做什麼」的結構和框架可以讓你獲益良多，剩下所需要做的，就是在這個框架內行事。當你感到混亂和不知所措時，要制定一個框架是很困難的。當我感到混亂或不知所措時，我會嘗試讓自己進行簡單的任務，主要是因爲我覺得自己很脆弱，而且不想在那種情緒下進行大事犯錯。做出一個允許你在一段時間內平穩前進的框架，可以幫助你度過困難的時期。

以下是六件你現在可以做的事情，即使當你遇到情緒或思維狀態不好的情況，也能先幫你一步步踏實前進。

1. **記得不斷更新自己的履歷以及 LinkedIn 檔案**。請每半年花一小時來更新它（在行事曆上記下這件事）。

2. **準備好你的救生艇**。拿出一張紙，在上面寫：「當狗屁意外發生時使用」。然後列出你認識的所有人、你能做的工作，以及你可以聯繫到的人和地方。這個過程應該要是有趣的，你可能會一邊列救生艇一邊感到興奮，這是件好事。

3. **制定計畫**。比如說，如果我不得不找一份新工作，這將是我的行動計畫。我每週要打X個電話，每天要安排Y個會議，來推動事情的進展。爲自己制定一個框架可以幫助你在手足無措時保持條理。

4. **在家裡準備一些合適的文具，和一支你喜歡的好筆**（可以是一支有趣的或個人化的筆，不需要太過講究），這樣你就可以開始寫感謝信了。

5. 維持人脈，保持與人的聯繫。不要只在你想要或需要什麼時，才與人互動。

6. 思考一下你的獨特特質和創意，以及你在申請下一份工作時，如何發揮這些特質。

盤點現狀：誠實面對你在工作中的處境

定期檢視你在工作和職涯中所處的位置至關重要。不用傻傻地等待別人來告訴你你的定位和你的表現，因爲沒有人會這樣做。你必須能夠自行評估你是否有在學習、成長、實踐和接近自己的願景。每六個月左右與自己進行一次對話。也許你會覺得把這件事記在行事曆上有點蠢，但花在這上面的時間絕對不會讓你後悔。畢竟，沒人眞正關心你的職涯，除了你自己之外，而這是一件好事。以下的問題將有助於你保持積極性和動力，如果你希望在當前的公司取得成功，它能幫助你制定一條路線；而如果你希望不帶遺憾和罪惡感地轉換跑道，它也能幫助你奠定基礎。

- 我在這裡感覺如何？
- 我對自己和我在這裡所做的工作感到自豪嗎？
- 我每天都在做些什麼？
- 這是否與我六個月前所做的事情有所不同？如果沒有的話，爲什麼？

・我還有在學習嗎？
・與我想要到達的目標相比，我現在處於哪個階段？
・我有感受到被重視、有成長的動力、被挑戰嗎？
・我感到被束縛或受限制了嗎？如果是的話，爲什麼？
・我是否感到自己是多餘的？
・我是否讓周圍的人變得更好？
・我該如何變得更好？
・我在這裡感到快樂和滿足嗎？
・我準備好離開了嗎？
・我準備好離開，但卻因害怕而不敢嘗試嗎？

人們往往陷入自己對事情的期待，而看不到現實的狀態。眞實地看待事情是非常重要的，面對殘酷的事實，不要廢話。越是能誠實地看待自己所處的位置以及周圍事物的現狀，解決問題的效率和能力就會越好。「希望」不是一種策略，期待事情變得不同，或者等待別人爲你帶來改變也不是上策。

在回答了上述問題之後，請認眞、坦率地檢視自己是如何走到現在這個地步的。如果你處於一個快樂、滿足、充滿挑戰的地方，是哪一些過去的貢獻，讓你到達這個現狀？如果你身處一個不快樂、停滯不前、負面的地方，又是哪一些過去的錯誤，讓你陷入了這種情境？爲什麼會這樣？不要去怪罪其他人（雖然這是本能），問問自己做了什麼變成這樣，以及爲什麼。

有時我會想，爲什麼人們寧願過得痛苦，也不願面對自己眞正想要的東西，並且振作起來去做點什麼？面對自己吧！你想要什麼？爲什麼想要？你現在身處什麼樣的情境？你是如何走到這一步的？不要跳過這個問題：我必須做出什麼改變才能成爲我想成爲的人？人的一生中本來就會有許多起起伏伏，但最糟糕的是不願意誠實面對自己。這是你的人生，請自己掌舵。

職業倦怠危機

職業倦怠是導致工作不滿意和盲目換工作的主要原因之一。職業倦怠是眞實存在的現象，甚至可能在職涯早期就發生，因爲菜鳥如你，還沒有機會培養出職場耐力和心理韌性；也或者你的父母過度保護，無論你做什麼都會給予鼓勵，這使得你在職場中處於天然且持續的劣勢（事實上，在生活中也一樣，因爲你沒有自己培養出韌性，甚至是習慣於不具備韌性）。如果你符合以上所描述的情境，那麼就必須比其他人更加努力去抵制尋求舒適和安全的渴望，並且說服自己不要躲避批評和逆境，別遇到問題只想跑回家找媽咪。祝你好運。

職業倦怠也可能發生在職涯後期，因爲你可能無法繼續在工作中學習，變得停滯不前，或者在工作之外的壓力、與工作收入相關的壓力可能會使你舉步維艱，即使想要做出積極的改變也無能爲力。

處理職業倦怠有兩個困難點。首先，判斷自己是職業倦怠，或者只是感到疲勞。兩者之間有很大的差別：感到疲憊可能是因爲付出了大量的努力和過度的刺激，如果這對你而言是一項正面的體驗，你會感到疲憊、想要睡覺，但你會微笑；但如果你感到職業倦怠，就不會想要微笑。請了解自己，並對自己好一點。也許你需要一個長週末，或者你需要更深入的協助。

我們在開車時，會知道自己正在消耗汽油，但有時可能忘了要看一下儀表板，評估還剩多少可用。我就常常這樣，突然間發現油箱裡的油只能再跑五英里。此時你會驚慌失措，希望並祈禱能及時趕到加油站，並開始想像沒油之後停在路邊睡覺，直到有好心人前來幫忙、或有人來把你殺了。

職業倦怠就像汽車沒油了一樣。你在疲憊中奔跑，身上缺乏能量，因此感到精疲力竭、緊張不安。工作上的一切都讓人不知所措，而待辦清單上的任務變得越來越繁重。雖然工作總是有無聊或令人討厭的時候，但職業倦怠的感覺要深刻得多、黑暗得多。職業倦怠會讓你感覺無法在工作中保持正常運作——一切都無比沉鬱、繁重和困難。

職業倦怠是一段艱難的過程，讓人很難撐下去。職業倦怠不會一夜之間發生，也不會因爲你的老闆是個混蛋並說了些傷人的話而發生；職業倦怠是隨著時間的累積而發生的，來自持續的磨礪和一直感到沒油了的感覺。我認爲當我的汽車有油時會感到比較開心，對於我糟糕的駕駛技術也比較不會那麼生氣。**職業倦怠是一種筋疲力盡和不堪重負的複合感受，且無法採取任何措施來改變它**。

現在有很多方法可以解決職業倦怠的問題。你可能想找專業人士談談，爲你的身體和心靈尋求幫助。你可能認識其他曾在工作中停滯不前的人，可以問問他們是如何度過困境的。如果你感到職業倦怠——就像生活在灰暗中一樣——最重要的是要識別並承認這種狀態，並確定自己現在感到的疲勞是職業倦怠感、還是純粹的疲憊。持續的壓力可能是一種動力（副作用是疲憊），但也可能會成爲一種令人虛弱的因素（副作用是職業倦怠）。壓力可以幫助你在感到不適時持續前行，但它也可能使你總是感到不適、不知所措，感覺自己很失敗且一事無成。壓力是一種可能很快從正面因素轉變爲負面因素的事情之一。

- 良好的壓力可以激勵你達到最佳狀態。這也意味著你完全投入，並正在努力向前推進。
- 良好的壓力可能會讓你感到疲憊和不堪重負，但其中有一些東西會讓你想繼續前進，讓你感到飢渴並希望得到更多。
- 不良的壓力則是負面情緒在你的大腦中占據空間的結果，這會讓你感到疲憊，且最終會變得有害。在不良壓力下，你會不可抑止地認爲事情永遠都會如此艱難，且永遠找不到好的解決方法。

在工作中感到壓力太大，可能表示你已經接近極限。你可能還沒有掌握如何在截止日前迅速思考並做出決定，評估情況並採取行動。你可能必須處理超過自己上限的壓力，或者你可能吃下了超出消化能力的負擔。這些並不是壞事，但粉飾太平就不好了。不要默默承受，也不要假裝自己不需要幫助。**有時你腦海中的聲音會說服你，認爲說出「我需要幫助」是一種軟弱和失敗的表現，那個聲音是錯的**。不求助然後搞砸自己的任務才是眞正的失敗。也許你認爲說出「我需要幫助」會讓你陷入困境，或者讓大家看到你心中的混亂，但事實正好相反，尋求幫助通常就會得到幫助，能夠使你免於陷入混亂。壓力基本上是好事，請主動承擔你所能承擔的壓力。在你放棄並宣告自己職業倦怠之前，請確實弄清楚你所感受到的是否僅是過多的壓力。

如果你眞的感覺到職業倦怠，請找出它的根本原因。每週工時太長、內心中有些煩惱不斷削弱你的力量、工作中的某人或某個專案使你痛苦不堪、或者也許根本與工作無關。是什麼促使職業倦怠發生？雖然問題可能來自其他事物或其他人，但職業倦怠正發生在你身上，因此你需要採取步驟來解決問題，或者獲得需要的幫助來緩解它。

與有毒的老闆一起工作，是職業倦怠的根源之一。由於工作中缺乏正面的挑戰與讚賞，你可能會因此失去信心、動力、滿足感和價值，並因爲陷入一種降低生產力的反饋循環而備受困擾和癱瘓，使得一切事情都負面化且變得比實際上困難得多。如果這種情況發生在你身上，請思考以下幾個問題：

- 老闆做了什麼，讓我感覺這麼差？
- 我是否有辦法改變這種情況？
- 是否有辦法讓老闆考慮改變自己的行爲？
- 我是否充分面對了這個問題？
- 這個問題是否超出了老闆的控制範圍？
- 我是否可以創建一些界線，來緩解這個問題？
- 我可以做什麼，以避免陷入惡性循環？
- 有沒有一個我願意相信的人，可以幫我走出困境？

如果職業倦怠的來源是因爲工時過長，那麼你需要誠實地檢視一下，你的角色、部門、公司和產業中，企業文化和對員工的期待是什麼？你的工作是否是期待你做到關燈才離開辦公室的那種？如果這是公司的期望，而你不想要每天二十四小時都在工作，那麼就需要去尋找一種不同類型的工作。因爲你在接受這份工作的同時，就等於是默認了這種工作要求和企業文化。

投資銀行業不會因爲你想要享受空閒的夜晚和週末而改變。同樣地，從事體育產業也是如此。從事體育產業是件很棒的事，但同時也很糟糕，因爲一年中幾乎有十一個月的夜晚和週末你都必須工作。如果你不希望在晚上和週末工作，我會勸你不要進體育產業——事情就是這麼簡單粗暴。

你可以想要成爲一名投資銀行家，或有幸在體育產業中得到了你夢寐以求的工作，但你卻開始恨它，因爲它需要太多的時間和犧牲。開始憎恨一個你本認爲你想要的東西，並不是件可恥的事，反而意味著是時候尋求新的事物了。你不會想成爲一個懶散敷衍的投資銀行家，也不會想成爲那個無法在體育產業跟上其他人腳步的女孩。

如果是你個人生活中的某些事情，消耗了你的精力，並造成了工作中的倦怠感——如父母或孩子生病、個人健康問題、離婚或經濟壓力，請嘗試找到方法，將家裡發生的事情與工作分隔開來。

這種分界對我來說一直是困難但至關重要的。當家裡發生問題時，要在工作中保持正常是很難的；同樣的道理，工作中發生混亂時，要在家裡保持鎮定也很難。我很難駕馭這件事。大多數時候我讓工作占據上風，一天二十四小時掌握我的節奏和情緒，而這對我周圍的人來說很糟糕；若情況反過來，讓個人事務掌控了工作，情況也一樣糟。

在工作以外感受到的壓力，可能會對你在工作中的表現產生負面影響，進而影響你的思想、思維清晰度和勇氣。請將家庭問題留在家裡，將工作問題留在工作場所，這是一種非常寶貴的技能。試著設立一套界線和框架，告訴自己什麼時候應該擔心什麼。你的思想和情感在一天中會自然地起伏變化，但你可以對自己說：「現在我要先處理這個問題，那個問題稍後再處理。」

另一種應對壓力的方法，是每天或至少每週爲自己留出一些時間，做一些專屬自己享受的事情。去健身房、離開辦公桌去散步、與心理治療師交談、做指甲。找出你需要的方式，來幫助自己恢復活力，重新調整自己，以應對工作和家庭中的其他事務。你可以與你的主管談談，告訴他們你在應對一些個人問題時遇到了困難，希望每天找到一些時間來處理它們。比如你可以說：「如果你同意的話，我想每週二提早一點離開辦公室，參加一項固定的活動。在離開之前，我會確定完成當天的工作。」讓你的主管知道，你需要做什麼來保持心理健康，以便能繼續投入工作。你不需要向這個人展示你的靈魂，也不需要說出比「我有一項固定安排」更多的細節（無論它是去看心理治療師、健身房、做指甲、睡覺——都沒關係），你可以請主管體諒你的這條界線。

我也非常相信自我照顧的重要。顯然，你並不完美，不可能把一切都搞定，但稍微對自己好一點——尤其是在感覺低落時，就可以讓情況有所改善。你不需要變成別人，但可以多花點時間打扮自己，雖然這樣聽起來很愚蠢——我的意思是，我們無論如何都得穿衣服去上班，對吧？但這樣就可以改變你的感覺。同樣的道理，展現自己最好的一面——也許是洗個頭、穿件裙子（而不是瑜伽褲），也許是早起十分鐘給自己泡杯咖啡，並花時間品嚐一口。只要花點時間關心自己，做一些讓自己感覺良好的事情，就可以讓世界變得不同。

我媽媽的性格相當低調（但接下來要講的態度除外）。在我成長的過程中，她每天準備出門上班時，總是會說：「好的，我得去做臉了。」意思就是她要去浴室捲頭髮、擦睫毛膏、塗口紅、拍腮紅。我會跟在她屁股後面，坐在馬桶上看著她化妝。整個化妝的過程就好像是她穿上了自己的盔甲（也許是妝容，也許是衣服，也許是其他東西），準備迎接新一天的挑戰和未來的戰鬥。「化妝」就像是個信號，意味著上場的時候到了，讓我們準備好並開始幹活。我喜歡她的這種態度，我也繼承了這個態度，並至今實踐不輟。如果你不願意花點心思來打扮自己，就永遠不會知道那會是什麼樣子。事情如果不去做，你永遠也不會知道會是什麼樣子。

我在大學時的袋棍球技是數一數二的糟。我從來沒有接觸過袋棍球（lacrosse）這項運動，卻要一邊學一邊練習成爲守門員，超級難的。當時學校的足球教練是我的守門員教練，我很喜歡他。他是一個粗獷但充滿智慧的緬因人，空閒時會去獵捕河狸，並擁有許多金句。他也對我非常嚴格，我們在凌晨五點的冰場進行訓練，感覺起來像有四年的時間。有一年我們聘用了一位助理守門員教練，我想她的正職可能是心理治療師。我覺得她很煩人，也很輕浮，我比較喜歡那個獵河狸的緬因人。但這位新教練對我說的一句話，卻讓我印象深刻。她說：「你如果能讓自己的外表呈現最佳狀態，心裡也會感覺處於最佳狀態。」當時我只想說「閉嘴啦，這位小姐！」我穿著守門員的背心，大腿上到處青一塊紫一塊的，全身都是瘀青，我覺得我的外表根本不能看、心裡也賭爛極了。但這句話卻一直讓我銘記至今，仍然時常用來提醒自己。而我的確會這樣做（有時候），但重要的是，我知道當自己需要處於最佳狀態時，我能夠做到。

這不是一條完美的策略，但這可以是幫助你用小碎步前進。

無論你感到職業倦怠的原因是什麼，都可以找到一些方法，幫助你緩解疲憊。職業倦怠的感覺可能不會在一夜之間消失，甚至可能不會在一週、一個月或半年內消失，但它最終會減輕。你並不孤單，你不是第一個或最後一個經歷這種情況的人，有很多人願意幫助你，而最重要的是，你（是的，就是你）絕對有能力解決它。

安靜離職最爛了

安靜離職（quiet quitting）者的哲學是盡可能少做，盡可能少嘗試，盡可能少表達熱情，通常只付出最低限度的關注、精力和努力，只做到必要工作的最低標準。安靜離職是這樣一個觀念：如果老闆要求你做到超越最低限度的事，那你應該爲此得到更多的報酬，否則就不值得去做。

我討厭安靜離職。我認爲這是一種糟糕的人生態度、擺爛的生活方式，更是一種面對機會時的愚蠢作做法。安靜離職是種浪費，你明明可以很出色，可以做一些大膽的事情，將自己推向一個從前想都不敢想的高度，但你卻坐在那裡當大爺，認爲除非有更高的薪水，否則自己只會做到最低要求。愚蠢至極。

的確，良好的表現應該要得到良好且公平的酬勞。的確，努力就應該得到獎勵。但你也要知道，努力本身就有著超越獎勵的價值。

生活和工作都是種瓜得瓜，種豆得豆；你付出多少，就會收穫多少。這是一個你必須理解的竅門。我最近花了很多時間和經紀人打交道（我吐），他們往往熱情洋溢，因爲當他們的客戶想做更多事情時，他們就能賺更多錢。就是這麼簡單。這些人整個世界觀就是爲最微小的服務爭取最高的價格。我討厭這種工作，但無論如何，在吧台體育，我們總是會說，這裡的做事方式不一樣：你只要來到吧台體育，我們就會爲你注入養分，讓你的粉絲和熱度爆棚；我們會讓數十萬、甚至數百萬的眼球聚焦在你身上；我們會教你我們所知的一切，並且會永遠支持你。但與此同時，你付出多少，就會收穫多少。你參與的節目越多，你與其他人一起創造東西的越多，你的收穫越大；這也意味著你的下一份合約內容也會變得更耀眼。大多數經紀人無法理解這一點，甚至一些有才華的人也無法理解——但事實是你付出的越多，收穫的就越多。安靜離職做的卻恰恰相反。

在討論安靜離職時，我想談談凱文．克蘭西（Kevin Clancy）的故事。凱文是一個管不住自己嘴巴的愛爾蘭裔年輕小伙子，來自紐約皇后區。凱文在被吧台體育聘用之前，曾在三大會計師事務所工作。凱文是吧台體育的原始成員之一，他藉由自己的部落格、推特、對大都會隊（請安息）的熱愛和他的播客《KFC Radio》建立了巨大的粉絲群。凱文在還是一名會計師時就已經放棄對本職的投入，而且躺得不能再平，只差沒有離職。他創建了一個名爲「Mailbag」的部落格，主題就是爲那些在工作中敷衍了事的人提供一個平台。我尊重凱文的一點是，他願意追求自己的熱情，冒險嘗試了一些嶄新的、不同的事情，即使收入不如以往，但因爲這是他的熱情所在，因爲他相信自己能夠做得出色。**有的時候，如果你有想要在職場「安靜離職」的衝動，或者如果你明明不是會放棄的人，但卻正在進行放棄的動作——那就表示你可能需要轉換跑道。**

我很少這樣說，但在這種情況下，請向凱文．克蘭西學習。如果你討厭自己正在做的事情，如果每天充滿了壞情緒，如果你對公司感到不滿，對你日復一日在辦公室做的事情感到怨恨，那就離開吧。說眞的，就離開吧。他們會更快樂，你也會更快樂。如果你留下來，並且習慣於當一個躺平者，那麼唯一失敗的人是你。跟隨這條沒有方向的軌道只會阻止你自己進步，你無法學習、無法成長、無法失敗，也無法成功，就只是在放棄而已。你爲什麼要放棄自己？你可能認爲明明是你在放棄公司，人們眞的會感受到你的消極抗議，並因此而備受困擾，但你錯了（你眞的錯了），唯一關心你是否放棄的人，唯一眞正受到傷害的人，是你自己。

綜上所述，你的人生可能會經歷危機或重大變化，在這段時間中工作無法——或不應該成爲你的重點。在這個短暫的時期裡，你會希望工作盡可能地平靜、輕鬆和可預測，但請記得要保持你的願景完整，並且對正在嘗試進行的事情深思熟慮，而不是感到怨恨。「**必須先把工作放在一邊**」的想法或說法是完全可以的，你的願景依舊可以保持完整，你也依舊可以對學習和進步抱有渴望；你只是當下需要時間處理一些其他的事情。我也曾經遇過這種狀況。

但這並不是安靜離職。安靜離職意味著你放棄了你的願景，自此不再有願景，不再有能夠引導和驅使你的東西，而你的哲學變成了「**我要從這家公司中榨取所有的價值，盡可能避免承擔工作，同時還要得到報酬。**」此時你的願景是從公司裡揩油，而這是愚蠢、且極其狹窄的思維方式。你的公司眞的不會因此受到損失。如果你花了一年的時間進行安靜離職，就等於失去了一年的進步時間。事實上，你現在可能比一年前還不值錢。

我一直都努力地充分利用時間，因爲這樣我就可以去做下一份更大的工作，或者成爲更好的自己。這本身其實是一種不安全感，但我傾向認爲這是將不安全感轉化爲一股正能量的方式。安靜離職是利用不安全感，讓自己保持原地不動，永遠警惕著不要做得更多，並且缺乏進步的渴望。隨著年齡的增長，你越是這麼做，改變自己或適應職場的能力就越差。與當年剛踏進職場的新鮮人相比，你必然有所改變：職場裡好事會發生，壞事也會發生，有趣的事情會發生，令人痛苦的事情也會發生，這一切都會讓你變得有所不同。但是如果你決定安靜離職，你將一無所感。終有一天你會抬起頭，發現大家怎麼都超越了自己？此時你會眞正地感覺到苦澀與怨恨。

玩自己的遊戲（換個角度看事情）

在你的職涯中，人們會給你設下許多障礙，並且試圖透過這些障礙來推擠你、壓扁你、絆倒你、阻止你、考驗你，玩各種你想得到想不到的花樣。你可以以自己的方式、你的風格，和符合你本性的方法，克服這些障礙，這就是「玩自己的遊戲」。克服障礙是讓工作變得有趣的原因，無聊的工作絕對不是有趣的，可預測的工作、或者不必思考的工作也很無聊。挑戰和障礙賦予工作意義——它越困難，你就會越努力，因此學到的東西就越多。按照自己的方式學習和行動，這就是「玩自己的遊戲」。

很多人曾經對我指手畫腳，告訴我該如何以不同的方式做事。自從吧台體育被佩恩娛樂（Penn）收購後，這發生了很多次。我努力聽取他們的建議，理解他們的意見，而不是暴跳如雷或叫他們滾開，我也盡量別把一切意見都當作批評（我將永遠爲做到這點而努力）。當我處於最佳狀態時，通常能夠理解人們想表達的意思，並能夠進一步內化、反思、回應，並採取行動；但當我處於最糟狀態時，我會覺得人們愚蠢、不明白，或者不了解我。我希望能讓人們開心，所以我可能會傾向於妥協，接受他們的建議和觀點。這可能對我是有幫助的，但也可能反過來害到我，所以我現在努力接受反饋的同時，也學會說：「不，我相信我的直覺，我不會按照你建議的方式去改變。」總而言之，請嘗試傾聽所有的反饋和建議，但只接受那些對你來說是正確的東西。

知道何時該離開

人們喜歡對你的職涯和生活提供意見（卽使沒有被問及），因爲這讓他們感覺自己重要且不可或缺，因此你會收到一大堆的意見，想給你和你的職涯、你做事情的方式指點迷津。我會聽取別人給我的建議，但不會照單全收。因爲到頭來，這些建議必須對我有效，就像它們也必須對你有效一樣。只有你自己知道什麼對你來說才是正確的決定、正確的行動和正確的時機。

有一天（也許是今天）你會發現，自己必須決定是去是留。無論你選擇哪條路，都沒有錯誤的答案；但無論你選擇哪條路，都要爲自己考慮，眞誠地思考你認爲正確的理由，並且爲這個決定負責。如果你要離開，請帶著與接下這份工作時相同的熱情離開，帶著眞誠、尊重、體貼和關心離開；如果你打算留下，那就留下並全心投入。最難的問題在於決定該留下還是離開，以及決定何時該加倍努力、或者應該放手走人。

以下是我的想法：

· 當正面的事物開始感覺負面時，是時候離開了。
· 如果你在一個職位上待得太久，以致於變成了「過期」員工，是時候離開了。
· 如果你無法像自己希望的那樣成長、學習、做事，並且不再想要努力實現目標，是時候離開了。
· 如果你發現自己越來越常當一個混蛋，無法正面地激勵自己或他人，是時候離開了。
· 如果以前讓你興奮的事現在讓你煩惱，是時候離開了。
· 如果你已經竭盡全力，但卻無法看到再次迎接挑戰的機會，是時候離開了。
· 如果公司正在四處崩解，是時候離開了。
· 如果無論你如何努力，都無法對事情感到興奮，是時候離開了。
· 如果你留下的理由只是害怕離開，是時候離開了。

什麼是「過期」員工？有時候你可能在一份工作中待得太久，這個職位或專案的需求和要求已經有所變化，與你的狀態不符，但你卻努力掌控一切並維持事情過往的樣子，這就是「過期」。大多數在同一個職位待太久的人，會變得刻板、僵化、憤世嫉俗，最終成爲人們避之而行的對象，以便去尋求更新鮮、更有吸引力的東西。

不（NO）＝知道（KNOW）

「不」是僅次於「好」的最佳回答。有時候，「不」甚至比「好」更棒。「不」能夠讓你擺脫模棱兩可、慣性和拖延的情況。如果你在職場上要求晉升、加薪或承擔更多責任，你可能會得到一個「不」；你顯然更希望得到一個「好」，但至少在這種情況下，你能夠對情況有所了解，而不是被拖延著得不到明確的答覆。雖然你可能不喜歡，但「不」有助於爲你提供清晰的前進方向。當必須決定是留下還是離開時，明確性至關重要。它能讓你在邁出下一步時，感到更有信心，並且毫無遺憾。當你聽到「不」時，不要生氣，不要崩潰，你應該慶幸不必浪費時間等待回覆。接受答案，吸收損失，並嘗試理解下次應該怎麼做，才能得到一個「好」。

笑或跑！

我之前在雅虎最棒的事情之一是老闆蓋兒（Gayle），特別是當工作很煩人時，她常說的一句金句就是：「**大笑或者快跑！**」她說這句話時帶有一些玩世不恭的意味，但總是令我印象深刻。

如果你無法再獲得樂趣，那就是該離開的時候了。**如果你再也笑不出來**，就代表你的「時期」已經過去了。如果辦公室裡沒有讓你快樂、幽默或滿足的時刻，你整天都在抱怨工作現狀，而不是思考該怎麼樣改善時，是時候去尋找一些新的東西了。在工作中可以對蠢事一笑置之是件好事，幽默中總有些陰暗面（附註：黑色幽默是一種被低估的特質）。對工作中的事情開懷大笑可以讓你擁有更廣闊的視角，能拿自己工作上做的蠢事開玩笑，也會讓你更有人性和親和力。當你無法對職場上諷刺或愚蠢之處發笑時，就代表你很可能對這個地方已經沒有太多的愛或親切感。

向前跑，不要向後逃

關於換工作，我得到的另一個最好的建議是，如果你決定要跑，就要朝著某個目標跑，而不是像無頭蒼蠅一樣倉皇地逃離某事物。我們都是情感化且不理性的生物，很自然地會感到各種情緒激動、生氣，做一些衝動的事情，然後一頭栽進離你最近的機會裡。你因爲討厭當前的工作而辭職是一回事；但若爲了逃離這份工作，因此不計代價地去接受下一份工作，這就不太明智了。

> 絕不要爲了點心留下來，如果「喜歡辦公室提供的食物」是你喜歡這間公司的前五大原因之一，那你就是一個徹頭徹尾的傻瓜，正在賤賣你自己的未來。不要爲了福利或其他甜頭而留在一間公司裡。如果你在工作中的舒適感是你留下的主要動力之一，那麼你留下的理由可能不是很正確。沒開玩笑，我有一個朋友曾經就因爲有配車和司機，而在一家公司待了兩年，有人接送她上下班的奢侈讓她留了下來。雖然這很享受，而且紐約地鐵確實很糟糕，但我不確定爲了舒適的上班通勤而耽誤職涯是否值得，因爲到頭來，這種輕鬆旅程通常沒辦法帶你去到哪裡。

請朝著讓你感到興奮和挑戰的目標前進。你可以感到害怕，或感覺自己不夠資格，因爲這些感覺意味著你正把自己推向冒險，並且願意嘗試從容地面對不舒服的情況。是的，你可以因爲工作不順利、無法滿足你、讓你沒有動力，或者其他原因而想離職，但請不要因爲一時的情緒、更好的頭銜、或多個幾千塊錢就去跳槽。人們常常擔憂自己的履歷上不應該要有中斷或空白，說實在，我不認爲眞的有人會在乎，也許愚蠢的招募人員會在意。但如果你想離職，就離職吧，只是要記得不要將離開和前往混爲一談。

喬安當年以迅雷不及掩耳的速度，大張旗鼓地離開微軟，然後又離開雅虎，我很快地決定跟著她走，一方面是出於忠誠，另一方面是我感覺還不夠滿足，還沒有從她身上學到足夠的東西，也不想嘗試向新的人學習。現在回顧起來，這是一個倉促而混亂的決定，對當時的我來說可能是好的，但也可能不是。我當時想的是，如果沒有她，我就不想在微軟工作了。她離職的那一刻，我就對微軟失去了信心，甚至沒有嘗試去應對她離開帶所來的變化，或者假裝想要從中獲得更多。

相反的，我純粹依靠自己的情感，去了一家她介紹給我的新創公司工作，而這份新工作事實上遠比我在微軟的工作糟糕。回想起來，我從這次經歷中學到了很多，也更了解自己，並且很高興能夠與她有所交集。那段在新創公司的時間並不快樂，我並不喜歡，但這是一個很好的教訓。我看到了新創公司的生活，對此有了一些了解，也意識到了其中的挑戰以及我自己身上的一些侷限性（包括不住在紐約）。

從後見之明來看，我認爲大多數人都認爲他們的選擇是正面的。我也不例外，儘管我確實認爲我可以透過更好的選擇讓事情變得更容易。

若你沒有深思熟慮就做出反應、盲目地跳入某個坑裡，就會更難以實現眞正的成功。這樣一來你做事的動機會變得模糊，因此成功的樣貌就變得較不明確，而這是因爲你接受新工作的動機主要是關於你的舊工作，而不是你的新未來。

想要有所追求，就必須理解自己下一步需要和想要做什麼，以及這個角色或這家公司如何能幫助你。無論你有多深思熟慮，或者做了多少準備工作，你的下一份工作都不會是完美的。當我找到吧台體育時，我看到了它的機遇有多大、品牌有多棒，以及它的問題是什麼（事後證明，我當時一無所知），我也同時知道，我非常想要這個機會，因爲它會讓我建立新的事物，做一些我以前從未做過的事情。請試著分析你想要這份工作的原因：是因爲新工作提供的機會與挑戰，還是因爲舊老闆是個魔鬼、舊公司是個地獄。請向一個對你沒有偏見的人（基本上就是陌生人的意思）闡述你對下一份工作的想法，告訴對方爲什麼這份新工作對你來說，是個絕佳的機會。如果你最終把重點放在目前的工作有多糟糕，而不是這個新工作可以有多好，那麼你就是在「向後逃」，而不是「向前跑」。這麼做之後，再重新考慮一下，可能是更明智的做法。

不一定要總是喜愛自己的工作

在決定是否離職時，千萬要記住每份工作都有其缺點。沒有一份工作、一個老闆、一項產品或一個同事會是完美的（包括你自己）。你並不能保證比起現有的工作，你永遠會更喜歡下一份工作，也無法保證不會更討厭它。你應該要對下一份工作抱有高度的期望，並且應該要感到有些戰戰兢兢（這表示下一份工作中有一項巨大的挑戰）。

能夠學到一些東西並因此知道自己不喜歡它，總比一無所獲來得好。即使你不喜歡你正在做的事情，做這件事本身也會對你有所幫助，或許當下感覺不到，但會在未來的某個時間以某種方式幫助你。希望在職場中不必努力、不必被迫學習，是一種不切實際、灰暗消極的想法。工作中很大的一部分就在是學習如何克服困難。

兩年前，我把所有的精力都投入在吧台體育上，以試圖將公司系統化。這不是因爲我想要，而是因爲我必須這樣做。佩恩娛樂希望將吧台體育的業務清晰明確地納入他們的日常營運報告中，所以我們就必須要這麼做。對於任何關注吧台體育的人來說，我想我不需要告訴你這個任務有多麼不可能，甚至難如登天。我並不爲此而活，也不是眞的喜歡或同意系統化，但說到底這是必須進行的。我自己是對實驗和嘗試各種非正統、獨立的創造性方法更感興趣。問題在於，你我都不是活在過去，假裝沒看到現實對我們一點幫助也沒有。就我個人而言，我需要學習很多關於實施流程和財務控管的知識。因此雖然當時我並不是很喜歡這個過程，但我知道我所做的事情將對吧台體育有幫助，也將在未來對我有所幫助。我不知道這個成果具體會在什麼時候顯現，但我知道未來回顧那段時間時我會對自己說：「我很高興我當初學會了這些事」。

在工作中，總會有你討厭的人、專案、日期、月份。二〇二三年的五月、六月和七月不是我人生中最開心的日子。但這沒關係，我是（現在仍然是）一個樂觀主義者，我知道八月會更好，而且事實也的確如此。在困難時期中，請盡量不要讓自己抱有受害者心態。有時候事情會出錯，你必須躲在壕溝裡度過工作中的危機，有時候工作可能會變得乏味和無趣。度過困難時期的最好方式是保持專注，完成工作，鼓勵自己學習新知識，嘗試新事物。喔，還有，無論何時何地，在可以的時候嘲笑一下工作上發生的事。如果我在工作中總是天天順利並受到啟發，我就不會在週末寫這本書。在與佩恩娛樂合作的那段時光裡，感受到壓抑、擔憂和壓力是創作這本書的巨大動力。掉在工作泥淖裡，可以讓你學到獨特的經驗，讓你懂得在事情不順利時，依然保持積極與正向，讓你學會如何從一團亂麻中找到出路，如何扭轉局面，如何爲原本乏味的事情添加樂趣，以及如何開創新的事情。負面情緒在工作中具有感染力，但動力、正向思維和好奇心也是如此。不要成爲公司低潮時期的受害者。人生是短暫的，但職涯可能相當長，所以你要盡可能地實踐和接觸不同面向來充實它。你會藉此變得更加自信、快樂，也更接近你想要的目標。

如果我沒有跳過那麼多次槽（二十五年來換了十個工作），就不會知道吧台體育是個適合我的舞台。你還沒有找到自己的舞台也沒關係，每個人都有自己的時間表，不要一天到晚與其他人比較，因爲這唯一會帶來的就是不滿和自卑。你越願意去嘗試，知道的就越多、能做的事情就越多、擁有的選擇就越多，也就越能相信自己的直覺，知道什麼是正確的。待在一份工作中很難，但離開一份工作更難，因爲這會帶來許多不確定性和憂慮，同時也帶來許多興奮。離職是那種一旦做下去，大概就無法回頭、也不會想回頭的決定。而不論最後是走是留，你都會很棒。

19 如果我留下來……

If I Stay . . .

借用美國前國務卿克林・鮑威爾的一句名言：「盡力在你所處之地綻放（Bloom Where You're Planted）」。

如果你已經確定，在你的當前工作中仍然有值得奮鬥的事情——一些感覺應該要做、尚未完成、或對你有價值的事情，你因此決定堅持下去，試圖讓事情變得更好。太好了！下一步則是要找出癥結點，嘗試進行切實、可行的改變，如此一來，事情要麼會改善，要麼你六個月後盤點情況時，可以問心無愧地說：「我試過了所有可行的辦法，這裡對我來說已沒留下任何遺憾，所以是時候離開了。」或者是：「我著手進行了改變，新的方法正在起作用，因此我現在正處於良好狀態。」你需要專注地付出努力，並嘗試進行改變，以便能夠帶來新的契機。眞正糟糕的是事情一成不變，而這會讓採取行動變得更容易，因爲除了已知的糟糕現狀外，你沒有什麼好害怕的。

接受困境

沒有一份工作是完美的，這意味著，即使世界上沒有滿滿的獨角獸和彩虹，你也需要學會在任何地方找到幸福感和滿足感。請愛上你面對的問題。確實，能夠解決問題並發現新問題，是非常令人滿意的事情。然而當你無法愛上一個問題，或者有太多問題以至於你無法以適當的方法愛上它們時，那就學會放手吧。不要執著於小事。如果你把時間花在老闆沒說、沒認可、不去做的事情上，你就會忽略他選擇去做的其他事情。這最終會讓你抓狂，並對你的職涯不利。總是爲一些微小而愚蠢的事情苦惱，只會讓自己生氣，並讓自己的行爲變得狹隘。相反的，請把頭放低，把標準拉高，並緊盯你的問題——只是不要靠得太近以至於失去了願景。

專注於你可以控制的事

我在職場上已經歷過「最好的控制就是不要控制」的階段（我說過我學東西很慢）。這個策略也適用於你四周，和超出你控制範圍的事情。我深深相信你應該盡力去掌握那些對你有直接影響的事情。

要充分理解並接受自己在工作中可以掌握和不能控制的事情。**面對可以掌控的事情，你需要爲自己設定目標**。這些目標應該要可以快速達成，同時也具有意義，如此一來你可以快速獲得一些動力，並感覺自己正在前進。「願景」指的是你最終希望達成的結果，而「目標」則是實現該願景所需的步驟。舉例來說，如果你的願景是在公司重組結束時，獲得一份出色、全新、內容充實的工作，那麼你的目標將是採取分階段的小步驟，以獲得那份工作。

決定留在原本的工作中並不是失敗，也不是逃避。這只是承認，這裡還有一些東西等著你，你希望能夠努力實踐。真正的逃避是留下來並接受現狀，而拒絕現狀則意味著採取行動。以下是你可以嘗試的行動方案：

目標：我要和我的主管針對我在工作中的表現進行有意義的對話。

行動：爲這次對話提出一個深思熟慮的請求，做好準備並開啟對話（最好是面對面）。

目標：我要培養以下技能（列出你想要的技能），並希望可以精通它們。

行動：盡一切努力掌握這些技能。參加課程，去當學徒，花時間學習和實踐。

目標：明智地掌握我所在的公司、產業，和整體經濟的情況。

行動：觀看、閱讀、聆聽，並將你學到的知識記錄下來，以你能理解的方式整理，使其幫助你更了解所處的工作環境。

目標：避免無益的職場八卦，始終保持正向和專業的態度（大多時候）。

行動：避免並躲開職場肥皂劇，不要被同事引誘去跟著說別人壞話。建立新的習慣和常規，避開職場中的能量吸血鬼。停止抱怨或抹黑他人。

目標：我要在四分之三的時間裡不當一個混蛋（沒有人是完美的！）。

行動：凡事先三思並數到五，再對事情做出反應——例如翻白眼、刻薄地回覆郵件或反駁某人的想法。另外，少說話，多傾聽並重新組織。

目標：我要在工作上表現出色，超出期待。

行動：理解衆人預期的內容，並列出所謂「超出預期」意味著什麼（不要瘋狂地做得太多，因爲那可能只是浪費時間），並投入時間和有品質的努力，來完成這些內容。如果你能做到，好事就會發生。

好的，現在你已經把與自己有關的事情都搞定了。另一方面，讓我們談談你對控制其他人的渴望。人們通常不喜歡讓別人控制自己的工作、責任、專案、行動等。侵占他人領域是敏感的行爲，可能會讓人際關係變得不穩定，也會引起不安全感和憤怒，因爲控制別人是具有威脅性的舉動。在職場中，即使你知道自己可以做得更好，掌控該事的人也通常不會想讓你掌控節奏，而這可能令人極度沮喪。

在別人希望你不要參與的事情上爭取控制權，可能是工作中最困難、耗時最長且成功可能性最低的事情，我一直做得不是很好。在投入其中之前，我會先問問自己：

1. 我眞的需要控制這件事嗎？
2. 我爲什麼想要控制這件事？
3. 他們爲什麼要控制這件事？
4. 是否有什麼方法，能在不出手控制的情況下，依然能發揮影響力，以得到更好的結果？

坦白說，不是每件事都値得爭取，你可能對某些事情更在乎、更想贏得控制權。因此，請只選擇你眞正關心的事情加入。到最後，大多數的情況下你可以透過另一條路徑，得到同樣良好的結果。如果你覺得這件事情値得爭取，請專注於結果，並制定強大的計畫來實現目標，因爲如果你想要參與過程，你是有可能會失敗的，而你準備得越少，失敗的可能性就會越大。而如果參與純粹只是爲了漂亮地戰勝一個惹毛你的人，那就放手吧。而如果你想要發揮影響力，分享你的觀點或建議，以便用不具威脅性、不擾亂他人（不針對個人）的方式，更出色地完成任務或改變某些事情，那就去做吧。

幫助他人成功可以帶來巨大的回報和滿足感。與其陷入以「我」爲主的中心思維，不如把事情變成「我們」的事情。你可能會喜歡這樣的改變。

不要成為過時的恐龍：適應環境、克服挑戰、保持彈性

在你的職業生涯中，如果幸運的話，你會面對各形各色的人，和五花八門的問題。你會改變，你的工作會改變，你的經濟情況等也都會改變。因此你需要能夠適應變化。如果你不能改變和進化，那麼你成功的可能性就不大，也不太可能在面對不同類型的人和問題時，有出色的表現。你越是讓自己置身其中、越是願意與你有所不同的人接觸、學習，你就越不會成爲恐龍，也越有可能生存下來。

擁抱困境。

你記得芝麻街的餅乾怪獸吃了太多餅乾，手指上餅屑到處亂飛的畫面嗎？這就是我和年輕人一起工作時的感覺。這一切是如此令人興奮和充滿娛樂，我學到了很多，因爲年輕人的想法通常不會僵化，並且渴望學習和分享。是的，你有你的標準、最佳實踐以及做事的方式，但能夠接受奇怪的想法、新的能量與干擾則可以爲職場生活帶來刺激。如果你面對一個突發的難題，卻跑回去翻商學院教科書找答案，或者堅持應用與過去相同的策略，那麼你能夠克服問題的可能性很小，但疏遠他人的可能性卻很大。我看過很多人被困在這裡。這就是爲什麼勇於冒險和嘗試許多不同的事情很重要，因爲這會鍛鍊出你識別不同模式的能力，並給予你適應和成長的機會。

「**我認識這個模式，處理過像這樣的人、這樣的事情……**」，像這樣的經驗會幫助你明智地穿越荊棘、繞過阻礙，也能使你不至於僵化，固守著唯一的做事方式。你累積的經驗越豐富，就會對於處理事情的不同方法擁有更多的實踐知識。擁有越多做事情的方法，就代表有越多解決問

題的可能途徑，也意味著你能夠解決更多的問題。

嘗試新事物是件好事；而若在嘗試的過程中失敗，也沒有關係；而開放自己接受建議和反饋也是件好事（而且是必要的！）。你不必在每一場戰鬥中獲勝，也不必找出每個問題的答案。你只需要勇於嘗試就好。

僵固不是年齡問題，而是心態問題。這是一種不願意適應和改變的心態，除了你認爲絕對確定的事物之外，不願意考慮其他可能性。所有人都可能會陷入這種情況。而讓自己保持不僵固則會需要耐心（是眞正的耐心，而不是去壓抑煩惱，然後僞裝成耐心），也需要謙卑，試著阻止自己去說：「但這件事我們已經試～過～啦～」這種惹人厭的話。

我也喜歡與比我年長很多的人一起工作（我想我可能只是不喜歡和同年齡的人共事，但這不是本書的主題）。若你陷入困境，想要找出解決問題的辦法，或者想要吸收不同的觀點和想法來走出障礙，有時你必須主動尋求幫助。在吧台體育，佩恩娛樂收購了我們之後，我們開始尋找一種方法，既能保持我們自己的風格，又能與他們合作——儘管有時我們不知該怎麼做，有時不願意這麼做。我們短期聘用了兩位我稱之爲「夏令營輔導員」的人，提姆（Tim）和瑪麗安（Mary Ann）。他們有點傻氣、也很隨和，但同時很出色——主要是因爲他們比我們年長，比我們有智慧，而且能夠在揭穿人們廢話的同時，還讓他們感覺良好。

> 揭穿人們廢話的同時，仍然讓他們感覺良好，這是有史以來最偉大的職場技能之一。

提姆會建議我們在紙上解決問題——特別是面對那些固執或固守自己方式的人，或者對於那些極度執著於自己完美做事模式的人。透過說「這是我們解決這個問題的方式之一」（並將其在紙上寫出來），然後讓對方加入討論，或者提出另一種解決方案（也在紙上寫出來），創造兩人可以合作的空間。如果你害怕與某人討論如何做某事，那就試著在紙上完成，並讓這個過程成為你們共同努力的一部分。人們固執的原因有很多，也許是受過的訓練使得他們固執，也許只是天生挑剔，也或許是因爲他們感到不安並產生防禦性。與固執的人一起工作是一種障礙，也是種挑戰；而找出你自己內心的僵化之處，以及想辦法克服它也是如此。能將兩者都做到相當重要。

遠離漩渦

人們往往在太過舒適時，會惹上麻煩或養成不良習慣。如果你打算留在目前的職位上，而不是尋求新的工作機會，那就必須克制自己，遠離不良習慣和我所謂的「漩渦」。在熟悉的職位上，你所面臨的劣勢是「舒適」，因爲在熟悉的環境裡，相當容易養成不良習慣或陷入不良模式。許多看起來忙碌的人，實際上只是在浪費時間，或忙於處理一些無關緊要的事情。這些人通常會和處於相同情況的其他同事一起摸魚，這些人要麼害怕做出決定和採取行動、缺乏動力，要麼只是常見的既懶惰又冷漠。這些人就是所謂的「大公司下的蛀蟲」。

要在工作中看似忙碌而實際上無所事事，實在是一門藝術。有些人就是可以利用自身所有的創造力、精力和意圖，讓自己看起來忙碌無比，但實際上根本沒有在做事。我們該爲這些人鼓掌。我認爲這完全是在浪費技能和天賦，好吧，我離題了。

困在漩渦中的人缺乏前進的動力，因爲他們一直在原地打轉（廢話）。人們原地打轉的原因有很多：也許他們眞的不知道該做什麼；也許是試圖保持忙碌的樣子，但實際上並不忙；也許他們想要掌握控制權，而保持控制權最佳的方法，就是阻礙眞正的進步；也許他們是糟糕的決策者，並且想要避免做出決定；也許他們心不在焉，或者也許他們根本就不擅長這份工作。總而言之，這些人被困住了。受困於漩渦和原地打轉的人的問題在於，他們就像充滿黏性的口香糖，一不小心就會把你捲入其中。

被困住很糟糕，而在工作中陷入漩渦比想像的要容易得多。想想你每天要面對的所有人和問題，其中任何一個都可能成爲你的阻礙。如果你打算留在這個職位上，並充分利用它所提供的機會，那麼其中很重要的一部分就是要避免陷入漩渦。這也可能意味著你努力保持不被困住，並知道如何在陷入漩渦時將自己拉回來。所以請這麼做：

1. 保持正向。讓自己對事情抱持開放的心態，爲意外狀況做好準備，因爲意外確實會發生。當問題發生時，由於你正向的態度，你不會驚慌失措，而且能夠應對變化、適應環境並解決問題。
2. 如果你感到沮喪，請花點時間欣賞和認可別人。在讓其他人感到愉快和受到認可的同時，你自己也會感到愉快，而且人們很有可能會投桃報李。
3. 走出例行瑣事。如果你發現自己陷入了平淡無奇的生活中，請嘗試做出改變。與你通常不會見面的人見面，了解他們所面臨的挑戰、以及他們是如何克服的。你會建立起新的職場人際關係，更能理解組織中的挑戰，並獲得新的視角。
4. 回想一下過去，當時的你會希望自己能夠登上今天所處的位置。
5. 寫出一份不會奏效、且無法解決問題的壞主意清單。這會減輕你試圖解決問題的壓力，並讓你的思維空間更加寬廣，以便讓更深入、更出色、更合適的解決方案浮現。
6. 可以的話，搭上飛機去其他地方走走，切換一下位置和視角。來個長途旅程也可以。
7. 對自己寬容些，回想一下上一次你沒搞砸的事情，並花點時間反思你最近的成功。是什麼因素造就了這些成功，你如何將其應用於你所遇到的困境？

8. 聯繫那些推動你或激勵你的人。向他們眞誠請教，以便獲得建議和不同的視角。在解釋你的問題時要誠實和直接。你永遠不知道你會學到什麼、或者得到什麼啟示。

9. 清理你的辦公桌。

10. 尋求幫助。

如果因為害怕離開，而選擇留下來？

你可能會試圖對我和周圍的每個人廢話一堆你留下來的原因，比如你有未完成的工作要做，還有這份工作可能帶來的好處，基本上就是我們前文裡談過的一切，**但是你留下來眞正的原因，其實是因爲心裡害怕離開**。這沒關係，只要你願意坦誠面對。

不安全感是對「我是誰、我能做什麼」所發出深刻而強烈的懷疑。要戰勝不安全感很難；而要利用它可能相對容易。但在我們著手處理不安全感之前，讓我們先承認它的存在。

不安全感會導致逃避

當我開始要寫這本書時，爲了逃避這件事，我大概清理了九百次我的辦公桌。我對寫書了解多少？根本什麼都不懂。而且我越是去讀自己寫出來的東西，就越討厭它，覺得這些內容愚蠢、無聊、不值一提，總體來說就是不夠好（請不要評論，謝謝）。我不斷陷入焦慮的深淵中，這讓我希望可以忙於其他任何一項事，就是不要坐下來寫書，所以我不斷拖延和推遲，然後又對自己的進度有多落後和需要多匆忙來完成而感到焦慮。總之，我無法督促自己提升工作效率；我的不安全感麻痺了我，並使我分心。若想要解決手邊的問題，就必須克服逃避的衝動並超越它。這並不容易，但是依然可以做到（你現在手上的書就是證明，對吧?!）。首先要做的是，請停止內心的自我厭惡。不要聽那個說你不值得、不夠好、不夠懂的聲音，以及那個說「這絕對行不通」的聲音。然後暫停你的逃避症候群——也就是浮現在你腦海的瘋狂暴衝行爲：想要清理房子、整理帳單、傳訊息給你曾經遇到的所有人、購買你超級想要但並不需要的東西，這一切都是爲了逃避工作。一旦你把這個症狀控制住，就可以開始行動了。

焦慮會吞噬你

焦慮是一種極其強大的混蛋，它可以完全吞噬你，把你變得神經兮兮。請從自己的腦海中跳脫出來，在這種情況下，試著獲取宏觀視野。宏觀視野可以打斷你的惡性循環和自我懷疑的困擾。試著理解爲什麼所有決定最終都會是正確的決定，或者嘗試尋求該怎麼走下一步的建議。請多獲取幾種不同類型的觀點和建議。

我有一個朋友凱莉．巴布托克（Kelly Babstock），她是冰球運動員，她曾經有一段時間待在我的旗下。她在冰上是一頭絕對的猛獸，個人也非常有魅力，是我所認識最積極正向的人。但有時她會因焦慮和壓力，而變得沉默和沮喪。有時她來工作時，會尋找一個安全的地方待一會兒。當她來到我的辦公室時，我總是會給她一個擁抱，問問她需要什麼？你想要艾瑞卡的觀點還是喬丹的觀點？喬丹是我當時播客的製作人，來自印第安納州，帶有美國中西部的那種友善——溫柔、敏銳、安慰人心。她從不顯得急躁，渾身散發出一種夢幻般的平靜和同情，表現出「**我也經歷過這種事情，我當時也是搞得一團糟**」的感覺。當喬丹看到凱莉時，她會安慰凱莉，表達同情和耐心；而我更傾向於列出一套凱莉需要制定的目標，或者一套她現在可以採取的行動，來解決面前的問題。我的觀點是，有時你還沒準備好解決問題或開始新的挑戰，有時你只是想要一個擁抱和一個願意聽你傾訴的人。兩者都可以提供觀點和支持，兩者也都可以爲你留出空間。當你的不安全感占據上風，或者你的焦慮讓你停滯不前時（這兩者都會發生），花點時間想想：你需要「誰」和「什麼東西」來幫助自己。這些人或觀點能幫助你看清自己的世界，並讓你在其中感到安全。

不安全感讓你的世界變得狹隘、自我沉浸

最後一點。當你感到焦慮時，一切都會變得有些嘈雜，你的安全空間也會縮得很小，而身邊所有事情都感覺像是陷阱。如果可以的話，請努力對抗這種逐漸縮小的窒息感，跳脫日常例行公事以突破這種循環。不安全感可能會使你過度專注於自身的缺點或你希望改變的一切，使你無法看到自己以外的其他事情。如果你想在工作上表現出色，就必須從這種狀態中走出來。

試著從一些小事開始，比如做一點運動或出門呼吸新鮮空氣。

善待自己，不要苛責那個感到氣喘吁吁、不太適應或有些脆弱的自己。跳脫出日常的例行公事，可以幫助你獲得清晰和合理的看法。你可能不會邁出戲劇性的一大步，但你能開始邁出許多小步。出去散個步，午餐時間休息一下，幫別人跑個腿，去拜訪不同部門的人，探索一個新的地方，做一些你平時不會做的事情，這些都可以幫助你擺脫當前吞噬你的不安感。

在新冠疫情期間，我試圖每天慢跑兩英里。起初我甚至跑不完一英里，但一年之後，我竟然可以跑十八英里——我創建了一個線上的跑步俱樂部，只需要出門跑步、然後分享一張你跑步的照片，就可以用各種方式跟大家一起跑步。一個微小的起點可以滾成很大的雪球。

請幫助他人。這是一個讓你走出自己腦海、走出自己世界的好方法。幫助別人會把你的焦點從自己身上轉移開來，因此有助於減輕你的焦慮。你所考慮的事情不再只是關於你和你自己，而更是關於別人，以及他們可能需要或正在經歷的事情。幫助他人有一個很酷的副作用，就是能在過程中找到自己的價值。你不想讓你的世界變得狹小無比，你完全有能力踏出腳步，擴大自己的世界。

和自己玩遊戲

好啦，這是我最喜歡的部分。沒錯，不安全感很糟糕，自我懷疑會癱瘓你，而做好事並幫助他人好棒棒——你都明白了。而如果你跟自己玩個遊戲，就可以讓這一切都變得更有趣。我說的不是那些勾心鬥角的心理遊戲，而是能給你帶來挑戰和機會、讓你獲得勝利的遊戲（即使只是自己挑戰自己）。為自己設立小而具體的目標，是一種快速擺脫負面情緒的好方法。即使當你眼前處境不盡理想，或你進入（或重新進入）一個你想有所改變的環境時，這些小目標也能幫助你重新獲得正向性、動力和進步感。

持之以恆有助於保持動力，你可以找到很多方法來做到這一點。你可能會有一個任務系統，透過與他人分享你的成果和進展，來幫助你保持動力；你也可能會懷有一些恨意或憤怒，而這些情緒會推動你前進。我喜歡的方法是在腦海中與自己玩遊戲。

我們家經常在週末玩紙牌。我是一個很糟糕的紙牌玩家，並且已經連續兩年輸得精光，但玩遊戲本身很有趣（即使輸了也一樣），遊戲可以同時刺激你但又使你放鬆。把事情變成遊戲，是我在腦海中讓事情變得有趣的方式，這麼做可以幫助我保持動力（記住，這麼做也可以幫助你完成你真的不想做的事情）。最重要的是，遊戲能讓我開心和微笑，因為我喜歡贏，而我特別喜歡戰勝自己。為自己設立挑戰，看看是否能完成，這聽起來可能有點愚蠢，但有助於管理你的焦慮感，讓自己保持在運轉狀態，特別是當你因缺乏動力而陷入困境時。我們的焦慮和不安全感——也就是腦海中的負面聲音，可能有時會暴走失控，讓我們對情況幾乎完全失去焦距。若將自己試圖逃避的事情變成一場遊戲，就等於提供了一個愉快地跳脫心理漩渦的分散注意力方式，可以幫助你在感到不舒服的情況下，重新獲得信心和力量。這一切可以變得非常有趣。

當我需要做一些特別不想做的事情（沒動力）時，我會把它變成一個遊戲——有一個陣營在推動我前進、趕快把事做完，另一個陣營則是充滿懷疑，但是願意嘗試和驗證。我知道這些話聽起來有點瘋狂，但遊戲能讓小事變得有趣，有助於消磨時間，可以推動我去執行原本不想做的事情，並讓我有機會在心裡慶功，所以我不需要太多來自外部的肯定或刺激。

在我成長的過程中，我的父母都有工作，早上必須早早離出門，而傍晚會在我和弟弟回家後才到家，所以我們不得不自力更生。所謂自力更生包括把對方打得半死和掠奪冰箱裡的食物，以及必須自己走路上學或回家（兩段都是上坡路！），這段路大約有一英里，而我非常討厭它。這一切發生在 iPhone 誕生之前，我們當時並不夠酷也不夠富有，所以並沒有隨身聽（Google 一下這是什麼），我通常一個人走在路上，腦中帶著許多想法。所以我把這段路變成一個遊戲，我會在去學校的路上數步數，然後進行步數比賽；我會嘗試各種不同的路線、不同的步伐，而每天的目標是打破前一天的步數紀錄。這個遊戲讓時間過得更快，讓我不再注意討厭的山坡路，而能夠把目光放在前面，去思考其他更有趣的事情，而不是滿心想著走路回家有多令人討厭。

後來當我走路上班時，我仍然和自己玩這個遊戲。每天我都走不同的路線，看看需要多少時間或多少步數。同樣的情況也發生在工作上，我會把必須做的事情變成遊戲，這可以幫助我專注於完成任務。

‧我討厭去參加會議並和陌生人閒聊，但是這是我工作的一部分，所以我把它設置爲一個挑戰——你需要在三十分鐘內和五個人交談，並帶回十項新資訊。

‧我討厭喝水——恨之入骨，無法忍受。所以我告訴自己，在喝第二杯咖啡之前，必須先喝兩公升水，然後我堅持這麼做，硬著頭皮吞下去。

‧在所有工作日中，我都必須打電話給一大堆我根本不想與之交談的人，所以我把這項任務變成一個遊戲。在做我想做的事情（下班回家、從桌子上站起來、開始做我想做的事情）之前，必須先打這些電話。

我說過，這個遊戲可能很蠢。但這也可以將你的一天安排成有趣的樣子，讓你好好地利用時間。把眞正需要完成的事情做掉的感覺並不蠢，如此一來你就可以快點進入到有趣的部分了。

20 如果我決定離開……

只管去做，出去闖一闖吧！

If I Go...

你的職業生涯不僅會塑造你的專業能力，還會在很大程度上塑造你的個人性格，甚至影響更深遠。有時職場上的時間過得很快，有時它會感覺很慢。最重要的是堅持下去，充分利用職場的機會，全力以赴，才能獲得更多的回報。而要做到這點，你需要知道何時應該留下，何時應該離開。

請記得，當是時候離開時，無論你離開的方式如何，都要昂首挺胸，做好計畫。不要在交接時玩花樣。要有意圖，要有目標。交接是一項艱困的任務，可能讓人感到很不舒服，而且令人生厭。但能夠平順優雅地完成交接，將會是一項能夠讓你獲益匪淺的職場技巧。

如果可以的話，盡量留在職場中，而非選擇退出或不參與，即使有時職場以外的狀況會需要你的付出，或者感覺起來比較吸引人。你永遠不會知道，你什麼時候會需要某項技巧、某份收入，甚至同時需要兩者。我眼看著大部分的朋友生了孩子後辭職，我自己也生了孩子，而我記得當時對她們辭職的想法感到困惑。這個現象讓我感到害怕（實際上是非常害怕），我搞不清楚她們究竟是因爲什麼原因而辭職，是因爲辭職是最合適的選擇？還是因爲她們從未喜歡過工作？或者是因爲她們的伴侶賺的錢夠多，所以她們不需要工作？或者也可能是因爲撫養孩子是一個比工作更高的使命？每個人都有自己做事的理由。我的觀點是，如果可以的話，盡量留在職場中提升自己。

人們很難堅持待在職場中，因爲堅持需要付出努力和犧牲。如果可以的話，請堅持住。因爲你一旦跳了出去，很可能就不會再回來。這個世界發展得如此之快，有太多人在你身邊和你後面蜂擁而上。請堅持下去，有時你可以付出多一點，有時你則需要留一點力氣。當你選擇跳槽時，請跳到一些讓你興奮、讓你不安、並使你更接近自我願景的新事物上。

辭職並不是退出職場唯一的方式。所謂「退出職場」也可能是在同一個職位上待上十多年，而沒有學到任何新東西，沒有去承擔更大的責任，也沒有冒任何新的風險。基本上就是默默地進行安靜離職，只是少了些苦澀和怨恨，或是參與到某種運動當中。這是非常危險的做法。想想如果有一天你被裁員，你除了剛進公司時擁有的那些技能外，沒有發展出其他新的技術，而花上五年、十年、十五年不斷磨練同樣的技能，實在是太冗長了。「選擇完全的舒適」與「退出職場」對我來說是一樣的。在一個需要堅持不懈的世界中，放棄和屈服都會導致你變得軟弱、無關緊要。

不要安於現狀，不要在同一個職位上待得太久，不要停留並重複打磨同樣的技能、任務、行爲和態度。盡你所能，保持活力、相關性和敏銳度。你很難預測職場文化會對你提出什麼要求、或何時會提出要求。無論新的要求是什麼，無論變化何時發生，你都要做好準備。

永遠相信自己

評估適合你的新工作

一項好的經驗法則是，去尋找一份你大概有六〇~七〇%熟悉度、但仍需要摸索其餘三〇~四〇%的工作。這麼做可以保持你的積極性，也會給予你許多機會去認識新的人、嘗試新事物，最重要的是——經歷挑戰並成長。

無論你接下來選擇什麼工作，請永遠相信自己。環顧四周，不要只是自動選擇安全或合乎邏輯的下一份工作，也要追求一些激進的選擇。現在正是走得比你想像的更遠的時刻，把自己推出去，讓自己超越「我知道怎麼做」的範疇，這沒有壞處的。如果你在一份新工作中，已經知道所有需要知道的事情，並且已經知道所有該完成的事情爲何，那麼這份新工作根本沒有意義。這不是成長，這只是向左或向右挪一步，繼續做同樣的事情。你或許是出於金錢的考量才接受新的工作，但這只是短期利多而已，長期來說對你並沒有幫助。

避免去即將過時的公司工作

無論你希望跳槽到大公司、新創公司，還是進入自由職業市場，都要關注那些正在擴展版圖的產業，而不是正在收縮的產業。在開始深入搜索之前，先在 Google 上做一些基本調查。

請嘗試跟隨正確的趨勢走。我運氣很好，早早就進入了網路產業，這爲我創造了很多成長的機會，因爲在我成長的同時，這個產業也在成長。在這個趨勢中我站在對的那一邊。如果你現在正關注美國的主要產業，它們的排名大致上長這樣：

1. 醫院
2. 藥品、化妝品、衛生用品
3. 製藥業
4. 健康和醫療保險

5. 商業銀行
6. 汽車
7. 人壽保險和年金
8. 公立學校
9. 退休和養老金計畫
10. 汽油和石油批發

我並不是說你必須突然開始關心汽油和石油批發。但如果你從事市場行銷、銷售、營運或財務工作，研究正在成長的行業，可以幫助你找到具有最大成長潛力的工作和產業。當一個產業在處於成長期、或你的公司正在蓬勃發展時，會爲你帶來幾項好處：

- 創造出混亂和麻煩，因爲事情正在快速變動，而混亂就是機會。
- 在成長中創造進一步成長的機會，因爲從一個更大的餅中分到更多的份額，比從一個較小的餅中搶占份額容易許多。
- 會有很多變化、動態和活動，而這會使事情變得有趣，因此你不會在工作中感到無聊。
- 公司有錢支付你的薪水。但加入一家即將裁員的公司，會讓你處於一個不穩定的局面。
- 你可以學習到相關文化，並成爲其中的一部分。

避免重蹈覆轍，上一份工作中出現的問題，不該在下一份工作重現

每個人在工作中都會犯下錯誤、掉進陷阱，或者養成自己希望能改掉的習慣。當你在尋找下一份工作時，請留意那些可能讓你陷入與目前工作相同困境的風險和陷阱。你不想大費周章採取行動、花費所有的精力去適應新環境、認識新的人和做新的事情，結果卻發現自己又回到了同樣的不愉快處境。

人們通常會在不明白爲何想要轉換工作的情況下換工作，除了想多賺點錢以外，找不到別的原因——坦白說，錢很重要，**但如果錢是你換工作的唯一原因，那麼你可能在這份新工作中不會待太久**。是的，錢可以拿來支付帳單，可以讓你不用與室友同住，但你職涯的下一步應該要帶給你比金錢更有價值的東西，卽學習和成長的機會。如果你不斷學習和成長，就能夠賺取比從前更多的錢，而之後還會繼續賺更多錢。

我列出了下面這個清單，幫助你思考在尋找下一份工作時，應該考慮的事情。

- 你當時進入現在的工作時，想要的是什麼？
- 你取得了什麼成就？
- 你想從這份新工作中得到什麼？
- 你想實現的具體目標是什麼？

· 你在上一份工作中，有哪些不喜歡的事情，爲什麼？
· 你在上一份工作中，有哪些喜歡的事情，爲什麼？
· 你在上一份工作中喜歡自己的哪些方面，爲什麼？
· 你在上一份工作中不喜歡自己的哪些方面，爲什麼？
· 在你現在的工作中，人們對你最糟糕的評論是什麼？
· 考慮你是否願意改善這點，以及如何做到。
· 你會帶著哪些收穫離開？
· 你不想再次經歷什麼事情？
· 你在這份新工作中，想要多做些什麼？
· 有哪些事情是你想在新工作中少做點的？

你找的新工作應該要能滿足這些問題的答案。

不要跟隨你的愛好

有時候，愛好就只是愛好而已。戴夫對體育博彩、分享自己的觀點和逗人發笑充滿了熱情，並成功地將這些特質轉化為一間很棒的公司。然而戴夫是一個獨特的存在，並不是每個人都能做到。戴夫所擁有的技能、才華、對痛苦的忍耐和二十多年的堅忍不拔，是很罕見的。有時候你會願意付出一切努力，將自己的愛好變成你的事業。在試圖這樣做的人之中，只有非常少數能夠成功。大多數情況下，你的愛好可能就只是一份愛好而已——一項在工作之餘，給予你動力、愉悅感或娛樂的活動，而不是一項潛在的工作或職業。你的工作和熱情或愛好不一定要相符，事實上，我甚至認為它們不應該相符。我喜歡植物，我熱愛室內植物，而這讓我意識到自己是個呆瓜。我常常說有一天要開一家花店，不過這件事永遠不會發生；這不應該發生，我也不希望它真的發生。我的植物就只是植物而已。

你也需要現實地評估自己是否擅長一件事：你喜歡泰勒絲，並不意味著你會成為一個好的演唱會經理人；你喜歡體育活動，也並不意味著你應該從事體育行銷或運動管理方面的工作。事實上，娛樂、媒體、體育、時尚行業外表看起來光鮮亮麗，實際上的工作內容卻沒那麼有趣，而且也沒有表面上看起來的那麼賺錢。這些行業同時也是競爭最激烈和最殘酷的——而且說實話，它們並不總是最好的行業。

唯一將你的愛好轉化為事業的時機是，如果你百分之百覺得你無法做其他任何事情的時候。這是一種強烈、不斷燃燒的渴望，一種除非得到實現，否則不會消失的渴望。你內心深處有一種聲音不斷在吶喊，要求作出行動。但即使如此，你也需要準備好承受痛苦和犧牲。如果你準備好了，那就全力以赴，不要讓任何人阻止你。但如果你沒有這種盲目的熱情，請更識時務一些。

即使你想在大公司工作，請不要成為「大公司人」

當你想到一間大公司時，會想到什麼？官僚主義、行動沒效率、規則繁多、千篇一律、條條框框，彈性不大，創意更少。而當你想到一個小公司時，又會想到什麼？機敏靈活、創業精神、不斷變化、充滿特色。當然這只是一種概論，但你明白我的意思。

> 盡你所能地與許多人交談，尤其是在你不想這樣做的時候。

「大公司人」身上帶有大公司的傾向。動作慢吞吞、官僚氣息濃厚、渴望一成不變、整天都在等待下班。在一家大公司工作有很多好處，它可以促使你理解大規模的企業營運，並且教導你如何在一個體系內成功，以及如何在已經不可動搖的階級制度中建立自己的位置。就好像你一輩子應該至少去紐約生活過一段日子，你也應該在你的職業生涯中，至少嘗試過一間大公司。在大公司工作教會了我挺直腰板，如何在許多人和許多場所之間周旋，以及做大事的美妙之處。

你可以在一家大公司工作，但不要成爲一個「大公司人」。「大公司人」身上沒有體現大公司的優勢，但卻充分體現了大公司的缺點——成爲小螺絲釘、感覺不被重視、害怕做決定、對於任何例行以外的事感到困擾。成爲一個「大公司人」可能會使你遠離前沿，讓你更加重視一致性而非個體性，也可能會淡化你個性中獨特而奇妙的事物。大公司的思維價值觀看重維持現狀，而不是顛覆現狀。我同時認爲，「大公司人」通常會與公司脫節，因此容易不尊重公司或公司的事業，也可能會花更多時間在嘴上批評，而不是針對自己不喜歡的事情採取行動，這種心態會鈍化你的感知和推動事情的動力。若你很有「大公司感」，可能就會聳聳肩說這不重要，反正我也不重要——而你大概是對的，因爲你眞的不重要。「大公司人」是會傳染的，小心不要被傳染。

你可以在大公司內做一個「小公司人」並取得成功。「小公司人」在乎自己的工作，**他們的個人認同和公司認同高度重疊、緊密交織，所以工作感覺更加個人化，這樣的員工也更能體現了公司的價值觀**。

小公司往往是混亂、具有破壞性、不一致的，有時甚至效率低下、不合邏輯的。這些特質本身可能會讓人感到煩惱和挫折，但小公司和「小公司人」的優點在於，小公司的存在依賴於公司員工是否完成任務，因此在小公司中，大家的責任心更強烈；小公司的風險更高，但回報和成就感可能更大；小公司的思維方式重視工作，也努力工作，並且重視主動性、獨創性，以及新穎和不同的想法。因此卽使你在一家大公司裡工作，也記得要帶著一些小公司的態度和活力。

找到新工作的第一步

好啦，我們要尋找一份新工作，所以讓我們開始吧。但在你爲此感到興奮之前，讓我們先制定一個計畫。你不會希望自己匆忙離職，或者說，匆忙地進入新工作。即使你不是一個有條理的人，但對於尋找新工作、進行面試，以及最終從舊公司離職，若能整理出一套方法論，將有助於你保持理智，使你的思考合理，並做出可靠的決定。

假設你想在新的一年找到一份新工作。在計畫離職之前的六個月到一年內，就要開始試探：請注意競爭對手和整體產業的情況，如果你計畫轉行，則需要做更多的研究，使自己能夠跟上時代的腳步。這些研究不僅僅是閱讀報章雜誌，還要試圖與該產業的人取得聯繫，向他們學習，這樣你就有了進入的起點和途徑。你可能也需要培養一些目前沒有的技能，可能需要承擔目前工作以外的事情。這一切都需要時間，建立人際網絡也需要時間。令人討厭的是，並不是每個人都會按照你的計畫行事，或者閒著沒事等著幫助你找到下一個目標。你需要留出空餘的時間，才能面對被重新安排的面試、最終沒有成眞的機會、與你的時程搭不在一起的招募計畫，以及需要花費不少時間才能培養的技能。離開當前的職位並找到一份新工作，是一項需要計畫和耐心的習題。請不要輕易放棄。

想要離開一份工作，可能會爲你帶來匆忙和充滿等待的一年。在完成目前工作的最後一哩路時，要充滿熱情、努力和優雅，同時準備好迎接自己的下一步。這中間會有許多起起伏伏：你會有反駁自己、想要留下的時候；也會有眞的想要離開，但想要的新工作卻沒有著落，因此失望和挫折的時候。離開一份工作就像是屁股坐在兩張椅子之間，你會經常感到尷尬和不適。沒有一份工作是完美的——所有的機會都有缺點，現在正是你該看到、感受到這一點的時候。可能有一份工作很棒，但位於錯誤的城市；合適的職位，但薪水太少；或者夢想中的工作已經被其他人拿走了。這一切都沒關係，請繼續努力。我們可以將離職的過程分爲幾個階段：

1. 意識到自己想要或需要離開的理由，以及確定會這麼做的事實，而不僅僅是將這件事記在備忘錄或是只是用「GETAJOB」作爲電子郵件密碼來表達你想找新工作的想法（這需要大量的思考和自我對話）。

2. 進行研究、建立人脈。這是一種既安靜又繁忙的工作，請在兩者之間取得平衡。我發現與人交談既令人振奮，又令人疲憊。試著每週安排二～三次這樣的時間，並將建立人脈與進行研究相互平衡，你可能會發現兩者都同時令人振奮又疲憊。但你會需要這兩種資源，如果你兩邊都做得好，它們將相輔相成。

3. 集中精力於最終想做的事情，並開始堅定地追求某個具體目標。

找出讓你害怕的事情，然後放膽去做

在尋找工作時，每天都要督促自己。列出你的代辦清單，並將它變成一場遊戲，無論你需要做什麼，來讓自己保持努力和堅持不懈，都去做吧。不要感到挫折或氣餒——每次會議、咖啡、電子郵件和電話都很重要，即便是那些看起來完全是浪費時間的事情，另外不要忘記發送感謝信。

請盡可能多學習——你永遠不可能學完你需要的一切，但你越是準備充分，你面對的意外就越少，而且隨著你的準備過程，你可能會發現原本認爲遙不可及的東西，實際上是可以實現的。

如果你之前在一家傳統公司工作，試著在下一份工作尋找一個新創公司的職位，反之亦然。你應該努力在不同類型的地方、與不同類型的人共事。大公司、小公司、成功的公司、功能失調的公司（成功與功能失調兩者並不互斥）、快節奏的公司、完美主義型的公司。盡可能多去試試幾種不同的水溫，擴展你所做的事情，以及所在的工作場所類型，這樣可以促進你的職涯發展。因爲這份經驗教會你的不僅僅是做事，還教你如何在不同的周遭環境中做事。在某個公司中，可能有太多人對你指手畫腳，然後在另一個公司裡，卻沒有人告訴你該做什麼——每個職場都會讓你培養不同的技能，而這將幫助你在現在、尤其未來，在各種不同的情況下茁壯成長。

正確的離職方式

離開一份工作的方式，應該像面試一份工作一樣——眞誠、緊張、充滿尊重、抬頭挺胸、充滿自信、並做好準備。盡量以優雅和高尚的方式離開。卽使你討厭所有人，或者所有人都討厭你，也要保持高雅、有同情心，並克制自己。離職可能會帶來許多不安全感和擔憂的情緒——不僅對你自己而言，對你周圍的人也是如此。請對這種狀況保持體貼，同時也要忠於自己的決定。

雖然離職的決定和離職談話可能已經在你心中打轉了幾個禮拜甚至幾個月，但離職的那一刻才是眞正重要的時刻。無論發生什麼事，進行這次對話將會帶來巨大的解脫，不管你有多害怕，都要吞下它並鼓起勇氣去做。當你做這件事時，要淸晰明確，堅定果決，並表達感激和同理心。你不知道你老闆的生活、或公司的其他情況，雖然你可能對自己離職給公司帶來的影響有一些感覺，但你可能並不知道確切的影響。從公司的角度看，你可能是當週第三個辭職的人；辭職前公司也許正想著要解僱你，或者正想著要拔擢你，誰知道呢？請超越自我、超越自己的小世界、自己的需求和自己的資訊，這將幫助你進行誠懇但又充滿尊重的交談。

在簽署下一份工作契約之前，不要辭職。這是在保護自己。如果你打算因爲一份新的工作而辭職，請確保這份新工作是一個確定的選擇。企業中有很多不確定性，壞事情可能會突然發生，包括收回對你的口頭聘用合約。不要讓自己受壞運氣或意外事件的支配。在跟你現在的工作說「莎呦娜啦」之前，先確保你的下一份工作是穩妥的。最重要的是，請以人性化和誠實的方式面對他人，尤其是面對自己。

辭職的原因非常重要

請花時間整理淸楚自己爲什麼要辭職。準備好你想說的話、以及該如何表達，並記得感謝老闆與你共度的時間，卽使老闆很差勁也一樣。尊重公司，卽使公司就像個垃圾焚燒場也一樣。辭職不是把你曾經有過的每一種不滿、每一次侮辱或不快樂，以及你周遭人的每一項缺點都拿出來說嘴的時機。在這個時刻，不要沉迷於想用壯烈轉身的方式辭職，這種戲碼最好留在自家沒人在看的淋浴間裡就好，不要拿到你老闆的辦公室裡。辭職應該是一個冷靜、堅定、感激和感恩與大家共度時光的時刻。請保持直接坦率而不要說得太多餘，記得「少卽是多」。

當你去跟老闆談離職時，請帶著一個清晰、堅定、誠實和具有一致性的答案，解釋你爲什麼離開。離職理由通常應該是爲了追求更多的機會：**我眞的想要有機會去好好發揮，而這份新工作給了我這個機會**。

請多談論下一份工作的優點，而不是你目前職位的缺點。

分享負面的觀點和反饋是重要的，但不要在你辭職的那一天。如果你在心裡悄悄說過「我超討厭這間公司，也超討厭公司裡的人，包括你」，你肯定不想在辭職時大聲說出來。

有時離職會變得很困難，因爲你喜歡你的老闆、你的公司以及和你一起工作的人。請控制住這些感情，以便讓自己可以保持清醒和冷靜。在與其他人談論爲什麼要離開時，記得讓你離職的原因時保持一致。你不想對你的老闆說一，而對部門裡的其他人說二，因爲他們會記下來，而最後唯一會被指責的人是你。

有時候，你需要解釋的不僅僅是新工作可以爲你帶來的機會。如果你上任後很快就辭職、或在升遷後不久就辭職，或者在公司剛爲你做了很多事情後便辭職，在這種情況下，你需要承認自己辭職的突然，並會需要給出一些解釋。

我們最近有個同事只工作了三個月後就辭職了。她非常有才華，看起來很合適這個職位。一開始她說的是為了一個新的機會而辭職——她想要回到原本的產業，想要搬到另一個城市。這些都是很好的理由。雖然每個人都尊重她的答案和她給出的專業態度，但也有很多人感到困惑和擔心，因為她是如此有才華，沒有人想看到她離開，而且在三個月內辭職無論怎麼看都不是件好事。後來我們才知道，她在吧台體育眞的待得不開心。她加入的時候正值公司的困難時期，原本說好是負責某項職務，最卻做著另一項職責。而正如她自己所說：「我不夠堅強、不夠有勇氣在吧台體育工作。」這是一個誠實的答案，也是一個好答案。有的時候，你需要給出更多細節、更充分的理由，才能讓你的決定顯得人性化，尤其當周遭的人沒有預期到這個決定、且無法理解的時候。

當有人辭職時，很多時候就像《法網遊龍》（*Law & Order*）中的情節一樣，每個人都試圖弄清楚你為什麼辭職，而誰又應該負責。在吧台體育的案例中，人力資源部和其他人一再詢問這個同事（因為她實在太出色了，我們很幸運擁有她，而且她離職的決定似乎毫無道理），而她的回答總是「我很開心，一切都很好。」顯然，她並不開心，事情也並不是很順利。我記得我自己的職涯中也是這樣，我會說「一切都很好，我喜歡這裡」，但同時內心卻在火山爆發，並一邊積極地尋找新工作。

雖然你不想自行舉手或說得太多，但一般來說，當被問及時，你可以說：「我很好，謝謝。

工作中有一些挑戰或意外，我正在面對一些一開始並沒有預期要做的事，或者一些讓我感到困惑的情況。」（在她的案例裡，她的工作職務改變了。）這種誠實可以⑴讓人們開始關注並試圖解決問題，⑵成為你最終選擇離職的理由。

重點在於說出你必須說的，你必須以眞誠的方式對待自己，並以充滿尊重的方式，對待你的公司。眞正的挑戰在於，不要說得過頭了。

如果你打算跳槽去競爭對手家

如果你打算去競爭對手的公司工作，就不要打迷糊仗了。這是件嚴肅的事情，必須謹愼處理，尤其因爲這個決定可能會招致不愉快的後果，所以當你去和老闆談離職時，請參考以下的建議：

1. 要坦誠、迅捷、直接。去競爭對手公司工作很容易引人目光，人們可能會對此感到憤怒。
2. 不要隱瞞你的去向，也不要假裝你是無故辭職，這麼做只會招致不好的結果，人們也會對此懷恨在心。
3. 在跳槽前要做好準備。確保你與目前公司的合約中，沒有禁止競業或禁止招攬條款。如果有的話，你需要明白你可能無法去競爭對手公司工作，或者你可能無法帶公司裡的任何人一起走。企業最喜歡建立禁止競業和禁止招攬條款，請對自己的公司有所了解。

4. 你很可能（或者應該）會被盯著送出門，所以要整理好東西，準備好。不要七零八落的，不要讓個人物品散落在抽屜裡，不要有未上交的費用報告，不要竊取公司資訊，不要將任何聯絡人、銷售報告、公司財務報告、價目表，或任何公司品牌和產品簡報，上傳到你的Gmail信箱中。你會被發現的，而且因爲這種事被告上法庭並不值得，因爲眞正有價值的是你的經驗，不是公司的資訊，而且這是偸竊行爲。

5. 你應該對你跳槽的決定有充分的理由——即競爭對手給了你什麼機會（比如說可以給你兩倍的責任範圍，多了三分之一的薪水等等）。

6. 最後，當你開始新工作時，要小心避免在新的職場中批評你的舊僱主。這種八卦很快會傳回去，舊老闆會因此心存怨恨，而這無疑是雪上加霜。這聽起來很戲劇化，但卻是眞實的。你所在的產業有可能很小，如果你轉職到競爭對手公司，很可能會在裡面待一段時間，不要因誹謗舊公司的人，而讓他們反過來損害你的聲譽。

如果你的公司提出留任方案（counter-offer）呢？

理想情況下，你不應該要陷入考慮舊公司留任方案的局面，因爲這很棘手，通常沒有人是贏家。我不喜歡提出留任方案，因爲即使公司能夠提高薪水，要離職的員工還是不會高興，因爲他們想離開的原因可能依舊存在。這也會讓新公司（以及舊公司）感到被利用和大失所望。如果你必須面對留任方案，有幾件事情要思考：

1. 如果你願意接受留任方案，你必須認知到你會讓另一家公司失望，而且你未來可能再也無法到那家公司找工作。
2. 如果老闆問你願不願意留任，你心裡應該要設定好一個能讓你願意留下的數字。如果公司願意付出這個金額，你應該要願意留下一段夠長的時間。
3. 要知道，即使你留下來，高層可能依舊會對你心存怨恨，因爲你曾迫使他們做出讓步。
4. 周圍的人和你要處理的大部分事情都不會改變，你仍然必須承受這些壓力。
5. 如果你打算接受留任方案，要準備好繼續待上一段時間，或至少待到所有人都忘記你曾經試圖辭職，而這將會是一段很長的時間。

辭職並不容易，它很難而且很不舒服。如果辭職不難，每個人都會不開心就來辭個職，然後你就必須和更多的人競爭你要找的下一份工作，所以對此感到高興一點吧。在辭職時要放聰明，要有目標。在辭職過程中要有耐心，並且始終忠於自己。要保持高尚。這是很大的一步，也是一個見證：也許沒人在乎你的職涯，但你在乎，你可以做到的。

結論／在工作中該貢獻什麼？又能帶走什麼？

Conclusion／What to Take Away and Give to Any Job

好，終於走到了這一步，我們在一起的時間要結束了。哇噢，我眞爲你感到興奮。工作可以是你生活中一種非常了不起的力量，可以帶你去很多地方，讓你成爲前所未見的人物，而我認爲這是人生中最美好的事情之一，眞的。工作讓你有機會去測試自己、挑戰自己、教育自己，並在其他人的陪伴下，可以一邊學習一邊得到報酬。工作和生活的品質取決於你如何對待它，我相信如果你勇於不爲自己設限，並專注於你的職場旅程，就可以將自己塑造成任何你想要的樣貌。我想在這裡講最後一個故事（你一定以爲我已經說完了對吧？眞是抱歉！）。

在一場業務大會上，我需要找到一種方式，既能向銷售團隊展示他們表現優異，又能激勵他們保持渴望，並爲自己設定更大的目標。我讓我的助理丹妮拉找來了七十二雙髒兮兮的球鞋（眞噁心），並在每個業務代表的座位上放上一雙球鞋，以及一瓶香檳。丹妮拉是禮物和香檳的大師，但她可能會對這些運動鞋翻白眼。每個走進會議廳的人都明白自己爲什麼會得到香檳：那是爲了慶祝今年的收入比去年成長了，這實在是個相當了不起的成果，我們的表現非常出色，尤其是當領域裡其他人的收入都爛到谷底時卻能逆風前進。我爲我們的團隊感到非常自豪，且希望他們知道這一點。而放上髒球鞋的原因並不是那麼明顯。人們不知道爲什麼這些髒球鞋會出現，因此還做出了一些非常不禮貌的回應。

「你面前的髒球鞋代表了幾件不同的事情，」我對房間裡的所有人說：「首先，每隻球鞋都是獨一無二的，就像每個人一樣。每個人都穿著自己的鞋子行走，來自不同的地方，經歷了不同的道路，並且都完成了自己的挑戰、取得自己的成功。請提醒自己，每個人在生活裡與工作中都穿著不同的鞋子。請對人們的過去給予肯定，欣賞他們所能提供的資源，他們曾經待過的地方，以及他們曾經是什麼樣的人。也請珍惜你自己的旅程和你所走過的路，並充分利用這些經歷。試著提醒自己你是誰，以及你從旅途中帶來了什麼，用同樣方式對待你周圍的人。

第二件與這隻球鞋相關的事，是『觀點』的概念——你如何看待這隻鞋子。你可以把它看作一團髒布料和橡膠——一種別人用過的骯髒東西；或者你可以把沾上污點的布料和磨損的紋路視爲這隻鞋曾經去過某個地方、見過某道風景、做過某些事情的見證——這就像是一輛已經走過很長距離的車，但依舊可以帶你探索一些新的地方。你經歷的越多，鞋子就會越適合你的腳，你的腳也越適合這雙鞋。無論你的腳有多奇怪，一雙被深愛的球鞋可以帶給你機會，讓你探索從未涉足之處，促使你更接近世界的前沿。」

漂亮、乾淨、留在盒子裡的嶄新鞋子雖然好看，但並不太實用。它們可能會咬你的腳趾，你也可能無法長時間穿著它們到處趴趴走。它們可能適合某些場合，但並非總是能派上用場。當你踏上旅途時，請穿上一雙可以讓你從容地面對不適，並能帶你去任何地方的鞋子。

好了！所以你都明白了。請給自己一個擁抱，你讀完了這本書，這放在今天是一種成就。是的，你知道自己是一團亂麻，你知道自己害怕放手去做、決定去留、或去成爲更好的人。你知道自己很擅長一件、兩件、或甚至三件事情，現在你的任務就是利用這些事情使自己變得更好，讓你的未來更加光明，並爲身邊的人點亮世界（我說過我會變得多愁善感）。你如何看待自己，就該如何看待你的職涯。我相信無論是你個人還是你的工作，都值得培養和投資。請寫信給我，讓我知道你的進展如何。我知道你能做到。只是要記住：

- 不斷學習，永遠保持好奇心。
- 勇敢冒險，即使這意味著搞砸。
- 保持敏銳，利用正面的壓力來激勵自己。
- 即使看起來很辛苦，也要捲起袖子，投入工作。
- 找到混亂和崩潰之處，並從中汲取經驗。
- 讓腦海中唱衰自己的聲音安靜下來，勇敢放手去做。

・不要相信自己腦海的胡言亂語。
・傲慢會妨礙學習。
・別忘了，如果停止學習和成長，你可能會變得無關緊要。
・不要對別人的失敗重蹈覆轍。
・要有自信去承擔自己的失敗。
・擁有願景！並能夠實踐它。
・當一份工作中不再有學習機會，請尋找能夠學習的新工作。
・永遠朝著目標奔跑，永遠不要逃避。
・請記住，你可以做自己並取得成功。

去追求屬於你的球鞋吧。

愛你的，艾瑞卡

尾聲

Epilogue

我在寫作這本書的過程中，一邊思考、一邊練習並將書中的許多想法應用到自己面對的情境中——即駕馭和管理工作與職涯的起伏轉折，最終追求滿足感和幸福。

我希望這本書能提供讀者一個從親身經歷出發的工作視角。工作是鼓舞人心的，因爲你投入的努力，會決定你能從中獲得的回報，而職業生涯也是如此。唯一有權評價你的職涯是否夠好或是否正確的人就是你自己，而這是一件好事。你可能認爲你的職涯看起來一團糟，我自己也經常這麼想。工作和生活都是混亂的，因爲它們充滿挑戰並不斷演變。我寧願生活的每一天都過得眞實而混亂，也不願過得完美而虛假，我對職涯的態度也是如此。

要撰寫關於留任或離職實在是件困難的事……因爲這會讓你再度思考是否應該留在當前的職位，或離開自己的工作。

所以，經過深思熟慮後，二〇二三年十二月，也就是在我完成這本書的時候，我決定離開吧台體育。

我不認爲我能再找到一份令我如此喜愛的工作，或被一個地方如此深刻地改變，但我確實知道我會嘗試，並努力去做本書所談到的一切——從容地面對不適感、讓內心的不安全感閉嘴、致力於學習、奉獻，並嘗試一些讓我感到害怕、挑戰和滿足的新事物。探索新事物和邁出下一步的機會往往令人害怕（如果我說我不害怕，那就是在說謊）。請讓自己直視未知並問自己：我現在想成爲什麼樣的人？我接下來可以去哪裡？這些是我督促你、也督促自己的問題。

------轉寄的訊息------

寄件人：艾瑞卡・艾爾斯

日期：二〇二四年一月十六日，週二，上午八點三十一分

收件人：吧台體育全體員工

主題：Viva

大家好，我將辭去執行長的職位。

昨晚我嘗試了很久，想要描述我們一起完成的一切、以及這對我的重要性，但卻找不到合適的詞語——吧台體育一直是由許多不同的事物所構成。

核心關鍵是，我來到這裡是爲了與戴夫一起工作。我第一次見面就喜歡上了戴夫，並且信任他。與他共事將近十年的時光，給了我許多任務和做事的機會，這些經歷比我此生在其他任何地方所獲得的都要多。我因此而徹底改變，並且心存感激。我學到了很多，也有機會實踐很多事情。你們也是，你願意投入什麼，吧台體育就會成爲什麼樣子，一直以來都是如此、將來也會繼續下去。沒有人比戴夫更適合確保吧台體育會秉持初衷，並走向未來。

當我來到這裡時，最初的使命是保持眞實、無需道歉、並且一天二十四小時不間斷地成長——去挑戰比我們所有人所想像的更大、更艱難的事情。大家對成功的期望很低，而對失敗假設的可能性很高。我們在二十個月內超越了五年目標，而從二〇一六年七月起至今，公司的收入成長了五十倍，觀衆人數則成長了更多。在這場混亂中我們也許可以說創造了奇蹟，但我們絕對是打造了一部機器。

二〇一六年我們與Deadspin並駕齊驅，落後於露天看台體育（Bleacher Report），大勝FBLive，而布雷特·梅里曼（Brett Merriman，美國棒球員）住在我家的客房裡。我們飛到達拉斯，然後收購了Old Row[1]。二〇一七年，大多數日子我把午餐的一半分給戴夫林，在火車照顧瑪麗娜，而與此同時你們在做播客。辦公室從一層樓變成了兩層樓，但裡面仍塞滿了人，瑞亞和法蘭只得入駐商品儲藏室。我們用的會議室桌子超級廉價，以至於如果你把手肘靠在上面，就會弄斷桌沿。我們與McAfee簽約並開設了他的印第安那州辦公室。公司裡的網路從來沒有好過。我們只有一個控制室和一間功能齊全的廁所，馬桶上還掛了一個尿袋。我們登上了Sirius、FB、Comedy Central和ESPN，但又迅速被其中的三個平台取消。我們嘗試過主流化，直到很明顯我們無法做到，所以吧台體育成爲了它自己獨特的樣子。噢，我們還收購了RNR。

二〇一八年我們嘗試了「Barstool Gold」。我們得到了越來越多大廣告商的青睞，開始打造「Pink Whitney」，並找到了Biz加入「Barstool Whit」。我們在社交媒體上花費越來越多的時間。我的聖誕節假期花在答覆各種因爲沒上架KFC鋪棉帽T而衍生的客訴事件。我們從切寧那裡獲得了資金以繼續成長。這可能是他們花的最值得的一筆錢。我們還簽約了《叫她爸爸》，《一九九二年職業和業餘體育保護法》被推翻了，很明顯這是要讓大家進場博彩[2]。

二〇一九年過得飛快。我大部分時間都和戴夫一起試圖爲吧台體育找到買家，同時也在努力確保Unwell帽T不會缺貨。

二〇二〇年，我們接受了佩恩娛樂的投資，並同意在二〇二三年出售。然後吧台體育在疫情期間爆紅。一方面是因爲我們的內容很棒，另一方面則是因爲我們的競爭對手無法理解如何只用一部iPhone和一台電腦進行工作，或者太忙於組建工會，又或者忽視了他們的核心業務。我們在疫情期間找到了迪恩，然後是瓦洛和吉利，然後是布莉安娜，並給了他們與其他每個人一樣的東西：保護、創作的自由，以及網路上最好的「文化引擎」。我們啟動了吧台體育基金，將四千萬美元發放到了小型企業手中。我在聖誕

1 譯註：Old Row是一個體育休閒時尚品牌。

2 譯註：美國《一九九二年職業和業餘體育保護法》禁止各州授權和營運體育博彩業務，但在二〇一八年被美國最高法院判定違憲。

節哭著看完了來自芝加哥一家乾洗店的影片。

過去的兩年完全是由佩恩娛樂主導的時代。這是一種平衡的做法，也是一種徒勞的練習——試圖在一邊下注、一邊保護一艘海盜船，還要微妙地將海盜船扭曲成更可預測、可安撫和可規劃的樣子，以配合賭場公司的需求。去年我們將公司出售了兩次，第一次以五億五千萬美元賣給了佩恩娛樂，然後以一美元賣給了戴夫。這聽起來很瘋狂，但我們眞的這麼做了。

這是一段很長的旅程，而我們再次回到了原點。吧台體育又恢復了應有的樣子，一艘由戴夫掌舵的海盜船。只不過這次，它受益於在座的每一個人所學到、所做到、所看到的一切。我完成了我來這裡要完成的任務，甚至超出了我當初所能想像的，而現在輪到你們繼續前進。

你們創造了一間非凡且獨一無二的公司。

感謝你們給我這個與你們一起進行創造的機會。這對我來說是一生只有一次的機會，我將永遠心存感激。我們的團隊人才濟濟，不僅僅是在創作內容方面，還有製作、平面設計、商品、社交媒體、財務、法律、銷售、客戶管理——到處都是人才。請好好利用它，因爲這是一個強大的團隊。

接下來我要講的是團隊、團隊、團隊。請善待彼此，善待我們共同建立的這個公司。我一直希望每個人都能在此感覺良好，覺得一切都在寬鬆的掌控之中，不管事情有多麼糟糕，我們都能解決，現在你們需要爲彼此做到這一點。或者不做。無論如何，線上會議記得開攝影鏡頭。

最後，衷心感謝你們。謝謝你們讓我開懷大笑！謝謝你們讓我與你們一起學習，謝謝你們願意投入，願意嘗試新事物、擁抱新的人、新的問題和新的可能性。謝謝你們願意失敗、不斷努力、堅持不懈，並且以無人能及的方式，創造出無人能預見的成果。

我在吧台體育的時光會永遠激勵我。我將我的一切奉獻給你們，而謝謝你們回報給我更多。

艾瑞卡

工作是一種態度（一份歌單）

Work Is an Attitude

我熱愛歌單。談到音樂，有些人更在意歌詞，有些人則更在意音聲。我是個歌詞控，整首歌不一定要完全合我的意，但至少要有一句話能深深打動我。我認爲這是挑選這個歌單最好的方式（除了《The Veldt》，這首歌純粹是讓人放空和計算數字的音樂）。我也喜歡重複聽同一首歌，你可以問問曾經與我同住過的人，這有多煩人。

我記得在麻薩諸塞州桑莫維爾一間滿是灰塵的公寓裡，我把《Stuck in a Moment》連續播放了一個月，樓下的鄰居蘇珊最後忍不住冒出來抗議（我的童年是聽著錄音帶長大的）。你們大概不知道錄音帶是什麼，也絕對無法體會要從電台錄製一首乾淨的歌曲有多難，這需要完善的計畫和練習。首先，你得不斷打電話到電台請求播放那首歌。然後你得準備好按下錄音鍵。我爸是我當時唸書學校的校長，我記得我們家少數幾條規則之一，就是當我打電話到電台請求播放瑪丹娜的《Like a Virgin》時，不要透露我的姓氏。

總之，儘管下面列出的播放清單有點太長，但我其實有一些建立播放清單的規則：不能在一張清單中上放同一位歌手的兩首歌（Dave Matthews 是唯一的例外，也許還有 Jimmy Buffett），而且應該盡可能隨機，才能讓人們想要聽下去。

我經常聽這張播放清單。根據事情進展順利與否，我會重複聽特定不同的歌曲。有些歌顯然關於工作，其他則是讓我想起我喜愛的同事，或表達對工作的態度（是的，這讓我顯得有點矯情）。希望這裡也有一首歌適合你。

- Changes, Parts 1 & 2 - Neal Francis
- The Stone - Dave Matthews Band
- Free - Parcels
- Ship of Fools - Robert Plant
- Bang - Gorky Park
- Last Train Home - John Mayer
- Canary in a Coalmine - The Police
- The Downeaster "Alexa" - Billy Joel
- Work - Rihanna, Drake
- Lay All Your Love on Me - ABBA
- Dreams - Van Halen
- The Veldt - deadmau5, Chris James
- Back on 74 - Jungle
- Try Everything - Shakira
- When We Were Young - The Killers
- Roll Me Away - Bob Seger
- The Man - Taylor Swift
- Pressure Drop - Toots and the Maytals
- Lady Luck - Richard Swift

・Alive and Kicking - Simple Minds

・Never Going Back Again - Fleetwood Mac

・Learning to Fly - Tom Petty and the Heartbreakers

・Sit Still, Look Pretty - Daya

・Miracles (Someone Special) - Coldplay, Big Sean

・True to Myself - Ziggy Marley

・Sing - Travis

・Hold the Line - Toto

・Everything Counts - Depeche Mode

・Elastic Heart - Sia

・We Can't Stop - Miley Cyrus

・The Valley Road - Bruce Hornsby, The Range

・Crazy Love, Vol. II - Paul Simon

・This Woman's Work - Kate Bush

・Olalla - Blanco White

・Stay or Leave - Dave Matthews Band

・Stuck in a Moment You Can't Get Out Of - U2

・Love Will Save the Day - Whitney Houston

謝辭

Acknowledgments

致讓這本書成為可能的人們：

首先，讓我們談談帕梅拉．坎農（Pamela Cannon）。過去一年多來，我讓帕梅拉走進了我們的家庭，這眞的是我平時從不允許的事。每次工作結束後，我總是難以決定該給她一個擁抱還是敲一下她的額頭。帕梅拉聰明又效率超高，是一位出色的作家和編輯，她教會了我如何讓這本書栩栩如生（帕梅拉在電話中從不閒聊）。她沒有時間浪費在廢話或漫無目的的閒聊。我喜歡她的這一點。話雖如此，她還是聽了我很久的廢話。她既堅定又敏銳，但同時也很溫柔。當作者迷失方向時，她是讀者的堅定擁護者，因此若是沒有她，這本書會很糟糕。

伊麗莎白．拜爾（Elizabeth Beier）是位聖人，正向且充滿耐心，她是那種你希望自己能成爲的人，只要你可以不要總是講個不停、或忍不住爆粗口，也不要老是說一些既冒犯又愚蠢的話。她堅持抱持好奇心，也對保持正向積極堅定不移。伊麗莎白是這本書的母親，蘿拉（Laura）和翠西（Tracey）則是與我一起完成這本書的姊妹。

接下來是大衛・布萊克（David Black），他巧妙地把大家聚集在一起。我很難接受他人的幫助——不知爲何，我覺得這很令人反感，並且常常對於自己需要幫助感到羞愧，但大衛的做事方式讓人容易信任他、也信任他的引領。我非常感激他的幫助，永遠永遠。

致使工作成為可能的人們：

謝謝喬安，我曾想成爲你，直到我意識到我不可能做到，所以我決定做我自己。我觀察了你十二年，你是我所有工作夢想的建築師，也是我把自己建立起來的鷹架。你在我的本質中注入了力量，爲此我非常感激。

謝謝戴夫，你是我合作過最好的人。你擁有無窮的才華和遠見，以及無與倫比的堅強和信念。能幫助建造你的海盜船是我的榮幸。感謝你一直支持我，也請知道我將永遠支持你。萬歲。

謝謝吧台體育的所有人，你們才華橫溢，躁動不安，聰明絕頂又帶有缺陷，展現了人性的眞實與坦然，並毫不掩飾地做自己。你們曾歷經過泥淖，我無法想像有比你們更好的人，能和我一起並肩站在戰壕裡。你們激勵並啟發了我。我對你們懷抱強烈的熱情，並奉獻了我的所有，然而你們給了我更多。你們創造了一個一生僅有一次的東西，我永遠爲此感到驕傲。

謝謝麥克（Mike）、彼得（Peter）、傑斯（Jesseat）以及切寧集團，感謝你們讓我做我自己，讓吧台體育做吧台體育，並感謝最初有膽量押注在我們身上。

謝謝凱蒂（Katy），你是一位優秀的律師，但更是一位好友。你教會我能在奮戰與傷害中依然保持優雅。最重要的是，你教會我，正是缺點和不足讓一個人值得被愛。你是我躲在衣櫥時想打電話聊聊的那個人，一直都是。

謝謝「Barstool FFF」們，尤其是Fourteens班的姊妹們、朋友們和創造女性行業的人們。

謝謝所有希望我（和我們）失敗的人，以及那些試圖在路上絆倒我們的人。你們做到了，但並不是壓垮我們或我們的夢想，而是讓我們變得更堅強、更有決心，並且更有能力成功。我們用你們的武器讓我們贏得了勝利。

謝謝使這段旅程變得奇妙而值得的「吧台體育人」們。

致讓愛成為可能的人們：

桑塔（Sante），我愛你，我瘋狂地愛你。我的第一口酒獻給你。

給我的「瑞士人」：你是我的唯一，你啟發我並教導我，這本書裡的許多內容都來自於你。你給了我一個比工作更大的世界，一個比我自己更偉大的故事和願景。你馴服了我。

C和T，謝天謝地你們喜歡閱讀。可惜這本書不是關於二戰、也不是一本圖像小說。這些頁面中記錄的，是我爲你們所做的每一次犧牲和每一個夢想。我希望你們從我的錯誤中受益，大膽地犯下屬於自己的許多錯誤。你們讓我感到如此驕傲，我爲你們感到愉悅。

米娜（Mina）、瑞奇（Ritchie）——說一個小秘密：我以前常在我媽的枕頭下放了充滿怨恨的紙條。這些紙條寫得不是特別好（這解釋了很多你剛剛讀到的東西），但它們充滿了熱情和信念。感謝你們給了我們信心，讓我們能夠相信並探索自己的每一個面向，即使這一定會讓人受傷。你們教會了班（Ben）和我很多事情，並且給了我們一種樂於與他人分享的天賦。

沒人在乎你的職涯：
爲何你該勇於失敗、不畏艱難⋯⋯與其他職場殘酷眞相

作者：Erika Ayers Badan
譯者：Geraldine LEE
總編輯：張國蓮
副總編輯：李文瑜
責任編輯：周大爲
資深編輯：袁于善
美術設計：杜曉榕

董事長：李岳能
發行：金尉股份有限公司
地址：新北市板橋區文化路一段 268 號 20 樓之 2
傳眞：02-2258-5366
讀者信箱：moneyservice@cmoney.com.tw
網址：money.cmoney.tw
客服 Line@：@m22585366

製版印刷：緯峰印刷股份有限公司

初版 1 刷：2024 年 12 月

定價：480 元

Printed in Taiwan

NOBODY CARES ABOUT YOUR CAREER: Why Failure Is Good, the Great Ones Play Hurt, and Other Hard Truths

國家圖書館出版品預行編目（CIP）資料

沒人在乎你的職涯：爲何你該勇於失敗、不畏艱難 ...... 與其他職場殘酷眞相 /Erika Ayers Badan 作 ; Geraldine Lee 譯 . -- 初版 . -- 新北市 : 金尉股份有限公司 , 2024.12
面； 公分
譯自 : Nobody cares about your career : why failure is good, the great ones play hurt, and other hard truths

ISBN 978-626-7549-11-7(平裝)

1.CST: 職場成功法

494.35 113019256

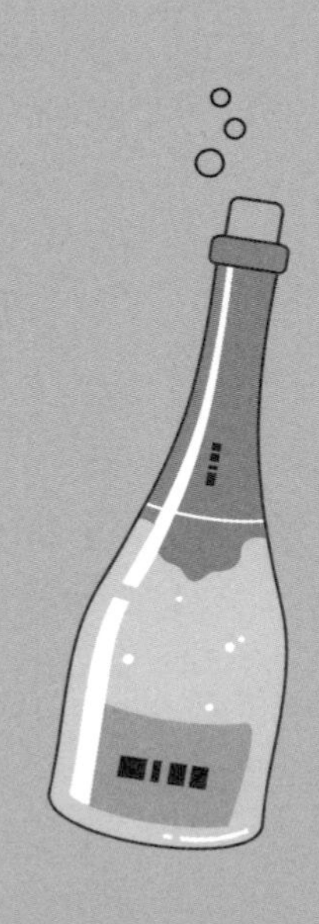